普通高等教育“十四五”规划教材

机械可靠性设计基础

MECHANICAL RELIABILITY DESIGN

主编　许爱荣
编审　吴泽兵　窦益华

中国石化出版社

内 容 提 要

本书是一本专门为高等院校机械类专业教学而编写的教学用书，系统介绍了机械可靠性设计的基础理论、基本原理与方法，以及应用软件的数值化求解。主要内容包括：可靠性的基本概念和发展历程、可靠性评价指标、可靠性数学基础、机械可靠性设计原理与可靠度计算、典型零件机械可靠性设计、机械系统可靠性模型与可靠性预计及分配、可靠性试验及 ANSYS 机械可靠性分析等。为便于学生学习和掌握，每章均附有习题，同时附有一定数量的计算例题及计算用表。

本书可作为高等院校机械类专业高年级本科生和研究生的教材和教学参考书，也可作为机械可靠性工程领域技术人员的学习和参考用书。

图书在版编目(CIP)数据

机械可靠性设计基础 / 许爱荣主编. — 北京 ：中国石化出版社，2022. 9
ISBN 978-7-5114-6886-4

Ⅰ. ①机… Ⅱ. ①许… Ⅲ. ①机械设计-可靠性设计 Ⅳ. ①TH122

中国版本图书馆 CIP 数据核字(2022)第 172747 号

中国石化出版社出版发行
地址：北京市东城区安定门外大街 58 号
邮编：100011　电话：(010)57512446
发行部电话：(010)57512575
http://www.sinopec-press.com
E-mail:press@sinopec.com
北京富泰印刷有限责任公司印刷
全国各地新华书店经销
*
710×1000 毫米 16 开本 15 印张 267 千字
2023 年 4 月第 1 版　2023 年 4 月第 1 次印刷
定价：58.00 元

前言 PREFACE

产品的可靠性已成为衡量产品质量的重要指标之一，因此在机械行业中，产品的可靠性设计显得日益重要，而传统的机械设计理论和方法已经不能满足国家现代化建设及市场化竞争对产品质量的要求。目前，在机械产品设计中，可靠性设计这一现代设计方法正在全球范围内得到广泛应用与发展。

“机械可靠性设计”是近期发展起来并得到推广应用的一门现代设计方法课程，也是高等院校机械类专业普遍开设的一门专业核心课程。在我国向制造强国不断迈进的过程中，基于可靠性的产品质量和技术措施成为有效的学科基础，它涉及概率论与数理统计、机械失效机理、工程力学、机械工程、系统工程等，是提升机械产品设计基础能力和市场竞争能力的关键。

本书以高等院校本科生和研究生教学为出发点，针对机械产品的可靠性设计理论与方法，着重介绍了机械可靠性设计基础理论、机械系统可靠性设计、典型零件机械可靠性设计、可靠性试验及 ANSYS 机械可靠性分析等内容，在各章中均编写有一定数量的计算例题和课后习题，可引导学生学习和掌握基础理论，并为后续解决机械可靠性工程领域实际问题奠定知识基础。与现有同类教材相比，本书中编写的 ANSYS 机械可靠性分析章节，介绍了基于机械可靠性设计的基本理论与方法，利用 ANSYS 软件的有限元法数值计算平台，找到解决复杂机械结构可靠性分析问题的方法，并通过综合运用有限元和机械可靠性两种现代设计方法，提高了机械产品的可靠性设计能力。

本书是笔者在总结多年“机械可靠性设计”课程教学经验的基础上完成的，在编写过程中，参考了国内外同行的教材及相关科技文献，在此表示衷心的感谢！研究生薛佳男、崔先科、何攀攀、王超和柳梅梅等在本书的编写中做了素材整理、绘图及文字校对等工作，在此一并表示感谢。

吴泽兵、窦益华两位教授担任本书编审，对全书的撰写进行了指导和审阅。

本书的出版得到了西安石油大学研究生精品教材建设项目的资助。

由于笔者水平、经验及时间有限，书中难免存在不足之处，敬请有关专家、读者批评指正。

目录 CONTENTS

第1章 绪论

1.1 可靠性研究的历史与发展

可靠性成为一门独立的学科已有数十年，并取得了很大的成就，产品的可靠性已成为衡量产品质量的重要指标之一。

可靠性的前身是伴随着兵器的发展而诞生和发展的，从公元前26世纪的冷兵器时期，人类就已经对当时所制作的石兵器进行了简单检验。在殷商时代已有的文字记载中，就有关于生产状况和产品质量的监督和检验，说明当时的人们对质量和可靠性已有了简单朴素的认知。

可靠性最主要的理论基础概率论早在17世纪初就逐步确立；另一主要理论基础数理统计学在20世纪30年代初期也得到了迅速发展；1939年，瑞典人威布尔为了描述材料的疲劳强度而提出了威布尔分布，后来成为可靠性分布中最常用、最复杂的一种分布。

20世纪40年代是热兵器的成熟期，即第二次世界大战期间。德国当时使用V-2火箭袭击伦敦，有80枚火箭没有发射就爆炸了，还有的火箭没有到达目的地就已坠落。美国当时的航空无线电设备有60%不能正常工作，其电子设备在规定的使用期限内仅有30%的时间能有效工作，此类可靠性问题使美国空军损失惨重。

最早提出系统的可靠性理论的是德国的科学技术人员，德国的V-1火箭是第一个运用系统可靠性理论计算的飞行器。在V-1火箭研制后期，研究人员提出利用串联系统理论，得出火箭系统的可靠度等于所有元器件、零部件可靠度乘积的结论。根据系统的可靠度乘积法则，计算出该火箭系统的可靠度为0.75。

20世纪50年代初期，为了满足发展军事的需要，美国投入了大量的人力、物力对可靠性进行研究，先后成立了“电子设备可靠性专门委员会”和“电子设备可靠性顾问委员会”(AGREE)等研究可靠性问题的专门机构。其中，AGREE是由美国国防部成立的一个由军方、工业领域和学术领域三方共同组成的组织。

AGREE从1955年开始制订和实施从设计、试验、生产到交付、储存、使用的全面可靠性计划，并在1957年发表了《军用电子设备可靠性》的研究报告，即著名的AGREE报告。该报告从9个方面全面阐述了可靠性设计、试验、管理的程序和方法，成为可靠性发展的奠基性文件。

20世纪50年代，为了保证人造地球卫星发射与飞行的可靠性，苏联开始了系统可靠性的研究工作。1961年，苏联在发射第一艘有人驾驶的宇宙飞船时，宇航局对宇宙飞船安全飞行和安全返回地面的可靠性提出了0.999的概率要求。可靠性研究人员把宇宙飞船系统的可靠性转化为各元器件的可靠性进行研究，取得了成功，满足了宇航局对宇宙飞船系统提出的可靠性要求。也就在这一时期，苏联对可靠性问题展开了全面的研究。

几乎同一时期，日本企业家也认识到，要在国际市场的竞争中取胜，必须进行可靠性的研究。1958年，日本科学技术联盟成立了“可靠性研究委员会”，专门对可靠性问题进行研究。

20世纪60年代是可靠性工程全面发展的阶段，可靠性研究已经从电子、航空、宇航、核能等尖端工业部门扩展到电机与电力系统、机械设备、动力、土木建筑、冶金、化工等部门。在此期间，美国航空航天事业迅速发展，美国“国家航空航天管理局”（NASA）和美国国防部接受并发展了20世纪50年代由AGREE发展起来的可靠性设计及试验方案，美国的战斗机、坦克、导弹、宇宙飞船等装备，都是按照1957年AGREE报告中提出的可靠性设计、试验、管理等方法或程序进行设计开发的。此时，已经形成了针对不同产品制定的较完善的可靠性大纲，并定量规定了可靠性要求，可进行可靠性分配和预测；在理论上，有了故障模式及影响分析（FMEA）和故障树分析（FTA）；在设计理念上，采用了余度设计，并进行可靠性试验、验收试验和老练试验；在管理上，已经可对产品进行可靠性评审，使装备可靠性提升明显。在此期间，其他工业发达国家，如日本、苏联等也相继对可靠性理论、试验和管理方法等进行了更加深入的研究；我国在雷达、通信机、电子计算机等方面也提出了可靠性问题。

20世纪70年代，各种各样的电子设备或系统广泛应用于各科技领域、工业生产部门以及人们的日常生活中，电子设备的可靠性直接影响生产效率和安全，可靠性问题研究显得日益重要，系统可靠性理论与实践的发展也进入了成熟应用阶段。例如，美国建立集中统一的可靠性管理机构，负责组织、协调可靠性政策、标准、手册和重大研究课题，成立全国数据网，加强政府与工业部门间的技术信息交流，并制定了完善的可靠性设计、试验及管理的方法和程序。在项目设计上，从一开始设计对象的型号论证开始，就强调可靠性设计，在设计制造过程中，通过加强对元器件的控制，强调环境应力筛选、可靠性增长试验和综合环境应力可靠性试验等来提高设计对象的可靠性。同时，人们开始了对非电子设备(如机械设备)可靠性的研究，以解决电子设备可靠性设计及试验技术对非电子设备使用时受到限制和结果不理想的问题。

20世纪70年代是我国可靠性研究的重要时期。其间，我国国家重点工程的需要(如元器件的可靠性问题)与消费者的强烈需求(如电视机的质量问题)，对各行业开展可靠性的研究起了巨大的推动作用。从1973年起，为了解决国家重点工程元器件的可靠性问题，原国防科工委和四机部多次召开有关提高可靠性的工作会议。1978年，我国提出《电子产品可靠性“七专”质量控制与反馈科学实验》计划，并组织实施。经过10年的努力，使军用元器件可靠性有了很大的提高，保证了运载火箭、通信卫星的连续发射成功和海底通信电缆的长期正常运行。1978年，原国家计划委员会、电子工业部与广播电视总局陆续召开了有关提高电视机质量的工作会议，对电视机等产品明确提出了可靠性、安全性要求和可靠性指标，组织全国整机及元器件生产厂家开展了大规模的、以可靠性为重点的全面质量管理。在5年的时间里，使电视机平均故障间隔时间提高了一个数量级，配套元器件使用可靠性也提高了1~2个数量级。

20世纪80年代，可靠性研究继续朝着广度和深度发展，在技术上深入开展软件可靠性、机械可靠性、光电器件可靠性和微电子器件可靠性的研究，全面推广计算机辅助设计技术在可靠性领域的应用，采用模块化、综合化和超高速集成电路等可靠性高的新技术来提高设计对象的可靠性。该时期的核心内容是实现可靠性保证，1985年美国军方提出在2000年实现“可靠性加倍，维修时间减半”这一新的目标。

同一时期，我国掀起了电子行业可靠性工程和管理的第一个高潮。组织编写可靠性普及教材，在原电子工业部内普遍开展可靠性教育，形成了一批可靠性研究的骨干队伍。组建了全国统一的电子产品可靠性信息交换网，并颁布了《电子设备可靠性预计手册》(GJB 299—1987)，有力地推动了我国电子产品可靠性工作。同时，还组织制定了一系列有关可靠性的国家标准、国家军用标准和专业标准，将可靠性管理工作纳入标准化轨道。

20世纪90年代，可靠性向综合化、自动化、系统化和智能化方向发展。综合化是指统一的功能综合设计而不是分立单元的组合叠加，以提高系统的信息综合利用和资源共享能力；自动化是指设计对象具有一定的自动执行能力，可提高产品在使用过程中的可靠性；系统化是指研究对象要能构成有机体系，发挥单个对象不能发挥的整体效能；智能化使计算技术被引入，采用如人工智能等先进算法，提高产品系统的可靠性和维修性。

现代化技术装备，由于采用了大量的高技术，极大地提高了系统的复杂性。为了保证战备的完好性、任务的成功性以及减少维修人员和费用，系统可靠性工程及可靠性管理系统得到大力发展。

20世纪90年代初，我国原机械电子工业部提出了“以科技为先导，以质量为主线”，沿着管起来-控制好-上水平的发展模式开展可靠性工作，兴起了我国第二次可靠性工作的高潮，取得了较大的成绩。进入20世纪90年代后，由于软件可靠性问题的重要性更加突出和软件可靠性工程实践范畴的不断拓展，软件可靠性逐渐成为软件开发者需要考虑的重要因素，软件可靠性工程在软件工程领域逐渐取得相对独立的地位，并成为一个生机勃勃的分支。

20世纪90年代后一段时期，可靠性研究工作发展相对进入低谷，标志性成果较少，成果产出周期较长。

进入21世纪后，可靠性工作有些升温，升温动力主要来自企业对产品质量的重视。许多工业部门将可靠性工作放在了重要的位置，军工集团也陆续成立了可靠性中心。例如2008年，我国在1991年建立兵器可靠性中心的基础上，建立了国防科技工业机械可靠性研究中心，使得具有完全自主知识产权的可靠性技术成果不断得到推广应用。

2015年5月19日，我国正式印发《中国制造2025》，其中与可靠性有关的表述包括：“加强可靠性设计、试验、验证技术的研究和应用；推广先进的在线故障预测与诊断技术及后勤系统；国产关键产品可靠性指标达到国际先进水平。”中国制造要从大国走向强国之路，企业必须狠抓质量和可靠性。

近几年来，云计算与大数据技术得到蓬勃发展，可靠性可以借助云计算与大数据技术这些新的工具达到一个新的高度。系统可靠性领域的可靠性评估、仿真、计算、健康检测与预管理（PHM）技术、可靠性试验等，都需要大规模的数据来支撑才能产生好的效果，以往这些数据都不全并且收集困难，而随着“互联网+”的大数据时代的来临，可靠性与质量数据的收集正迎来一个充满生机的时代。云计算与大数据必将对系统可靠性工程领域的理论、技术、方法等带来前所未有的影响，也为未来各行业的系统可靠性工程带来全面提升。

综上所述，可靠性工程的诞生、发展是社会的需要，与科学技术的发展，尤其与电子技术的发展是分不开的。可靠性发展正在从单一领域研究发展到多学科交叉渗透；可靠性工程起源于军事领域，但它的推广应用给企业与社会带来了巨大的经济效益。

1.2 可靠性研究的重要意义

随着科学技术的发展，产品质量的含义也在不断地扩充。以前产品的质量主要指产品的性能，即产品出厂的质量，而现在产品的质量已不仅仅局限于产品的性能这一指标。目前，产品质量的定义是：满足使用要求所具备的特性，即适用性。这表明产品的质量首先是指产品的某种特性，这种特性反映着用户的需求。概括起来，产品质量特性包括性能、可靠性、经济性和安全性四个方面。性能是产品的技术指标，是出厂时($t=0$)产品应具有的质量特性，显然能出厂的产品就应满足性能指标；可靠性是产品出厂后($t>0$)所表现出来的一种质量特性，是产品性能的延伸和扩展；经济性是在确定的性能和可靠性水平下的总成本，包括购置成本和使用成本两部分；安全性则是产品在流通和使用过程中保证安全的程度。

在上述产品质量特性所包含的四个方面中，可靠性占主导地位。性能差，产品实际上是废品；性能好，也并不能保证产品的可靠性水平高。反之，可靠性水平高的产品在使用中不但能保证其性能的实现，而且故障发生的次数少，维修费用及因故障造成的损失也少，安全性也随之提高。由此可见，产品的可靠性是产品质量的核心，是生产厂家和用户努力追求的目标。

可靠性研究的重要性及意义体现在以下几个方面。

1. 产品的可靠性与企业的生命、国家的安全紧密相关

我国原国防科学技术工业委员会在总结“两弹一星”的成功经验时，将可靠性列为三大技术成就之一；第二次世界大战中，美国空军由于技术故障造成的飞机事故多于被击落的飞机损失；1979 年 3 月 28 日，美国三里岛核电站发生的放射性物质泄漏事故是硬件(冷凝器循环泵)故障和操作人员的不可靠造成的；1986 年 4 月，苏联切尔诺贝利核电站爆炸事故，对国家的安全和声誉造成了严重损害。所以，对于重要的大型成套设备如电站、冶金、化工设备等，都应进行可靠性和安全性设计与风险评估，以控制其失效概率。

2. 产品性能的优化、结构的复杂化要求有很高的可靠性

随着现代科学技术的发展，机械产品(包括机电一体化产品)的结构日趋复杂(图 1-1)，性能参数越来越高，可靠性指标同样也要求越来越高。

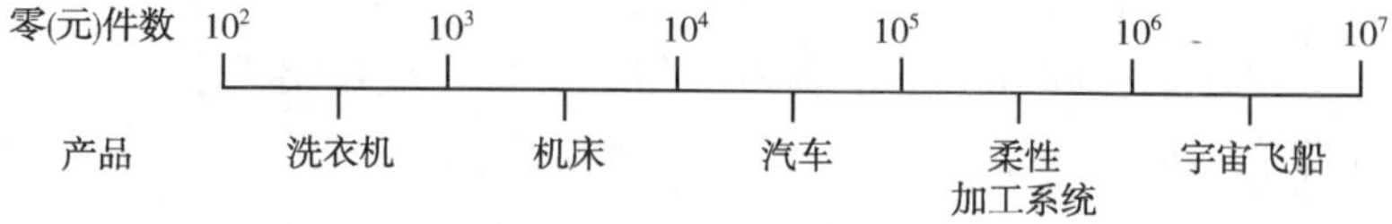

图 1-1　产品结构的复杂化

美国在研制 F-105 战斗机时，投资 2500 万美元，使其可靠度从 0.7263 提高到 0.8986，每年节约维修费用 5400 万美元。而 20 世纪 50 年代末，美国迪尔公司在研发新系列发动机和拖拉机时，采用了一系列的新结构、新技术，使可靠性大大降低，年维修费用增加 1~2 倍。在可靠性工程领域，人们经常会提到：“宁可牺牲先进性，也要保证可靠性。”

3. 产品更新速度的加快，使用场所的广泛性、严酷性，要求有很高的可靠性

机械产品在工作过程中，往往因一个零件的失效而造成灾难性的后果。1986 年 1 月 28 日，美国航天飞机“挑战者”号在发射后进入轨道前，因助推火箭燃料箱密封装置在低温下失效，使燃料溢出而引起爆炸(图 1-2)，造成 7 名宇航员牺牲，经济损失达 12 亿美元。

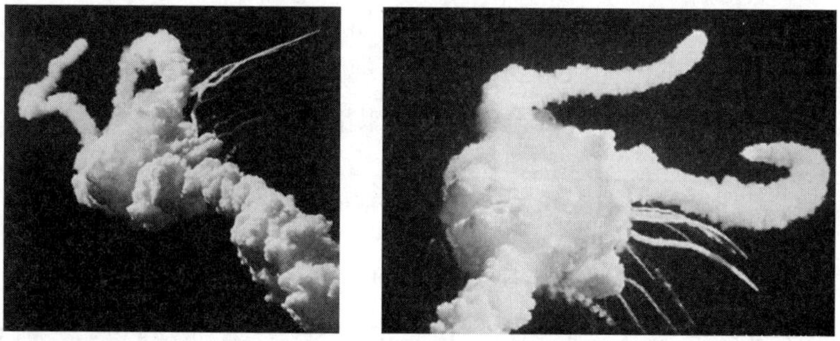

图 1-2　“挑战者”号爆炸情景

4. 产品竞争的焦点是可靠性

一台 300MW 汽轮发电机组因叶片失效被迫停机一天，则少发电 7.2×10^6kW·h，直接损失为 65 万元，间接损失约为 1000 万元。因为国产设备的可靠性不高，每年不得不进口大量机电成套设备，耗费大量外汇。据统计，我国 1985 年和 1986 年进口的机电设备费用分别为 170 亿美元和 190 亿美元。

国际市场上机械产品的价格与可靠性水平的高低直接相关。许多产品在投标、签订合同和鉴定、验收时都采用了可靠性指标。在商品广告中利用可靠性特征量的内容越来越多。在发达国家，产品质量和可靠性几乎没有一天不成为新闻。

早在20世纪60年代初，美国就有人预言，今后在激烈的国际市场竞争中，只有可靠性高的产品及其企业才能幸存下来。在20世纪80年代，日本有人断言，今后国际市场上产品竞争的焦点是可靠性。而苏联更是将可靠性纳入25年科技发展规划。日本从美国引进可靠性工程技术之后，在民用产品上的应用十分成功，其汽车、工程机械、发电设备、日用设备(复印机、洗衣机、电冰箱等)能够畅销全球，根本原因是其质量及可靠性高，这使日本获取了巨额的利润。

目前国际上盛行的产品责任法、保质期、索赔制等，也都与产品的可靠性有关。例如，1959年美国小汽车的保质期仅为4个月或6400km，而到20世纪70年代则提高到5年或80000km。

5. 大型产品的可靠性是一个企业、一个国家科技水平的重要标志

1969年7月，美国“阿波罗11”号宇宙飞船登月成功，美国航空航天局将可靠性工程列为重大技术成就之一。“神舟五号”载人航天飞船成功的关键是解决了可靠性问题，飞船系统的可靠性指标达到0.970，而航天员安全性指标达到0.997。

在美国，几乎所有的军事订货合同中，都有可靠性与维修性条款。20世纪70年代末，美国的国防技术政策有了引人注目的变化，从过去主要追求武器系统的高性能转为更加重视武器系统的可靠性与维修性。

为了提高产品的可靠性，必须在生产的各个环节上付出努力，但最重要的是设计阶段。如果设计不合理，想通过事后的修理来达到所期望的可靠性，这几乎是不可能的。因此，从事机械研究和系统设计的科研人员，应该熟悉和掌握保证可靠性的各种方法与手段。

1.3 可靠性的基本概念

可靠性是产品的重要指标，它标志着产品不会丧失工作能力的可靠程度。

1.3.1 可靠性的定义

根据《可靠性增长大纲》(GB/T 15174—1994)，可靠性(Reliability)是指产品在规定的条件下和规定的时间内完成规定功能的能力。

上述定义包括“产品”“规定的条件”“规定的时间”“规定功能”“能力”五个要素。

(1)“产品”是指作为单独研究和分别试验对象的任何元件、零件、部件、设备、机组等，甚至还可以把人的因素也包括在内。在具体使用“产品”这一词时，必须明确其确切含义。

(2)“规定的条件”一般是指使用条件、维护条件、环境条件、操作技术，如载荷、温度、压力、湿度、振动、噪声、磨损、腐蚀等。这些条件必须在使用说明书中加以规定，这是判断发生故障时有关责任方的关键。

(3)“规定的时间”是指可靠度随时间而降低，产品只能在一定的时间区间内才能达到目标可靠度。因此，对时间的规定一定要明确。需要指出的是这里所说的时间，不仅仅指的是日历时间，根据产品的不同，还可能是与时间成比例的次数、距离等，如应力循环次数、汽车的行驶里程等。

(4)“规定功能”是指在设计或制造任何一种产品时，都赋予它一定的功能。因此，首先要明确具体产品的功能是什么，怎样才算是完成规定的功能。根据《可靠性增长大纲》(GB/T 15174—1994)的规定，失效(故障)的概念是“产品丧失规定的功能，对可修复产品通常也称为故障”。怎样才算是失效或故障，有时是很容易判定的，但更多的情况是很难判定的。例如，对于某个齿轮，轮齿的折断显然就是失效，但当齿面发生了某种程度的磨损时，对某些精密或重要的机械来说该齿轮就是失效，而其并不影响某些机械的正常运转，因此就不能算失效。对一些大型设备来说更是如此。因此，必须明确地规定产品的功能。产品的可靠性与规定的功能有密切关系，一个产品往往具有若干项功能，完成规定的功能是指完成这若干项功能的全体，而不是指其中的一部分。

(5)“能力”只是定性地分析是不够的，应该加以定量地描述。产品的失效或故障具有偶然性，一个确定的产品在某段时间的工作情况并不能很好地反映该种产品可靠性的高低，应该观察大量该种产品的运转情况并进行合理的处理后才能正确反映该种产品的可靠性。因此，这里所说的“能力”具有统计学的意义(需要用概率论和数理统计的方法来处理)。如产品在规定的条件下和规定的时间内，失效数与产品总量之比越小，其可靠性就越高；或者产品在规定的条件下，平均无故障工作时间越长，其可靠性也就越高。

1.3.2 可靠性的分类

可靠性在具体使用过程中可分为很多类型，在维修性、工作可靠性、可靠性模型、可靠性设计等方面一些常用的可靠性分类如下。

1. 狭义可靠性与广义可靠性

上文的可靠性定义常被称为狭义可靠性，它仅表示产品(或者一个评价系统)在某稳定时间内发生失效(或者故障)的难易程度。但是事实上，除了一部分元件外，大多数设备(子系统)和系统都是可以维修的。所以，要表示其完成功能的能力还必须考虑其维修性，即系统失效后能否很快地恢复其功能而继续工作。这样，从维修产品的角度出发，可靠性的含义就应该更广泛一些。

广义可靠性是指“产品在其整个寿命期限内完成规定功能的能力”。它包括可靠性(狭义可靠性)与维修性。由此可见，广义可靠性对于可修复的产品和不可修复的产品有不同的意义。对于可修复的产品，除了要考虑提高其可靠性外，还应考虑提高其维修性；对于不可修复的产品，由于不存在维修的问题，只需要考虑提高其可靠性即可。与广义可靠性相对应，不发生故障的可靠度(狭义可靠度)与排除故障(或失效)的维修度合称为广义可靠度。

2. 固有可靠性与使用可靠性

产品运行时的可靠性称为工作可靠性(Operational Reliability)，它包含了产品的设计制造和使用两方面因素，分别用“固有可靠性”和“使用可靠性”来反映。

固有可靠性(Inherent Reliability)是指产品在设计、生产中已确立的可靠性，它是产品内在的可靠性，是生产企业在模拟实际工作条件的标准环境下，对产品进行检测并给以保证的可靠性。它与产品的材料、设计与制造工艺以及检验精度等有关。

使用可靠性(Use Reliability)是产品在使用中的可靠性，它与产品的使用条件密切相关，受到使用环境、操作水平、保养与维修等因素的影响。使用者的素质对使用可靠性影响很大，因为即使是一个可靠性很高的产品，如果由于包装、运输安装、使用维修等环节中受到各种不良因素的影响，也会降低其可靠性。例如，运输过程中受到的冲击，使用中环境的变化、操作的失误，都会使产品失效或寿命下降，因此可靠性不仅与生产有关，而且与产品所涉及的各个环节有关。

一般来说，固有可靠性大于使用可靠性。通常，固有可靠性高、使用条件好的产品可靠性就高。一般可以将产品的可靠性近似看作固有可靠性和使用可靠性的乘积。国外统计资料表明，电子设备故障原因中属于产品固有可靠性部分的占80%，其中设计技术占40%，器件和原材料占30%，制造技术占10%；属于产品使用可靠性部分的占20%，其中现场使用占15%。因此，为了提高产品可靠性，除设法提高产品的固有可靠性外，还应改善使用条件，加强使用中的保养和维修，使产品的固有可靠性在使用中得到充分发挥。

3. 基本可靠性和任务可靠性

基本可靠性和任务可靠性属于可靠性模型范畴。基本可靠性定义为“产品在规定条件下，无故障的持续工作时间和概率”。任务可靠性定义为“产品在规定的任务范围内，完成规定功能的能力”。

4. 定性可靠性与定量可靠性

机械可靠性设计可分为定性可靠性设计与定量可靠性设计。

定性可靠性设计是在进行故障模式影响及危害性分析的基础上，有针对性地应用成功的设计经验使所设计的产品达到可靠的目的。

定量可靠性设计是在充分掌握所设计零件的强度分布和应力分布以及各种设计参数的随机性基础上，通过建立隐式极限状态函数或显式极限状态函数的关系，设计出满足规定可靠性要求的产品。定量可靠性设计虽然可以按照可靠性指标设计出满足要求的零件，但由于目前材料的强度分布和载荷分布的具体数据还很缺乏，加之其中要考虑的因素很多，从而限制了其推广应用，一般在关键或重要的零件的设计时采用。

1.3.3 可靠性理论

可靠性理论以产品的生命特征作为主要研究对象，具有较强的综合性。它涉及基础科学、技术科学和管理科学等许多领域。著名科学家钱学森曾说过：“产品的可靠性是设计出来的，生产出来的，管理出来的。”可靠性理论在其发展的过程中形成了三个主要的领域，分别是可靠性数学、可靠性物理和可靠性工程。

1. 可靠性数学

可靠性数学是进行可靠性研究的重要基础理论，主要是研究解决各种可靠性问题的数学模型和数学方法，属于应用数学的研究范畴。它涉及的范围非常广，包括概率论与数理统计、随机过程、运筹学、拓扑学等数学分支。随着可靠性理论研究的不断深入，可靠性数学不再是应用现有的数学知识那么简单了，而是发展成了一门相对独立的数学学科。

2. 可靠性物理

可靠性物理又称为失效物理，是用于研究失效的物理原因与数学物理模型及检测方法与纠正措施的可靠性理论。它使可靠性工程的研究方法从数理统计方法发展到以理化分析为基础的失效分析方法，从本质与机理层面来探索产品的不可靠因素，从而为研制、生产高可靠性产品提供科学的依据。美国的 Rome 航空发展中心(RADC)于 20 世纪 60 年代初首先进行失效物理的研究，发展失效分析方法和技术，研究各种元器件的失效机制及失效模式，建立各种元器件及材料失效的数学及物理模型。

3. 可靠性工程

可靠性工程是对产品的失效及其发生的概率进行统计、分析和对产品进行可靠性设计、预测、试验、评估、检验、控制、维修与失效分析的一门包含工程技术的边缘性工程学科。它的发展与概率论和数理统计、运筹学、系统工程、环境工程、价值工程、人机工程、计算机技术、失效物理学、机械学、电子学等学科有着密切的联系。可靠性工程不仅重视技术，也非常重视管理。可靠性管理包括设计、生产和使用过程的管理，即全过程、全生命周期的管理。具体的可靠性管理包括制订可靠性计划、组织可靠性设计评审、进行可靠性认证、制定可靠性标准、确定可靠性指标等。

可靠性工程的研究对象包括电子和电气、机械和结构、零件和系统及硬件和软件的可靠性设计、试验和验证等。广义的可靠性还包括维修性和有效性。

可靠性设计是可靠性工程的一个重要分支，为保证产品的可靠性，在可靠性设计的过程中要给定可靠性和维修性的指标，并使其达到最优。

可靠性预测是可靠性设计的重要内容之一，它是预报方法，在设计阶段即根据已知失效率数据对零件和系统的可靠度进行预测与预报。

可靠性优化设计是可靠性设计的另一重要内容，也是当前可靠性研究的重要方向之一，它将组成系统的零件的可靠度进行合理与优化分配。

机械可靠性设计又称为机械概率设计，是可靠性工程的主要内容之一，是可靠性方法在机械设计中的应用。

1.4 机械可靠性设计的内容、特点和方法

1.4.1 机械可靠性设计的内容

机械设备和系统的可靠性设计内容包括以下几个方面：

（1）研究产品的故障物理和故障模型。收集、分析与掌握该类产品在使用过程中零件材料的老化、损伤和失效等（均为受许多复杂的随机因素影响的随机过程）的有关数据及材料的初始性能（强度、冲击韧性等）对其平均值的偏离数据；揭示影响老化、损伤这一复杂的物理化学过程的最本质的因素；追寻故障的真正原因；研究以时间函数形式表达的材料老化、损伤的规律，从而估计产品在使用条件下的状态和寿命。用统计分析的方法使故障（失效）机理模型化，建立计算用的可靠度模型或故障模型，为机械可靠性设计奠定物理和数学基础。

（2）确定可靠性指标及度量值。根据产品设计要求决定采用什么可靠性指

标，而指标的高低则取决于产品的重要性。要重视过去的经验、用户的要求及市场调查。

(3) 可靠性预测。可靠性预测是指在设计开始时，运用以往的可靠性数据资料计算系统可靠性的特征量并进行详细设计，即根据通过合适手段所获得的数据得出比较确切的可靠性指标，并加以验证。在不同的阶段，系统的可靠性预测要反复进行几次。

(4) 对可靠性指标进行合理的分配。将可靠性指标分配到各子系统，并与各子系统能达到的指标相比较，判断是否需要改进设计。再把改进设计后的可靠性指标分配到各子系统。根据同样的方法，可把可靠性指标进一步分配到各个零件，以确定每个零件的可靠性指标值。

(5) 以规定的可靠性指标值为依据对零件进行可靠性设计。即把规定的可靠性指标值直接设计到零件的有关参数中，使它们能够保证可靠性指标值的实现。

1.4.2 机械可靠性设计的特点

机械可靠性设计与以往的传统机械设计方法不同，具有以下基本特点：

(1) 以应力和强度为随机变量并作为出发点。认识到零件所受的应力和材料的强度均为非定值，而为随机变量，具有离散性质，数学上必须用分布函数来描述，这是由于载荷、强度、结构尺寸、工况等具有变动性和统计本质。

(2) 应用概率和统计方法进行分析、求解。这基于应力和强度都是随机变量这一客观事实和认识。

(3) 能定量地回答产品的失效概率和可靠度。首先承认所设计的产品存在一定的失效概率，但不能超过技术文件所规定的允许值，并能定量地给出所设计产品的失效率和可靠度。

(4) 有多种可靠性指标供选择。与传统的设计方法中将安全系数作为唯一的评价项目和度量指标完全不同，可靠性设计要求根据不同的产品、场合而采取不同的可靠性指标。传统的机械设计方法仅有一种可靠性评价指标，即安全系数；而机械可靠性设计则要求根据不同产品的具体情况选择不同的、最适宜的可靠性指标，如失效率、可靠度、平均无故障工作时间(MTBF)、首次故障里程(用于车辆)、维修度、有效度等。在开始设计阶段就应当选定可靠性指标以及评价方法等。

(5) 强调设计时对产品可靠性的主导作用。强调产品的可靠性从根本上来说，是由设计决定的，设计决定了产品的固有可靠性，由制造保证固有可靠度。如果设计不当，则不论制造工艺有多好和管理水平有多高，产品都是不可靠的。在设计中赋予零件以足够的固有可靠性，该零件就会本质上可靠。后者意味着零件的应力分布和强度分布的尾部不发生干涉，不产生随机失效。

(6) 必须考虑环境的影响。可靠性设计必须考虑环境的影响。高温、低温、冲击、振动、潮湿、盐雾、腐蚀、沙尘、磨损等环境激励对可靠度有很大影响。研究表明，应力分布的尾部比强度分布的尾部对可靠度的影响要大得多，因此对环境的质量控制比对强度的质量控制会带来更大的效益。

(7) 必须考虑维修性。在浴盆曲线的耗损失效期及当有效度是主要可靠性指标时，都必须考虑维修性。以有效度为可靠性指标的产品，例如工程机械等，不论产品设计的固有可靠性有多好，都必须考虑维修性(因为它与使用和环境等一同影响产品的使用可靠性)，否则不可能使产品维持高的有效度。因此，从设计一开始，就必须将固有可靠性和使用可靠性联系起来作为一个整体考虑，分析为了使设备或系统达到规定有效度，究竟是提高维修度还是提高可靠度更为合理。

(8) 从整体的、系统的、人机工程的观点出发。从整体的、系统的、人机工程的观点出发考虑设计问题，并更重视产品在寿命期间的总费用而不只是购置费用。

(9) 承认在设计期间及其以后都需要可靠性增长。可靠性设计承认在设计阶段及其以后的阶段都需要可靠性增长。在产品的最初设计、研制、试验期间，产品的可靠性会经常得到改善，这种改善是由于一些因素的变化。例如，在发生故障后，分析其原因就提供了改善可靠性的信息，并且在设计、研制过程中，随着经验的积累也会改进设计、制造工艺，提高产品的可靠性。因此，如果在产品设计、研制、试验、制造的初始阶段，定期地对产品的可靠性进行评估，将会发现可靠性特征量会逐步提高。可靠性得到了改善，这种现象称为可靠性增长。《可靠性增长大纲》(GB/T 15174—1994)中关于可靠性增长的定义是：“随着产品设计、研制、生产各阶段工作的逐步进行，产品的可靠性特征量逐步提高的过程。”当可靠性水平接近设计的固有可靠性时，可靠性增长将趋于饱和。可靠性增长的这些预测和报告给出了达到可靠性目标的进程，在确定能否按计划达到预计的可靠性水平方面提供了依据，使得能及早发现问题以便及早地对设计进行调整。

1.4.3 机械可靠性设计的方法

1. 机械可靠性设计的方法概述

现代复杂而昂贵的零件和系统要求高可靠度，所以必须保证把规定的目标可靠度设计到零件中去，从而设计到系统中去。机械可靠性设计的主要方法有：概率设计法、故障树分析法(FTA)以及失效模式、影响及危害性分析法(FMECA)。

零件的强度和工作应力均为随机变量，呈分布状态，若能将这两种统计分布连接起来，则不难算得与分布相关的可靠度、所希望的可靠度的置信水平以及置信区间。可靠度若达到了目标可靠度，则认为设计是可以接受的；可靠度若小于目标可靠度，则应进行迭代调整。调整那些最敏感、对强度分布和应力分布影响最显著的设计参数最为有效，直至调整到规定的可靠度指标为止。

2. 机械可靠性设计的步骤

(1) 提出设计任务，规定详细指标。常以设计任务书的形式提出设计任务及详细的技术指标、性能指标和可靠性指标等。

(2) 确定有关的设计变量及参数。设计变量及参数应当是对设计结果有影响的、能够量度和相互独立的。

(3) 失效模式、影响及危害性分析(FMECA)。研究系统与零件的相互关系，以便确定可能失效部位、失效模式和失效机理，确定每一失效模式对系统及其零件产生的影响，认识危害程度并提出可采取的预防和改进措施，以提高产品的可靠性。

(4) 确定零件的失效模式是否是相互独立的。若零件的失效模式是相互独立的，则一种失效模式下的应力与强度计算不受其他失效模式的影响，否则，应对受到影响的失效模式下的应力与强度加以修正，以使计算出的每种失效模式的可靠度相互独立。

(5) 确定失效模式的判据。机械零件可能的失效模式有：材料屈服、断裂、疲劳、过度变形、压杆失稳、腐蚀、磨损、振幅过大、噪声过大、蠕变等。较常用的判据有：最大正应力、最大剪应力、最大变形能、最大应变能、最大应变、最大变形、疲劳下的变形能、疲劳下的最大总应变、最大许用腐蚀量、最大许用磨损量、最大许用振幅、最大允许声强、最大许用蠕变等。

(6) 得出应力公式。对于每种失效模式，在确定载荷、尺寸、物理性质、工作环境、时间等设计变量以及参数之间的函数关系后，得出应力公式。

(7) 确定每种失效模式下的应力分布。根据应力分布公式，画出零件应力分布图。

(8) 确定强度计算公式。一旦零件的强度被工作应力超过，就会导致一定的失效模式，这种失效模式发生的概率就是不可靠度。零件的强度数据可由材料的强度数据用一些修正参数加以修正后得到。

(9) 确定每种失效模式下的强度分布。零件的强度分布可由试件的强度分布(材料的强度分布)用每个强度修正系数加以修正后得到。由实验直接得出零件的强度分布则更可靠。

(10) 确定每种致命失效模式下与应力分布和强度分布相关的可靠度。当零件只有一种致命失效模式时，则仅需要按这一种失效模式的判据来计算其可靠度，如果还有其他致命失效模式，则应计算所有致命失效模式的可靠度。

(11) 确定零件的可靠度。如果在确定每种失效模式下的应力分布和强度分布时已经考虑了其他失效模式的影响，n 为可能的失效模式数($n \geqslant 1$)，R_i 为第 i 种失效模式下的可靠度，则零件的可靠度 R_C 为

$$R_C = R_1 \cdot R_2 \cdot \cdots \cdot R_n = \prod_{i=1}^{n} R_i \tag{1-1}$$

这时，其中任何一种失效模式出现时零件即失效。

另一种方法是根据最有可能发生的那种(比如说是第 i 种)失效模式下的可靠度来确定。显然，这种失效模式的发生概率最高而其下的可靠度最低，若用 $R_{i(\min)}$ 表示，则有

$$R_C = R_{i(\min)} \tag{1-2}$$

显然，式(1-1)给出的是零件的最小可靠度，而式(1-2)给出的是零件的最大可靠度。如果零件的实际可靠度为 R，则有

$$\prod_{i=1}^{n} R_i \leqslant R \leqslant R_{i(\min)} \tag{1-3}$$

式(1-3)表示，零件如果是由于单一的失效模式引起失效，则其实际可靠度将接近(小于)或等于 $R_{i(\min)}$；如果是由于多种原因引起失效，则零件的实际可靠度将接近(大于)或等于 $\prod_{i=1}^{n} R_i$ 。

(12) 确定零件可靠度的置信水平。可靠度是对于零件而言的，而置信水平是对于样本试验结果而言的。例如，某零件在可靠度为 98% 的置信水平为 90% 时，表示在对该零件任意抽取的 10 个样本(容量 $n=100$)进行试验时，其中 9 个样本中将有 2 个或少于 2 个零件失效，有 1 个样本中将有 2 个以上的零件失效。

(13) 按上述步骤求出系统中所有关键零件的可靠度。

(14) 计算子系统和整个系统的可靠度。当计算的系统可靠度达不到要求时，则应对设计进行迭代调整，直到达到规定的目标值为止。

(15) 必要时可对某些设计内容进行优化。例如，可对性能或性能匹配、可

靠性分配、维修性、安全性、费用、质量、体积、操作性、制造过程的匹配及交货日程表等进行优化。

1.4.4 机械可靠性定性设计准则

可靠性设计准则是指在进行产品设计时工程设计人员应该遵循的规章、原则，是进行产品设计的重要依据，也是保证产品可靠性的重要前提条件。在进行产品设计时，如果工程设计人员遵循了可靠性设计准则，就能保证产品的可靠性，否则就达不到产品的可靠性要求，甚至造成严重后果。

机械可靠性一般可分为结构可靠性和机构可靠性。结构可靠性主要考虑机械结构的强度，以及由于载荷的影响使之疲劳、磨损、断裂等引起的失效；机构可靠性主要考虑的不是强度问题引起的失效，而是考虑机构在动作过程中由于运动学问题而引起的故障。

机械可靠性设计可分为定性可靠性设计和定量可靠性设计。所谓定性可靠性设计，就是在进行故障模式影响及危害性分析的基础上，有针对性地应用成功的设计经验使所设计的产品达到可靠的目的。所谓定量可靠性设计，就是在充分掌握所设计零件的强度分布和应力分布，以及各种设计参数的随机性的基础上，通过建立隐式极限状态函数或显式极限状态函数的关系设计出满足规定可靠性要求的产品。

机械可靠性设计方法是目前开展机械可靠性设计的一种最直接、有效的常用方法，定量可靠性设计虽然可以按照可靠性指标设计出满足要求的零件，但由于材料的强度分布和载荷分布的具体数据目前还很缺乏，加之其中要考虑的因素很多，从而限制了其推广应用，一般在关键或重要的零部件设计中采用。

机械可靠性设计由于产品的不同和结构的差异，可以采用的可靠性设计方法也不同。

1. 简单化设计准则

在满足预定功能的情况下，机械设计应力求简单，零件的数量应尽可能减少，越简单越可靠是可靠性设计的一个基本原则，是减少故障、提高可靠性的最有效方法。但不能因为减少零件而使其他零件执行超常功能或在高应力的条件下工作。否则，简单化设计将达不到提高可靠性的目的。

2. 模块化、组件化、标准化设计准则

机械产品一般属于串联系统，要提高整机可靠性，首先应从零件的严格选择和控制做起。例如，尽量采用模块化、通用化设计方案；优先选用标准件，提高互换性。在通用化设计时，应使接口、连接方式是通用的；选用经过使用分析验证的可靠的零件；严格按标准选择及对外购件进行控制；充分运用故障分析的成果，采用成熟的经验或经分析试验验证后的方案。日本一些企业的专家认为：一个新产品的设计，其80%是采用原有产品或相似产品的设计经验，只有20%是因为产品的功能、性能的变化需要进行重新设计。

3. 降额设计和安全裕度设计准则

降额设计是使零件的使用应力低于其额定应力的一种设计方法。降额设计可以通过降低零件承受的应力或提高零件的强度的办法来实现。工程经验证明，大多数机械零件在低于额定承载应力条件下工作时，其故障率较低，可靠性较高。为了找到最佳降额值，必须做大量的试验研究。当机械零件的载荷应力以及承受这些应力的具体零件的强度在某一范围内呈不确定分布时，可以采用提高平均强度(如通过加大安全系数来实现)、降低平均应力、减少应力变化(如通过对使用条件的限制来实现)和减少强度变化(如合理选择工艺方法，严格控制整个加工过程，通过检验或试验剔除不合格的零件)等方法来提高可靠性。对于涉及安全性的重要零件，还可以采用极限设计方法，以保证其在最恶劣的极限状态下也不会发生故障。

4. 合理选材准则

在机械可靠性的影响因素中，零件材料的影响程度占到总体可靠性的30%，在齿轮、轴类、轴承、弹簧等基础性零件中，其失效模式在很大程度上取决于材料的选择。众所周知的美国“挑战者”号航天飞机爆炸事故，就是燃料箱密封装置材料在低温下失效引起的，可见材料的性能在可靠性设计中占有非常重要的地位。因此，合理选择零件的材料是机械可靠性设计必须遵循的准则之一。机械零件原材料的选择按如下原则进行：

(1) 选用的零件原材料除满足结构尺寸、质量、强度、刚度要求外，还应满足使用环境和寿命要求。

(2) 压缩零件原材料的种类和规格，优先采用符合军标、国标和专业标准的通用件和标准件。

5. 冗余设计准则

冗余设计(余度设计)是对完成规定功能设置重复的结构、备件等，以备局部发生失效时，整机或系统仍不致发生丧失规定功能的设计。当某部分可靠性要求很高，但目前的技术水平很难满足，如采用降额设计、简化设计等可靠性设计方法，还不能达到可靠性要求，或者提高零件可靠性的改进费用比重复配置费用还高时，冗余技术可能成为唯一或较好的一种设计方法，例如采用双泵或双发动机配置的机械系统。但应注意，冗余设计往往使整机的体积、质量、费用均相应增加。冗余设计提高了机械系统的任务可靠度，但基本可靠性却相应降低了，因此采用冗余设计时要慎重。

6. 耐环境设计准则

耐环境设计是在设计时就考虑产品在整个寿命周期内可能遇到的各种环境影响，例如装配、运输时的冲击、振动影响，储存时的温度、湿度、霉菌等影响，使用时的气候、沙尘、振动等影响。因此，必须慎重选择设计方案，采取必要的保护措施，减小或消除有害环境的影响。具体地讲，可以从认识环境、控制环境和适应环境三方面加以考虑。认识环境是指不应只注意产品的工作环境和维修环境，还应了解产品的安装、储存、运输环境。在设计和试验过程中，必须同时考虑单一环境和组合环境两种环境条件；不应只关心产品所处的自然环境，还要考虑使用过程中所诱发的环境。控制环境是指在条件允许时，应在小范围内为所设计的零件创造一个良好的工作环境条件，或人为地改变对产品可靠性不利的环境因素。适应环境是指在无法对所有环境条件进行人为控制时，在设计方案、材料选择、表面处理、涂层防护等方面采取措施，以提高机械零件本身耐环境的能力。

7. 失效安全设计准则

系统某一部分即使发生故障，也应使其限制在一定范围内，不致影响整个系统的功能，如传动系统中的安全剪切销、扭矩轴等。

8. 防错设计准则

进行防错设计，采用不同的安全保护装置，如灯光、音响等报警装置，监视装置，保护性开关、防误插定位卡、防误插定位销等，并有符合国家标准的醒目的识别标志、防差防错或危险标志，防止误动作引起重大事故，主要用于产品或设备的操作系统设计。

9. 维修性设计准则

进行产品或设备的结构设计应充分考虑其维修性能的优劣，如采煤机底托架燕尾槽结构、滚筒的连接等。

10. 人机工程设计准则

人机工程设计的目的是减少使用中人的差错，发挥人和机器各自的特点，以提高机械产品的可靠性。当然，人为差错除了人自身的原因外，操作台、控制及操作环境等也与人的误操作有密切的关系。因此，人机工程设计是要保证系统向人传达的信息的可靠性。例如，指示系统不仅要有显示器，而且显示的方式、显示器的配置都应使人易于无误地接受；控制及操作系统可靠，不仅仪器及机械有满意的精度，而且适于人的使用习惯，便于识别操作，不易出错。与安全有关的部件，更应具有防误操作的功能；设计的操作环境尽量适合于人的工作需要，减少引起疲劳、干扰操作的因素，如温度、湿度、气压、光线、色彩、噪声、振动、沙尘、空间等。

当然，机械可靠性设计的方法绝不能离开传统的机械设计和其他一些优化设计方法，如机械计算机辅助设计、有限元分析等。

习　　题

1-1　为什么要重视和研究可靠性？

1-2　可靠性的定义和重点是什么？

1-3　试述机械可靠性设计的特点。

1-4　试述机械可靠性设计的内容与步骤。

1-5　试述机械可靠性定性设计的准则。

第2章 失效的概念与可靠性评价指标

可靠性科学是研究产品失效规律的学科，产品的可靠性与维修性(后续章节有详细论述)都是相对失效或故障而言的。明确失效(故障)的定义，研究失效(故障)的类型和原因，对研究可靠性和维修性等都是很重要的。

2.1 失效的概念

失效这一术语应用极为广泛，在《可靠性增长大纲》(GB/T 15174—1994)中，失效(故障)的概念定义为"产品丧失规定的功能，对可修复产品通常也称为故障"。一般来说，发生下列情况之一时，机械产品被定义为失效：①完全失去原定的功能；②仍然可使用，但是不再能够良好地执行其原定的功能；③严重的损伤，使其在继续使用中失去可靠性及安全性，因而需要立即从服役中拆除进行修理或调换。可以看出，失效需要作出具体规定和制定相应标准，在这方面已有了一些标准，而有些标准正在制定中。一旦标准确定之后，失效就有了判别依据。

失效的分类方法多种多样，为了方便研究问题，特将失效做如下分类：

(1) 总体来说，机械零件的失效可以划分为变形失效、断裂失效和表面损伤失效三大类(表2-1)。

(2) 按失效的时间特性，可分为突然失效和渐变失效。

描述产品的一个或几个任务参数发生突然变化的失效称为突然失效，这是一种通过事先的测试和监控不能预测的失效。施加在产品上的外载荷超出产品的承载能力，从而使产品产生突然断裂，就是这种失效的一个典型实例。由于产品的一个或几个任务参数逐渐变化而引起的失效称为渐变失效，这是一种因功能逐渐衰退而产生的失效，一旦产生便很难修复。但这种失效，通过事前的测试和监控是可以预测到的。

对于任何产品而言，渐变失效是不可避免的，这是有规律的耗损和老化的结果，所以这种失效迟早会发生。因此，它出现的概率等于1，故渐变失效不作为随机事件来处理。但是，这种失效到来的时间，或者说产品到达渐变失效的服务时间是随机量，从这个意义上来说，渐变失效仍属于概率的范畴。

表 2–1　失效形式分类

序号	失效类型	具体失效形式		引起失效的直接原因
1	变形失效	过量弹性变形		由于在一定载荷条件下发生过量变形，零件失去应有的功能而不能正常使用
		过量塑性变形		
2	断裂失效	脆性断裂		由于载荷或应力强度超过材料的承载能力而引起
		塑性断裂		
		环境介质引起的断裂	应力腐蚀 氢脆断裂 金属脆化 辐照脆化	由于环境介质、应力共同作用引起的低应力破坏
		疲劳断裂	高应变低周疲劳 低应力高周疲劳 腐蚀疲劳 热疲劳	由于周期(交变)作用力引起的低应力破坏
		蠕变持久断裂		由高温引起
3	表面损伤失效	磨损失效	氧化磨损 黏着磨损 腐蚀磨损 磨粒磨损 接触磨损 微动磨损	由于两物体接触表面在接触应力作用下有相对运动造成材料流失所引起的失效方式
		腐蚀失效	均匀腐蚀 局部腐蚀 电化腐蚀 空腐(气腐)	由于有害环境气氛的化学及物理化学作用所引起的失效方式

（3）按失效原因，可分为早期失效、偶然失效和耗损失效。

一般来说，一种产品要用各种各样的零件装配而成，即使这些零件事先经过了严格的质量检查和挑选，也并不总能排除有某些缺陷的零件，而这些有缺陷的零件性能指标一般会低于要求的水平。将有这样或那样隐蔽缺陷的零件装入系统，这是产品产生早期失效的一种可能原因。产品装配和安装时的人为错误，是出现早期失效的又一原因。产品早期可靠性基本上是由有缺陷零件的失效概率所确定的。随着有缺陷零件的排除和更换，产品的可靠性得到了相应的提高。有时，早期失效称为试运行期失效。

在试运行期之后接着是正常工作期。这一期间的失效是由于零件突然受到不允许的集中载荷，或由于零件本身某些性能参量的突然变化等这样一些偶然因素而引发的失效，称为偶然失效。

任何产品，随着时间的推移，易受到耗损和老化，逐渐引起失效，称为耗损失效。这种失效到来的时间是随机量。产品的机械耗损与产品的参数变化、表面状态、残余缺陷集中等因素有关。对某些产品，采用必要的维修措施，可延长其使用时间。

(4) 按失效存在的时间，可分为恒定失效、间歇失效和运行紊乱失效。

恒定失效是产品运行时始终存在的一种失效(故障)。为了消除它，必须进行外界干预，可以更换失效零件或对出故障零件进行修理，也可预先在易出故障零件上或在实现产品功能的所有零件上附加后备件。

间歇失效是产品的某一特征多次发生运行紊乱的失效。对这种失效，产品不经修复而在限定的时间内能自行恢复功能。

运行紊乱失效是能引起产品短时间内功能丧失的一种失效。

(5) 按失效的完备性，可分为系统失效、完全失效和部分失效。

系统失效是一种多次重复的失效。其产生的原因是设计错误、制造缺陷、生产过程中的损坏、所用材料低劣等。完全失效是产品性能超过某种确定界限，以致完全丧失所规定的功能。在产生局部失效时，产品性能虽然超过了某种确定的界限，也没有完全丧失规定的功能。这时，产品依然可用，但效率较低。

在研究失效时，应区别是零件失效还是产品整体失效。有时，零件失效意味着产品整体失效(或故障)。有时，零件失效并不引起整体丧失功能。

(6) 按产品系统各零件之间的联系，可分为独立失效和相关失效。

在产品系统中，一个零件的失效不是由另一个零件失效而引起的，或者说，一个零件的失效与系统中其他零件是否损坏或失效无关，则称为独立失效。

若系统中一个零件的失效取决于其他零件的损坏或失效，或者说，是由于另一零件的失效所引起的，则这种失效称为相关失效(或从属失效)。

(7) 按形成失效的原因，可分为设计失效、生产失效、使用失效和人为错误失效。

由于违反设计规范和(或)产品设计准则，出现设计上的不合理、考虑不周到或对产品工作条件估计错误而引起的失效称为设计失效；由于制造及安装造成的损坏或者由于修理造成的损坏而引起的失效称为生产失效；由于使用过程中违反操作规程，或者违反了规范中所规定的使用条件而引起的失效称为使用失效。统计表明，许多失效是由于使用人员的人为原因造成的，称为人为错误失效。

(8) 按失效后果的严重性，可分为致命失效、严重失效和参数失效。

能够导致人员生命和财产重大损失的失效称为致命失效。例如，重要建筑物的坍塌、飞机的失事等，均属此类失效。能导致复杂产品完成规定功能能力降低的零件的失效称为严重失效。产品的任何参数超出规定所许可的范围，这种失效称为参数失效。一般参数失效多属于轻度失效。

在产品出现失效之后，应采取适当方法，确定失效产生的原因，并给出避免失效的相应措施。一般来说，失效之后，产品就不可靠了。因此，一旦阐明了产品功能和失效形式，产品的可靠度就可被定量地表示出来。

2.2 可靠性评价指标

可靠性定义只是一个一般的定性定义，并没有给出任何量化的表示，而可靠性在产品设计、制造、试验和管理等多个阶段中都需要“量”的概念。只有将其量化，才能对各种产品的可靠性提出明确的要求，即产品的各类可靠性指标。根据可靠性指标，就可以在产品规划、设计和制造产品时根据可靠性理论，预测和分配它们的可靠性，在产品研制出来后，才可按一定的可靠性试验方法鉴定它们的可靠性或者比较各种产品的可靠性。

评价可靠性的常用指标有：可靠度、失效概率(或不可靠度)、失效率等可靠性概率指标，平均寿命、可靠寿命与中位寿命及特征寿命、有效寿命与更换寿命等可靠性寿命指标，还有维修度、修复率、平均修理时间、有效度、重要度和经济指标等。可靠性指标的真值是理论上的数据，实际中是不知道的。根据样本观测值，经一定的统计分析可得到可靠性数量指标真值的估计值。估计值可以是点估计，也可以是区间估计。

2.2.1 可靠性概率指标及其函数

1. 可靠度与失效概率

可靠度可定义为，产品在规定的条件下和规定的时间内，完成规定功能的概率，通常用 R 表示。考虑到它是时间的函数，又可表示为 $R(t)$，称为可靠度函数，就概率分布而言，它又叫作可靠度分布函数，且是累积分布函数。它表示在规定的使用条件下和规定的时间内，无故障地发挥规定功能而工作的产品占全部工作产品(累积起来)的百分率。因此，可靠度的取值范围为

$$0 \leqslant R(t) \leqslant 1 \tag{2-1}$$

如果用随机变量 T 表示产品从开始工作到发生失效或故障的时间，则该产品在某一指定时刻 t 的可靠度为

$$R(t)=P(T>t) \quad 0 \leqslant t<\infty \tag{2-2}$$

与可靠度相对应的是不可靠度，表示“产品在规定的条件下和规定的时间内不能完成规定功能的概率”，因此又称为失效概率，记为 F。失效概率 F 也是时间 t 的函数，故又称为失效概率函数或不可靠度函数，并记为 $F(t)$。它也是累积分布函数，故又称为累积失效概率。显然，它与可靠度呈互补关系，即

$$R(t)+F(t)=1 \tag{2-3}$$

$$F(t)=1-R(t)=P(T \leqslant t) \tag{2-4}$$

由定义可知，可靠度与不可靠度都是对一定时间而言的，若所指时间不同，则同一产品的可靠度值也就不同。

对于不可修复产品，可靠度观测值是指直到规定的时间区间[0，t]终了为止，能完成规定功能的产品数与该区间开始时投入工作的产品总数之比，即

$$\hat{R}(t)=\frac{N_{\mathrm{s}}(t)}{N} \tag{2-5}$$

$$\hat{F}(t)=1-\hat{R}(t)=1-\frac{N_{\mathrm{s}}(t)}{N}=\frac{N_{\mathrm{f}}(t)}{N} \tag{2-6a}$$

式中，$\hat{R}(t)$为与时间 t 相应的平均可靠度的观测值，当 $N \to \infty$时，$\hat{R}(t) \to R(t)$；$N_{\mathrm{s}}(t)$为工作到 t 时刻，完成规定功能的产品数；N 为投入工作的产品总数；$N_{\mathrm{f}}(t)$为工作到 t 时刻，失效的产品数；$\hat{F}(t)$为与时间 t 相应的平均失效概率的观测值。

产品在某时段的失效概率为

$$F(\Delta t)=\frac{N_{\mathrm{f}}(\Delta t)}{N}=\frac{N_{\mathrm{f}}(t+\Delta t)-N_{\mathrm{f}}(t)}{N} \tag{2-6b}$$

式中，$F(\Delta t)$为在 Δt 时间内的产品失效概率；$N_{\mathrm{f}}(\Delta t)$为在 Δt 时间内的产品失效数；$N_{\mathrm{f}}(t+\Delta t)$为工作到 $t+\Delta t$ 时刻，失效的产品数。

对可修复产品，可靠度观测值是指一个或多个产品的无故障工作时间达到或超过规定时间次数与观测时间内无故障工作的总次数之比，即

$$\hat{R}(t)=\frac{N_s(t)}{N} \tag{2-7}$$

式中，$\hat{R}(t)$为与时间t相应的平均可靠度观测值，当$N\to\infty$时，$\hat{R}(t)\to R(t)$；N为观测时间内无故障工作的总次数，每个产品的最后一次无故障工作时间若未超过规定时间则不予计入；$N_s(t)$为无故障工作时间达到或超过规定时间的次数。

产品开始工作($t=0$)时都是好的，故有$N_s(t)=N_s(0)=N$，$R(t)=R(0)=1$，$F(t)=F(0)=0$。随着工作时间的增加，产品的失效数不断增多，可靠度就相应地降低。当产品的工作时间t趋向于无穷大时，所有的产品不管其寿命多长，最后总要失效。因此，$N_s(t)=N_s(\infty)=0$，故$R(t)=R(\infty)=0$，$F(t)=F(\infty)=1$。即可靠度函数$R(t)$在$[0,\infty)$区间内为递减函数，而$F(t)$为递增函数，如图2-1(a)所示，$F(t)$与$R(t)$的形状正好相反。

对失效概率(不可靠度)函数$F(t)$求导，则得概率密度函数$f(t)$，即

$$f(t)=\frac{\mathrm{d}F(t)}{\mathrm{d}t}=-\frac{\mathrm{d}R(t)}{\mathrm{d}t} \tag{2-8a}$$

根据式(2-6b)也可得到概率密度函数$f(t)$的近似计算式

$$f(t)\approx\hat{f}(t)=\frac{N_f(t+\Delta t)-N_f(t)}{N\cdot\Delta t}=\frac{F(\Delta t)}{\Delta t} \tag{2-8b}$$

式中，$\hat{f}(t)$为概率密度函数的观测值。

其他物理量意义同前。

概率密度函数又称为失效(故障)概率密度函数。在可靠度函数与不可靠度函数如图2-1(a)所示的情况下，概率密度函数则如图2-1(b)所示。

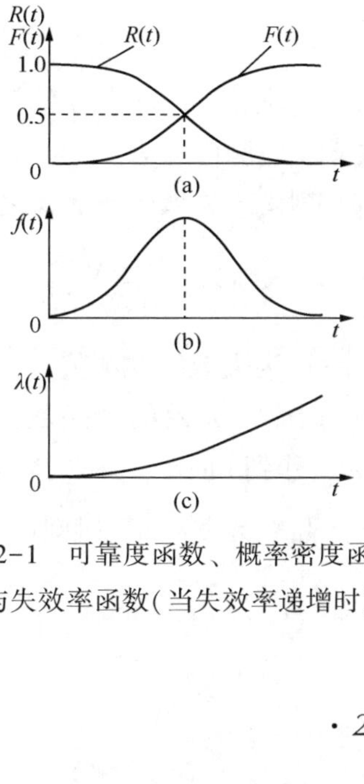

图2-1 可靠度函数、概率密度函数与失效率函数(当失效率递增时)

由式(2-8a)可得

$$F(t)=\int_0^t f(t)\,\mathrm{d}t \tag{2-9}$$

将式(2-9)代入式(2-4)得

$$R(t)=1-F(t)=1-\int_0^t f(t)\,\mathrm{d}t=\int_t^\infty f(t)\,\mathrm{d}t \tag{2-10}$$

上述可靠度公式中的时间是从零算起的，实际使用中常需要知道工作过程中某一段执行任务时间的可靠度，即需要知道已经

工作 t_1 时间后再继续工作 t_2 时间的可靠度。从时间 t_1 工作到 t_1+t_2 的条件可靠度称为任务可靠度，记为 $R(t_1+t_2|t_1)$。由条件概率知

$$R(t_1+t_2|t_1)=P(T>t_1+t_2|T>t_1)=\frac{R(t_1+t_2)}{R(t_1)} \tag{2-11}$$

根据样本的观测值，任务可靠度的观测值为

$$\hat{R}(t_1+t_2|t_1)=\frac{N_s(t_1+t_2)}{N_s(t_1)} \tag{2-12}$$

例 2-1 有 90 个相同的汽车零件进行疲劳试验，从开始到试验 400h 内有 80 个零件失效。求零件工作到 400h 的可靠度。

解：由题意有，$N=90$，$N_f(400)=80$。

由 $\hat{R}(t)=1-\hat{F}(t)=\dfrac{N-N_f(t)}{N}$，得

$$\hat{R}(400)=\frac{90-80}{90}\approx 0.1111=11.11\%$$

2. 失效率

失效率(Failure Rate)又称为故障率，其定义为“工作到某时刻 t 尚未失效(产生故障)的产品，在该时刻以后的下一个单位时间内失效(产生故障)的概率”。一般记为 λ，它也是时间 t 的函数，故也记为 $\lambda(t)$，称为失效率函数。

按上述定义，失效率为

$$\lambda(t)=\lim_{\Delta t\to 0}\frac{1}{\Delta t}P(t\leqslant T\leqslant t+\Delta t|T>t) \tag{2-13}$$

它反映了 t 时刻产品失效的速率，也称为瞬时失效率。

失效率观测值即为“在某时刻 t 以后的下一个单位时间内失效的产品数与工作到该时刻尚未失效的产品数之比”。失效率观测值的计算式为

$$\hat{\lambda}(t)=\frac{N_f(t+\Delta t)-N_f(t)}{[N-N_f(t)]\cdot\Delta t}=\frac{N_f(\Delta t)}{[N-N_f(t)]\cdot\Delta t}=\frac{N_f(\Delta t)}{N_s(t)\cdot\Delta t} \tag{2-14}$$

式中，$\hat{\lambda}(t)$ 为失效率观测值；$N_f(\Delta t)$ 为在时间增量 Δt 内，失效产品数；$N_f(t)$ 为工作到 t 时刻，失效的产品数；$N_f(t+\Delta t)$ 为工作到 $t+\Delta t$ 时刻，失效的产品数；$N_s(t)$ 为工作到 t 时刻，未失效的产品数；N 为投入工作的产品总数。

当产品总数 $N\to\infty$，时间区间 $\Delta t\to 0$ 时，则 $\hat{\lambda}(t)\to\lambda(t)$，即

$$\lambda(t)=\lim_{\substack{N\to\infty\\ \Delta t\to 0}}\hat{\lambda}(t)=\lim_{\substack{N\to\infty\\ \Delta t\to 0}}\frac{N_f(t+\Delta t)-N_f(t)}{[N-N_f(t)]\cdot\Delta t}=\lim_{\substack{N\to\infty\\ \Delta t\to 0}}\frac{N_f(\Delta t)}{N_s(t)\cdot\Delta t} \tag{2-15}$$

平均失效率是指在某一规定时间段内失效率的平均值。它可用积分表达为

$$\overline{\lambda}(t)=\frac{1}{t}\int_{0}^{t}\lambda(t)\mathrm{d}t \tag{2-16}$$

对于一般寿命问题，若寿命分布的定义范围为 $t\geqslant r(r\neq 0)$，则式(2-16)可改写为

$$\overline{\lambda}(t)=\frac{1}{t-r}\int_{r}^{t}\lambda(t)\mathrm{d}t \tag{2-17}$$

累积失效率可定义为

$$\lambda_{T}=t\cdot\lambda(t)=\int_{-\infty}^{t}\lambda(t)\mathrm{d}t \tag{2-18}$$

失效率是产品可靠性常用的数量特征之一，失效率愈高，则可靠性愈低。

失效率的单位用单位时间的百分数表示。例如，$\%\cdot 10^{-3}\mathrm{h}^{-1}$，可记为$10^{-5}\mathrm{h}^{-1}$。失效率的单位也常取成 h^{-1}、km^{-1}、次$^{-1}$等。常用零件失效率的概略值参见表 2-2。

表 2-2 常用零件失效率的概略值

零件名称	λ/[失效数/(10^6h)]		
	最上限	平均	最下限
机床铸件(基础铸件)	0.70	0.175	0.015
一般轴承	1.00	0.50	0.02
球轴承(高速、重载)	3.53	1.80	0.075
球轴承(低速、低载)	1.72	0.875	0.035
轴套或轴承	1.00	0.50	0.02
滚子轴承	0.02	0.002	0.004
凸轮	1.10	0.40	0.001
离合器	0.93	0.60	0.06
电磁离合器	1.348	0.687	0.45
弹性联轴器	0.049	0.025	0.0027
液压缸	0.12	0.008	0.001
气压缸	0.013	0.005	0.004
带传动	3.875	1.50	0.002
O 形密封圈	0.142	0.08	0.02
橡胶密封圈	0.03	0.02	0.011
压力表	7.80	4.00	0.135

续表

零件名称	λ/[失效数/(10^6h)]		
	最上限	平均	最下限
齿轮	0.20	0.12	0.0118
齿轮箱(运输用)	0.36	0.20	0.11
箱体	2.05	1.10	0.051
电动机	0.58	0.30	0.11
液压马达	7.15	4.30	1.45
转动密封	1.12	0.70	0.25
滑动密封	0.92	0.30	0.11
轴	0.62	0.35	0.15
弹簧	0.221	0.1125	0.004

例 2-2 当 $t=0$ 时，有 $N=100$ 个产品开始工作。当 $t=100$h 前已有 2 个产品失效，而在 100~105h 又失效 1 个；待到 $t=1000$h 前已有 51 个失效，而在 1000~1005h 又失效 1 个。求 $t=100$h、$t=1000$h 的失效率和失效概率密度函数观测值。

解：已知 $N=100$，$\Delta t=5$h，根据式(2-8b)、式(2-14)，计算失效率和失效概率密度函数观测值。

(1) $t=100$h 时：

$$\hat{\lambda}(100)=\frac{N_f(\Delta t)}{[N-N_f(t)]\cdot\Delta t}=\frac{1}{(100-2)\times(105-100)}=\frac{1}{98\times5}\approx2.04\times10^{-3}(\text{h}^{-1})$$

$$\hat{f}(100)=\frac{N_f(\Delta t)}{N\cdot\Delta t}=\frac{1}{100\times5}=2\times10^{-3}(\text{h}^{-1})$$

(2) $t=1000$h 时：

$$\hat{\lambda}(1000)=\frac{N_f(\Delta t)}{[N-N_f(t)]\cdot\Delta t}=\frac{1}{(100-51)\times(1005-1000)}=\frac{1}{49\times5}\approx4.08\times10^{-3}(\text{h}^{-1})$$

$$\hat{f}(1000)=\frac{N_f(\Delta t)}{N\cdot\Delta t}=\frac{1}{100\times5}=2\times10^{-3}(\text{h}^{-1})$$

3. 失效率与可靠度、概率密度函数的关系

产品的可靠度及失效率指标均是时间的函数，它们之间是有关系的。

由式(2-13)知

$$\lambda(t)=\lim_{\Delta t\to0}\frac{1}{\Delta t}P(t\leqslant T\leqslant t+\Delta t\mid T>t)=\lim_{\Delta t\to0}\frac{N_f(t+\Delta t)-N_f(t)}{N\cdot\Delta t}\times\frac{1}{R(t)}=\frac{f(t)}{R(t)}$$

可进一步推得

$$\lambda(t)=\frac{f(t)}{R(t)}=\frac{f(t)}{1-F(t)}=\frac{F'(t)}{R(t)}=-\frac{R'(t)}{R(t)} \tag{2-19}$$

式(2-19)就是失效率与可靠度、概率密度函数之间的关系。若已知其中之一，便可求得另外两个量。假如 $\lambda(t)$ 已知，可以求得可靠度或失效概率函数。

因为

$$\int_0^t \lambda(t)\,\mathrm{d}t=\int_0^t -\frac{R'(t)}{R(t)}\mathrm{d}t=-\ln R(t)$$

所以

$$R(t)=\mathrm{e}^{-\int_0^t \lambda(t)\,\mathrm{d}t}=\exp\left[-\int_0^t \lambda(t)\,\mathrm{d}t\right] \tag{2-20}$$

或

$$\lambda(t)=-\frac{\mathrm{d}}{\mathrm{d}t}\ln R(t) \tag{2-21}$$

式(2-20)表示了可靠度函数 $R(t)$ 与失效率 $\lambda(t)$ 的一般关系，是一指数型的分布函数。

由可靠度函数与失效概率函数的关系，又可得失效概率函数的一般表达式为

$$F(t)=1-R(t)=1-\exp\left[-\int_0^t \lambda(t)\,\mathrm{d}t\right] \tag{2-22}$$

同理可得

$$f(t)=F'(t)=\lambda(t)\cdot\exp\left[-\int_0^t \lambda(t)\,\mathrm{d}t\right] \tag{2-23}$$

特别地，当产品的寿命 T 为指数分布时，$\lambda(t)=\lambda=$ 常数，便可得产品的寿命服从指数分布的有关函数表达式

$$\begin{cases} R(t)=\mathrm{e}^{-\lambda t} \\ f(t)=\lambda\mathrm{e}^{-\lambda t} \\ F(t)=1-\lambda\mathrm{e}^{-\lambda t} \end{cases} \tag{2-24}$$

当产品寿命 T 服从其他分布时，$\lambda(t)$ 是时间 t 的函数。

以上这些表达式都是很重要的，它们都能从不同的侧面描述寿命取值的统计规律。它们既有联系，又有区别。

失效概率函数 $F(t)$ 与失效率函数 $\lambda(t)$ 是不同的，$F(t)$ 是累积失效函数。它表示在时刻 t，产品累积故障数占产品总数的比例。而 $\lambda(t)$ 是产品已工作到时刻 t 的条件下，失效概率的变化率。

概率密度函数 $f(t)$ 与失效率函数 $\lambda(t)$ 也是不同的。$\lambda(t)$ 表示的是某时刻 t 以

后，单位时间内产品失效数与 t 时刻残存产品数(仍在工作的产品数)之比，是该时刻后单位时间内产品失效的概率。而 $f(t)$ 表示在时刻 t 后，单位时间内产品的失效数与总产品数之比。可见，$f(t)$ 与 $\lambda(t)$ 都能反映产品失效的变化速度，但 $f(t)$ 不够灵敏。

现将 $R(t)$、$F(t)$、$f(t)$ 和 $\lambda(t)$ 四个基本函数之间的关系列于表 2-3 中。

表 2-3　可靠性特征量中四个基本函数之间的关系

表达式	$R(t)$	$F(t)$	$f(t)$	$\lambda(t)$
$R(t)$	—	$1-F(t)$	$\int_t^{+\infty} f(t)\mathrm{d}t$	$\exp\left[-\int_0^t \lambda(t)\mathrm{d}t\right]$
$F(t)$	$1-R(t)$	—	$\int_0^t f(t)\mathrm{d}t$	$1-\exp\left[-\int_0^t \lambda(t)\mathrm{d}t\right]$
$f(t)$	$-\dfrac{\mathrm{d}R(t)}{\mathrm{d}t}$	$\dfrac{\mathrm{d}F(t)}{\mathrm{d}t}$	—	$\lambda(t)\cdot\exp\left[-\int_0^t \lambda(t)\mathrm{d}t\right]$
$\lambda(t)$	$-\dfrac{\mathrm{d}}{\mathrm{d}t}\ln R(t)$	$\dfrac{1}{1-F(t)}\cdot\dfrac{\mathrm{d}F(t)}{\mathrm{d}t}$	$\dfrac{f(t)}{\int_t^{+\infty} f(t)\mathrm{d}t}$	—

失效率函数有三种类型：一类是随时间的增长而增长的如图 2-1(c)所示，另外两类是随时间的增长而下降的和与时间无关而保持一定值的，如图 2-2 所示。图 2-1 和图 2-2 还给出了 $R(t)$、$f(t)$、$\lambda(t)$ 间的关系。

在图 2-2(a)中，失效率函数 $\lambda(t)$ 是随时间的增长而下降的，由于这种失效率函数形态的特点，产品在开始使用时失效率高，容易发生故障，但愈往后则剩下的产品愈可靠而不易发生故障。对具有这种失效率函数形态的产品，可借助长期的使用试验，选取优质的产品类型。在图 2-2(b)中，故障发生的形式是随机的，失效率为常量，可靠度如式(2-24)所示呈最简单的指数分布，这是可靠性的最基本形式。这时，因为在任何时间故障的发生率都是相同的，所以故障是无法预测的。因此，即使更换新的零件，故障仍会按同样概率发生，事先更换零件也是无效的。在图 2-1(c)中，失效率函数是随时间的增长而上升的。常见于滚动轴承等机械零件的磨损中，这种情况的概率密度函数 $f(t)$ 的形态接近于正态分布。如果可用数学上的正态分布表现其寿命形态，则故障将集中在平均值 $\pm3\sigma$ 的时间内发生。在这种情况下，若能在故障发生以前将这些零件更换下来，则可避免故障的发生。

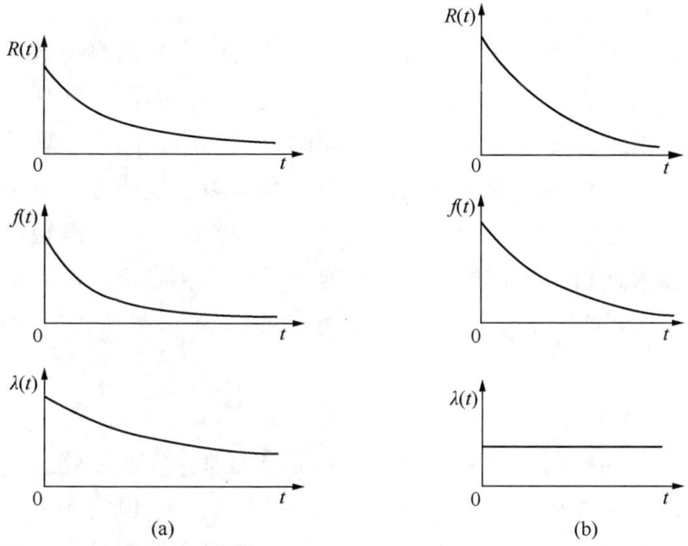

图 2-2 另外两类 $R(t)$、$f(t)$、$\lambda(t)$ 间的关系图

4. 失效率曲线

失效率曲线(浴盆曲线)反映了产品总体寿命失效率的情况。产品的可靠性取决于产品的失效率，而产品的失效率随工作时间的变化具有不同的特点，根据长期以来的理论研究和数据统计，发现由许多零件构成的机器、设备或系统，在不进行预防性维修时，或者对于不可修复的产品，其失效率曲线的典型形态如图 2-3所示，由于它的形状与浴盆的剖面相似，所以又称为浴盆曲线(Bath-Tub Curve)，它明显分为三段，分别对应产品在其全部工作过程中的三个不同阶段或时期。

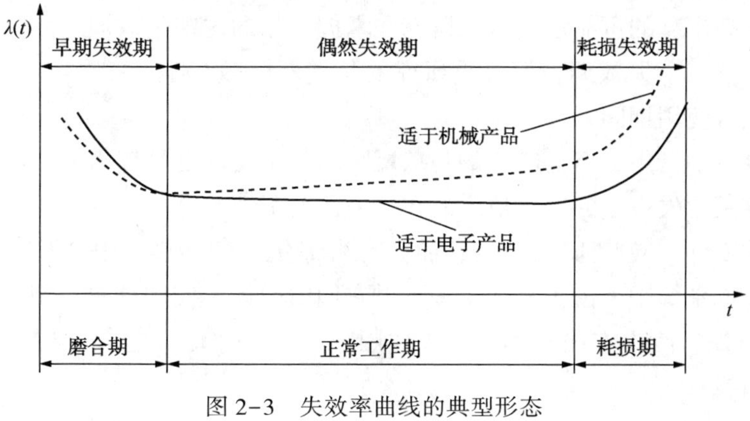

图 2-3 失效率曲线的典型形态

1）早期失效期(DFR 型)

早期失效期出现在产品投入使用的初期，其特点是开始时失效率较高，但随着使用时间的增长，失效率将较快地下降，呈递减型，如图 2-3 所示。这个时期的失效或故障是由于设计上的疏忽、材料缺陷、工艺质量问题、检验差错而混进了不合格品、不适应外部环境等缺点及设备中寿命短的部分等因素引起的。这个时期的长短随设备或系统的规模和上述情况的不同而异。为了缩短这一阶段的时间，产品应在投入运行前进行试运转，以便及早发现、修正和排除缺陷；或通过试验进行筛选，剔除不合格品；或进行规定的跑合和调整，以便改善其技术状况。

2）偶然失效期(CFR 型)

在早期失效期的后期，早期失效的产品暴露无遗，失效率就会大体趋于稳定状态并降至最低，且在相当一段时期内大致维持不变，呈恒定型。这个时期故障的发生是偶然的或随机的，故称为偶然失效期。偶然失效期是设备或系统等产品的最佳状态时期，在规定的失效率下，其持续时间称为使用寿命或有效寿命。人们总是希望延长这一时期，即希望在容许的费用内延长使用寿命。台架寿命试验、可靠性试验，一般都是在消除了早期故障之后针对偶然失效期而进行的。

3）耗损失效期(IFR 型)

耗损失效期出现在设备、系统等产品投入使用的后期，其特点是失效率随工作时间的增长而上升，呈递增型。这是由构成设备、系统的某些零件已过度磨损、疲劳、老化、寿命衰竭所致。若能预计到耗损失效期到来的时间，并在这个时间稍前一点将要损坏的零件更换下来，就可以把本来将会上升的失效率降下来，延长可维护的设备或系统的使用寿命。当然，是否值得采取这种措施尚需要权衡，因为有时把它报废则更为合算。

为了提高产品的可靠性，应该研究和掌握产品的这些失效规律。可靠性研究虽然涉及上述三个失效期，但着重研究的是偶然失效(随机失效)，因为它发生在产品的正常使用期间。

这里要特别指出，浴盆曲线的观点反映的是不可修复且较为复杂的设备或系统在投入使用后失效率的变化情况。在一般情况下，凡是由于单一的失效机理而引起失效的零件，应归于 DFR 型；而固有寿命集中的多属于 IFR 型。只有在稍复杂的设备或系统中，由于零件繁多且对它们的设计、使用材料、制造工艺、工作(应力)条件、使用方法等不同，失效因素各异，才形成包含上述三种失效类型的浴盆曲线。

还应当注意，只有在产品寿命服从指数分布时，才有 $\lambda(t)$= 常数 $=\lambda=1/$平均寿命，这时使用失效率这一指标才有意义。大多数电子、电气产品的寿命可以认为服从指数分布。然而大多数机械产品的寿命并不服从指数分布，其失效率并不呈现为典型的浴盆曲线，而是随着时间的增长而增大。在这种情况下，$\lambda(t)$是时间的函数，难以用失效率来预测产品的可靠度。即使某些机械产品(系统)的寿命近似服从指数分布，其失效率也不一定呈现为光滑的浴盆曲线，如图 2-4 所示。

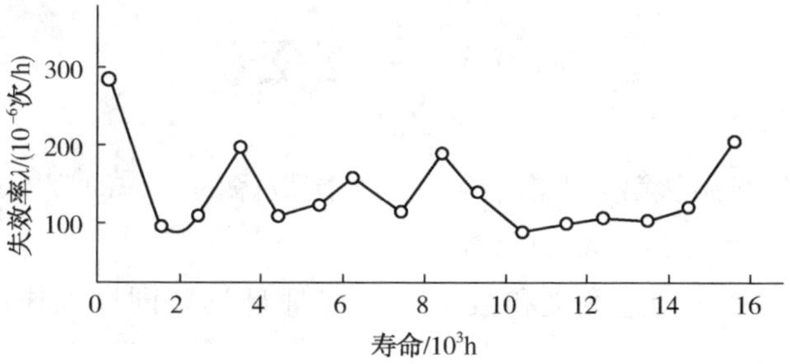

图 2-4　离心式水泵的失效率曲线

2.2.2　可靠性寿命指标

1. 平均寿命(Mean Life)

在讨论产品的可靠性时，人们总要把它和产品的寿命联系起来。平均寿命指的是一批类型、规格相同的产品从投入运行到发生失效(或故障)的平均工作时间。它是一个标志产品平均能工作多长时间的量，不少产品常用平均寿命作为一种可靠性指标。

所谓平均寿命，是指产品寿命的平均值，而产品的寿命则是它的无故障的工作时间。

平均寿命在可靠性寿命指标中有两种：MTTF(Mean Time To Failure)和 MTBF(Mean Time Between Failure)。

MTTF 是指不可修复产品从开始使用到失效的平均工作时间。

$$\mathrm{MTTF}=\frac{1}{N}\sum_{i=1}^{N}t_i \tag{2-25}$$

式中，t_i 为第 i 个产品失效前的工作时间；N 为测试产品的总数。

当 N 值较大时，可用式(2-26)计算：

$$\text{MTTF} = \int_0^\infty t f(t)\,\mathrm{d}t \tag{2-26}$$

当产品失效属于恒定型失效时，即可靠度 $R(t)=\mathrm{e}^{-\lambda t}$时，有

$$\text{MTTF}=\frac{1}{\lambda} \tag{2-27}$$

这说明失效规律服从指数分布的产品，其平均寿命是失效率的倒数。

MTBF 是指可修复产品相邻两次故障间工作时间(寿命)的平均值，也称为平均无故障工作时间，或平均故障间隔。

$$\text{MTBF} = \frac{1}{\sum\limits_{i=1}^{N} n_i}\sum_{i=1}^{N}\sum_{j=1}^{n_i} t_{ij} \tag{2-28}$$

式中，t_{ij}为第 i 个产品从第 $j-1$ 次故障到第 j 次故障的工作时间；n_i 为第 i 个测试产品的故障数；N 为测试产品的总数。

MTTF 和 MTBF 的理论意义和数学表达式都是具有同样性质的内容，故可通称为平均寿命，记作 $\overline{T}$。

平均寿命的观测值 $\hat{T}$ 为

$$\hat{T}=\frac{\text{所有产品总的工作时间}}{\text{总的失效或故障次数}} \tag{2-29}$$

若已知产品的失效概率密度函数 $f(t)$，则均值(数学期望)也就是平均寿命 $\overline{T}$ 为

$$\overline{T} = \int_0^\infty t f(t)\,\mathrm{d}t \quad 0 \leqslant t < \infty \tag{2-30}$$

即 $\overline{T}$ 为 $f(t)$ 与时间 t 乘积的积分，由于

$$f(t)=\frac{\mathrm{d}F(t)}{\mathrm{d}t}=-\frac{\mathrm{d}R(t)}{\mathrm{d}t}$$

则有

$$\overline{T} = \int_0^\infty t\left[-\frac{\mathrm{d}R(t)}{\mathrm{d}t}\right]\mathrm{d}t = \int_0^\infty -tR'(t)\,\mathrm{d}t \tag{2-31}$$

式(2-31)用分部积分法积分，得

$$\overline{T} = -\left[tR(t)\right]_0^\infty + \int_0^\infty R(t)\,\mathrm{d}t \tag{2-32}$$

可以证明，式(2-32)右边的第一项为零，故

$$\overline{T} = \int_0^\infty R(t)\,\mathrm{d}t \tag{2-33}$$

这说明，在一般情况下，在[0，∞)的时间区间上，对可靠度函数 $R(t)$ 积分，可

以求出产品的平均寿命。

2. 寿命方差和寿命标准差

平均寿命是一批产品中各个产品的寿命的算术平均值，它只能反映这批产品寿命分布的中心位置，而不能反映各个产品的寿命 t_1，t_2，…，t_N 与此次中心位置的偏离程度。寿命方差和寿命标准差就是用来反映产品寿命的离散程度的特征值。若一批数目为 N 的产品的寿命数据分别为 t_i，$i=1, 2, \cdots, N$，则其寿命方差为

$$D(t)=[\sigma(t)]^2=\frac{1}{N}\sum_{i=1}^{N}(t_i-\overline{T})^2 \tag{2-34}$$

其寿命标准差为

$$\sigma(t)=\sqrt{D(t)}=\sqrt{\frac{1}{N}\sum_{i=1}^{N}(t_i-\overline{T})^2} \tag{2-35}$$

式中，N 为该批产品的总数，$N\to\infty$或是一个相当大的数；$\overline{T}$ 为测试产品的平均寿命；t_i 为第 i 个测试产品的实际寿命。

寿命标准差与失效时间(或寿命)有相同的量纲。

3. 可靠寿命、中位寿命、特征寿命

当用产品的寿命指标来描述其可靠性时，除采用平均寿命外，还有可靠寿命、中位寿命和特征寿命。

使可靠度 R 等于给定值 r 时的产品寿命称为可靠寿命，记为 t_r，其中 r 称为可靠度水平。这时只要利用可靠度函数 $R(t_r)=r$，可反解出 t_r，得

$$t_r=R^{-1}(r) \tag{2-36}$$

式中，R^{-1}为 R 的反函数；t_r 为可靠度 $R=r$ 时的可靠寿命。

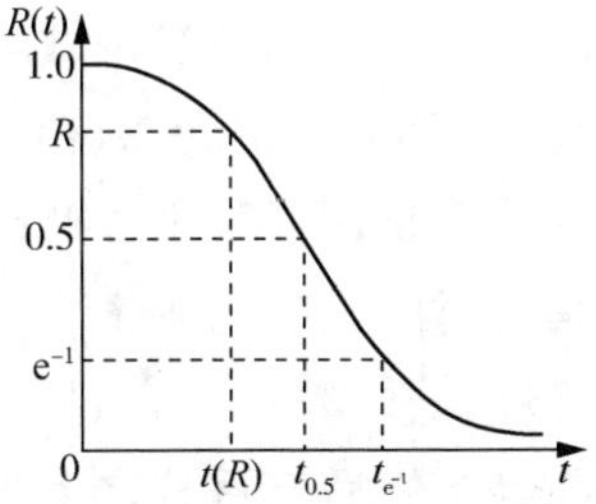

图 2-5　可靠寿命、中位寿命与特征寿命

$R=0.5$ 时的可靠寿命 $t_{0.5}$又称为中位寿命，当产品工作到中位寿命时，可靠度与积累失效概率都等于50%，即产品为中位寿命时，正好有一半失效，中位寿命也是一个常用的寿命特征。

$R=e^{-1}$时的可靠寿命 $t_{e^{-1}}$称为特征寿命。

可靠寿命、中位寿命与特征寿命如图 2-5 所示。

例 2-3　已知某产品的失效率为常数，$\lambda(t)=\lambda=0.25\times10^{-4}h^{-1}$，可靠度函数 $R(t)=e^{-\lambda t}$，试求可靠度 $R=99\%$时的可靠寿命 $t_{0.99}$、中位寿命 $t_{0.5}$和特征寿命 $t_{e^{-1}}$。

解： 由于 $R(t)=e^{-\lambda t}$，两边取对数，即

$$\ln R(t) = -\lambda t$$

所以，

$$t = -\frac{\ln R(t)}{\lambda}$$

可靠寿命：

$$t_{0.99} = -\frac{\ln 0.99}{0.25\times 10^{-4}} = 402.0(\mathrm{h})$$

中位寿命：

$$t_{0.5} = -\frac{\ln 0.5}{0.25\times 10^{-4}} = 27725.9(\mathrm{h})$$

特征寿命：

$$t_{e^{-1}} = -\frac{\ln e^{-1}}{0.25\times 10^{-4}} = 40000.0(\mathrm{h})$$

2.2.3 维修性及其主要数量指标

对于可修复产品，为了保持或恢复产品能完成规定功能的能力而采取的技术管理措施称为维修。维修性的定义：在规定条件下使用的产品，在规定的时间内，按规定的程序和方法进行维修时，保持或恢复到完成规定功能的能力。维修性的主要指标如下。

1. 维修度

产品的维修性可用其维修度(Maintainability)来衡量。维修度的定义为“对可能维修的产品在发生故障或失效后在规定的条件下和规定的时间[0, t]内完成修复的概率”，记为 $M(t)$。即维修度是用概率表示产品易于维修的性能的，或者说维修度是用概率表征产品的维修难易程度的。完成维修的概率是与时间俱增的，是对时间累积的概率。因此，维修度也是时间(维修时间 t)的函数，故又称为维修度函数 $M(t)$，它表示 $t=0$ 时，处于失效或完全故障状态的全部产品在 t 时刻前经维修后有百分之多少恢复到正常功能的累积概率。

$$M(t) = P(t \leqslant T) = \int_{-\infty}^{t} m(t)\,\mathrm{d}t \tag{2-37}$$

式中，t 为维修时间；T 为规定时间；$m(t)$ 为维修时间的概率密度函数。

$$m(t) = \frac{\mathrm{d}M(t)}{\mathrm{d}t} \tag{2-38}$$

产品在任意维修时刻 t 时的维修度观测值为

$$\hat{M}(t)=\frac{n(t)}{n} \tag{2-39}$$

式中，n 为需要维修的产品总数；$n(t)$ 为到维修时间 t 时已修复的产品数。

2. 修复率

修复率是维修时间已达到某个时刻但尚未修复的产品在该时刻后的单位时间内完成修理的概率，记为 $\mu(t)$，即

$$\mu(t)=\frac{\mathrm{d}M(t)}{\mathrm{d}t}\cdot\frac{1}{1-M(t)}=\frac{m(t)}{1-M(t)} \tag{2-40}$$

修复率观测值的表达式与式(2-14)形式相同，即

$$\hat{\mu}(t)=\frac{n_s(t+\Delta t)-n_s(t)}{n_f(t)\cdot\Delta t}=\frac{n_s(\Delta t)}{n_f(t)\cdot\Delta t} \tag{2-41}$$

式中，$n_s(\Delta t)$ 为在时间增量 Δt 内的修理数；$n_f(t)$ 为到 t 时刻未修复的产品数。

3. 平均修复时间 MTTR

平均修复时间 MTTR(Mean Time To Repair)是指可修复产品修复时间的平均值，即修理时间的数学期望。

MTTR 一般可近似估计为

$$\overline{\mathrm{MTTR}}=\frac{\text{总的维修时间}}{\text{维修次数}}=\frac{\sum_{i=1}^{n}\Delta t_i}{n} \tag{2-42}$$

式中，$\overline{\mathrm{MTTR}}$ 为平均修复时间的观测值；n 为维修的次数；Δt_i 为第 i 次故障的维修时间。

修复时间的数学期望为

$$\mathrm{MTTR}=\int_{-\infty}^{t} tm(t)\,\mathrm{d}t \tag{2-43}$$

一般 $m(t)$ 服从指数分布或对数正态分布。若 $m(t)$ 服从指数分布，则

$$m(t)=1-\mathrm{e}^{-\mu t} \tag{2-44}$$

式中，μ 为修复率，h^{-1}。

由式(2-43)可知，修复率 μ 是平均修复时间 MTTR 的倒数，即

$$\mu=\frac{1}{\mathrm{MTTR}} \tag{2-45}$$

将式(2-38)与式(2-8a)、式(2-40)与式(2-19)、式(2-45)与式(2-27)分别相比较，则可发现在可靠性与维修性研究中，$m(t)$ 和 $f(t)$、$\mu(t)$ 和 $\lambda(t)$、$M(t)$ 和 $F(t)$、MTBF(MTTF)和 MTTR 是一一对应的。$M(t)$ 和 $F(t)$ 都是对时间累

积的概率，它们随时间的变化趋势是一致的。

产品由于失效(发生故障)而停止使用的总时间(包括维修时间在内)的平均值，称为平均不能工作时间或平均休止时间、平均停机时间，记为 MDT(Mean Down Time)。有时可用 MDT 代替 MTTR。

影响维修度的因素除与产品的固有质量有关外，还与人的因素有关，主要包括三个方面：①产品结构的维修方便性。对产品进行维修性设计，即在产品的结构设计时，要想办法使产品在发生故障后，容易被发现、便于检查、易于修复。维修性设计应考虑到产品的“接近性”好，即检查和维修人员应极易接近该产品的被检查、被维修部分，方便工作。②修理人员的修理技能。③维修系统的效能。包括备件的供应、维修工具及设备的效能和维修系统的管理水平等。也就是说，维修性还受到维修系统的效能和修理技能的影响，这些是不可忽视的，否则将使维修度失去比较的标准。

2.2.4 有效度

由前可知，可靠性和维修性都是产品的重要属性。提高可靠性的作用是延长产品能正常工作的时间，提高维修性的作用是减少修复时间，减少不能正常工作的时间。若将两者综合起来评价产品的利用程度，可以用有效度(Availability)来表示。有效度也称为可利用度(或利用率)。

有效度是指“可能维修的产品在规定的条件下使用时，在某时刻 t 具有或维持其功能的概率”。这里，维修的效用已包括在内。换句话说，系统、机器、设备或部件等，包括维修的效用在内，在给定的使用条件下，在规定的某时间内，保持正常使用状态或功能的概率，就是该产品的有效度。

对于可能维修的产品，当发生故障时，只要在允许的时间内修复后又能正常工作，则其有效度与单一可靠度相比，是增加了正常工作的概率。对于不可能维修的产品，有效度就仅取决于且等于可靠度了。

有效度是时间的函数，故又可称为有效函数，记为 $A(t)$ 或 A。又分为以下几种。

1. 瞬时有效度(Instantaneous Availability)

瞬时有效度是指“在某一特定瞬时，可能维修的产品保持正常使用状态或功能的概率”，又称瞬时利用率，即等于 $A(t)$。它只反映 t 时刻时产品的有效度，而与 t 时刻以前是否失效无关。

2. 平均有效度(Mean Availability)

平均有效度是指某一时间间隔上 $A(t)$ 的平均值，记作 $\overline{A}(t)$。

$$\overline{A}(t)=A(t_1,\ t_2)=\frac{1}{t_2-t_1}\int_{t_1}^{t_2}A(t)\,\mathrm{d}t \tag{2-46}$$

当 $t_1=0$，$t_2=T$ 时，产品在[0，T]区间内的平均有效度记为 $\overline{A}(T)$，则

$$\overline{A}(T)=\frac{1}{T}\int_0^T A(t)\,\mathrm{d}t \tag{2-47}$$

3. 稳态有效度(Steady Availability)

稳态有效度或称为时间有效度(Time Availability)，又称为可工作时间比(Up Time Ratio，UTR)，记为 $A(\infty)$ 或简写为 A，它是时间趋向无穷大($t\to\infty$)时的 $\overline{A}(t)$，即稳态有效度可表达为极限形式，有

$$A=\lim_{t\to\infty}A(t) \tag{2-48}$$

由于人们最关心的是产品长时间使用的有效度，因此稳态有效度是经常被使用的，它的观测值(估计值)可以用式(2-49)表达：

$$\hat{A}=\frac{可工作时间}{可工作时间+不能工作时间} \tag{2-49}$$

或表达为

$$\hat{A}=\frac{t_{\mathrm{U}}}{t_{\mathrm{U}}+t_{\mathrm{D}}} \tag{2-50}$$

式中，t_{U} 为可能维修的系统、机器、设备或部件等产品能正常工作的平均时间；t_{D} 为产品不能工作的平均时间。

或表达为

$$\hat{A}=\frac{\mathrm{MTBF}}{\mathrm{MTBF}+\mathrm{MTTR}} \tag{2-51}$$

式中，MTBF 为平均无故障工作时间；MTTR 为平均修复时间。

当可靠度 $R(t)$、维修度 $M(t)$ 均为如式(2-24)、式(2-39)的指数分布时，将式(2-27)及式(2-40)代入式(2-51)得到

$$A=\hat{A}=\frac{\mathrm{MTBF}}{\mathrm{MTBF}+\mathrm{MTTR}}=\frac{\mu}{\mu+\lambda} \tag{2-52}$$

式中，μ 为修复率；λ 为失效率。

由式(2-52)可知，为了提高有效度，应尽可能增大 MTBF 并减小 MTTR。

2.2.5 系统有效性

系统有效性(System Effectiveness)是综合了有效度 A、可靠度 R、完成功能概

率 P(或能力 C 或设计适用性 D)等的一个综合尺度，是系统开始使用时的有效度、使用期间的可靠度和功能的乘积。有效性 E_S 可以表达为

$$E_S = A \cdot R \cdot P \tag{2-53}$$

如果还考虑费用，则可用费用有效性的尺度。这时，如果采用“费用/E_S”“费用/MTBF”作为费用有效性的尺度，则希望达到最小，而采用“E_S/费用”时，则希望达到最大。

2.2.6 重要度

系统中的某设备发生故障而引起的系统故障次数占整个系统所有设备发生故障的总次数的比率，称为该设备在该系统中的重要度。可表达为

$$\text{重要度} = \frac{\text{某设备发生故障而引起的系统故障次数}}{\text{整个系统所有设备发生故障的总次数}} \tag{2-54}$$

2.2.7 经济指标

经济指标有许多种，可以根据需要采用比较合适的一种或几种。常用的经济指标有：

$$\left.\begin{array}{l} \text{费用比(CR)} = \dfrac{\text{全年维修费}}{\text{购置费}}；\dfrac{\text{MTBF}}{\text{成本}}； \\ \dfrac{\text{维修费+使用费}}{\text{工作时间}}；\dfrac{\text{劳动工资费用}}{\text{物资费用}}\text{等} \end{array}\right\} \tag{2-55}$$

可根据情况选用上述经济尺度中最合适的指标，以获得有关可靠性的费用、使用设备或系统的费用、因不可靠而导致损失的费用等信息，以便在进行可靠性设计时，能全面权衡成本、可靠性、维修性、生产性等各种因素，并作为设计的尺度。

产品的可靠性指标，除上述各项外，还有其他一些指标。描述一个产品的可靠性，应根据产品的特点采用相应的一组可靠性指标。例如，汽车采用的指标有：平均首次故障里程(MMTFF)、平均故障间隔里程(MMBF)、有效度和可靠度等。

2.2.8 与人为差错有关的可靠性指标

无论自动化程度多么高，都不能把人从系统中完全排除，相反会越来越表现出进行高级判断的人的重要作用。但人总会出现差错，为了避免系统中的人为差错，应提高操作和检查的自动化水平。但由此会导致设备变得更加复杂，致使可

靠性下降。与人为差错有关的可靠性的尺度有以下几种。

1. 平均人为差错间隔

平均人为差错间隔(Mean Time Between Human Errors, MTBHE):与平均故障间隔或平均无故障工作时间 MTBF 相对应。

2. 首次人为差错前平均时间

首次人为差错前平均时间(Mean Time To First Human Error, MTTFHE):与首次故障前平均时间 MTTFF 相对应。

3. 人为初始故障前平均时间

人为初始故障前平均时间(Mean Time To Human Initiated Fault, MTTHIF)。

习　题

2-1　简述产品失效的概念、类别以及失效的情况。

2-2　简述可靠度、失效率、失效概率、平均寿命的定义。可靠度、失效率、失效概率和平均寿命存在怎样的关系?

2-3　产品的失效呈现什么样的规律?如果产品的可靠性提高,失效率曲线将有何变化?

2-4　将某规格的50个轴承投入恒定载荷下运行,其失效时的运行时间及失效数如题2-4表所示,求该规格轴承工作到100h和400h时的可靠度 $R(100)$、$R(400)$。

题2-4表　失效时的运行时间及失效数

运行时间/h	10	25	50	100	150	250	350	400	500	600	700	1000
失效数/个	4	2	3	7	5	3	2	2	0	0	0	0

2-5　某零件工作到50h时,还有100个仍在工作,工作到51h时,失效了1个,在第52h内失效了3个,试求这批零件工作满50h和51h时的失效率 $\lambda(50)$ 和 $\lambda(51)$。

2-6　已知某产品的失效率为常数:$\lambda(t)=0.3\times10^{-4}\text{h}^{-1}$,可靠度函数 $R(t)=e^{-\lambda t}$,试求可靠度 $R=0.999$ 时的相应可靠寿命 $t_{0.999}$、中位寿命 $t_{0.5}$ 及特征寿命 $t_{e^{-1}}$。

第3章 可靠性数学基础

可靠性学科的数学基础主要是概率论和数理统计。为了观察工程中大量随机事件的规律，确定产品的可靠性的特征量，以及对机械系统和零件进行可靠性设计与分析，必须利用概率统计的方法来建立有关的数学模型和进行必要的计算。因此，在可靠性研究中，概率与统计的概念十分重要，本章将对相关的概率论和数理统计知识进行简单的回顾和介绍。

3.1 随机事件与概率

3.1.1 随机事件及其运算

随机事件是随机试验的可能结果。

1. 随机试验

随机试验所满足的三个条件有：

(1) 试验在相同条件下可以重复进行。

(2) 每次试验至少有两个可能结果，且在试验结束之前可以明确知道所有的可能结果。

(3) 在每次试验结束之前不能确定将会出现哪一种结果。

2. 随机事件

在单次试验中不能确定其是否发生，而在大量重复试验中具有某种规律性的事件，称为随机事件，简称事件，常用大写拉丁字母 A、B、C 等表示。事件按其结构可以分为以下几种类型：

(1) 基本事件：不能分解为其他事件的事件(试验的最基本结果)。例如，掷一颗骰子，观察其出现的点数，显然是一随机试验。则试验结果出现“1 点”“2 点”……“6 点”都是基本事件。

(2) 复合事件：能分解为不少于两个事件的事件(由若干个基本事件复合而成的事件)。例如，在掷骰子试验中，出现“偶数点”就是一个复合事件，它是由出现“2点”“4点”“6点”这三个基本事件组成的。只要这三个基本事件中有一个发生，“偶数点”这个事件就发生。

（3）必然事件：在每次试验中一定要发生的事件，记为Ω。

（4）不可能事件：在每次试验中一定不发生的事件，记为ϕ。

（5）互斥事件：又称为互不相容事件，如果事件A和事件B不可能同时发生，则称事件A与事件B为互斥事件。例如，一个零件合格与不合格为互斥事件。

3. 事件的表示

为了便于描述随机试验，引进样本点和样本空间的概念。

每一个基本事件所对应的一个元素称为一个样本点，用ω表示。样本点全体构成的集合为样本空间，用Ω表示。

例如，在抛硬币试验中，若以$\omega_{正}$、$\omega_{反}$分别表示出现正面、反面的基本事件（样本点），则该试验的样本空间为$\Omega=\{\omega_{正},\ \omega_{反}\}$；又如，测试灯泡的使用寿命，记为“灯泡的使用寿命$x$小时”这一结果，显然$0\leqslant x\leqslant +\infty$，则该试验的样本空间为$\Omega=\{x|0\leqslant x\leqslant +\infty\}$。

3.1.2 概率及其特点

1. 概率

对事件发生的可能性大小的数量的描述值称为该事件发生的概率。它是由事件的内、外因素所决定的，可以被人们描述、刻画和逐步认识。针对不同的试验，可以对事件的概率给出不同的定义。

设在n次试验中，事件A发生的次数为K，若事件A发生的频率在某一常数P附近稳定摆动，且当n越大，摆动的幅度越小时，称此常数P为事件A（发生）的概率，记为$P(A)$。

考虑到试验共有有限个可能的结果（n个基本事件，有限样本空间），且各个基本事件出现的可能性相同（等可能性），称试验满足如上两个条件的概率模型为古典模型。若某事件A由其中m个基本事件构成，则定义事件A发生的概率为

$$P(A)=\frac{A\text{包含的事件}}{\text{基本事件总数}}=\frac{m}{n} \tag{3-1}$$

设试验是在某一可测空间S上进行（S可以是某区间、某区域等）的，若试验结果落入S中某子空间A（事件A发生）的概率与子空间A的测度$L(A)$成正比（此处的测度可以是长度、面积、体积等），称此类试验的概率模型为几何模型。定义事件A发生的概率为

$$P(A)=\frac{A\text{ 的测度}}{S\text{ 的测度}}=\frac{L(A)}{L(S)} \tag{3-2}$$

2. 概率的基本特点

对任意随机事件 A，这三种概率均具有如下基本特点：

(1) $0 \leqslant P(A) \leqslant 1$。

(2) 对必然事件 Ω，有 $P(\Omega)=1$。

(3) 对不可能事件 ϕ，有 $P(\phi)=0$。

3.2　随机变量

3.2.1　随机变量的定义和分类

为了更好地揭示随机现象的规律性并利用数学工具描述其规律，引入随机变量来描述随机试验的不同结果。

若对于随机试验的每一个基本可能的结果 ω，都对应着一个实数 $X(\omega)$，且随着 ω 的不同，$X(\omega)$取不同的实数值，则称变量 X 为定义在样本空间上的随机变量。随机变量一般用 X、Y、Z 或小写希腊字母 ξ、η、ζ 等表示。

按随机变量的取值形式可分为如下两类：

(1) 离散型随机变量：若随机变量 X 的可能取值为有限个或无限可列个，且以确定的概率取这些值，则称为离散型随机变量。

(2) 连续型随机变量：若随机变量 X 的可能取值为若干区间或整个数轴内的全体实数，且这些取值的概率与这些值的测度(度量)有关，则称为连续型随机变量。

3.2.2　随机变量的数字特征

在实际中，要准确地确定一个随机变量的分布常常比较困难。在大多数场合，人们更关心随机变量的某些指标。例如，检查某批产品质量，主要关心的是这批产品质量的平均水平和质量的差异程度；研究某个城市居民的消费平均水平以及居民在消费上的差异程度；在分析企业生产的投入与产出时，可能更关心这种投入与产出的关联程度。这些都与随机变量的数字特征有关。

1. 数学期望

1) 离散型随机变量的数学期望

设离散型随机变量 X 的概率分布函数为

$$P(X=x_k)=p_k \quad k=1, 2, \cdots$$

若级数 $\sum_{k=1}^{\infty} x_k p_k$ 绝对收敛，则称这级数的和为随机变量 X 的数学期望，记为

$$E(X) = \sum_{k=1}^{\infty} x_k p_k \tag{3-3}$$

也称为期望或均值。

2）连续型随机变量的数学期望

设连续型随机变量的分布密度函数为 $f(x)$，若积分 $\int_{-\infty}^{+\infty} xf(x)\mathrm{d}x$ 绝对收敛，则称该积分为随机变量的数学期望，记为

$$E(X) = \int_{-\infty}^{+\infty} xf(x)\mathrm{d}x \tag{3-4}$$

显然，随机变量的数学期望是对随机变量的取值，按其取值的概率(或概率密度)进行加权求和(或求积分)。

2. 方差

对随机变量 X，若 $E(X)$ 存在，称 $X-E(X)$ 为随机变量 X 的离差。用随机变量的方差作为反映随机变量与其数学期望偏离程度的数学特征。

称随机变量 X 的离差的平方的数学期望为随机变量 X 的方差，记为 $D(X)$ 或 σ_x^2，即

$$D(X)=E\left[X-E(X)\right]^2 \tag{3-5}$$

称 $\sqrt{D(X)}$ 为 X 的标准差。显然，随机变量 X 的方差是它的函数 $[X-E(X)]^2$ 的数学期望。

1）离散型随机变量 X 的方差

若随机变量 X 的概率分布函数为 $P(X=x_k)=p_k$，则 X 的方差为

$$D(X) = \int_{-\infty}^{+\infty} [x_k - E(X)]^2 P(X = x_k) \tag{3-6}$$

2）连续型随机变量 X 的方差

若随机变量 X 的分布密度函数为 $f(x)$，则 X 的方差为

$$D(X) = \int_{-\infty}^{+\infty} [x_k - E(X)]^2 f(x)\mathrm{d}x \tag{3-7}$$

3. 变异系数

随机变量的标准差与期望的比值，称为随机变量的变异系数或变差系数，记为 C_x，它是一个无量纲的系数。

$$C_x = \frac{\sigma_x}{\mu_x} \tag{3-8}$$

式中，$\mu_x = E(X)$。

4. 偏态系数

偏态系数是用来度量连续型随机变量密度曲线关于平均值偏移程度的指标，即是“正态”或是“偏态”，是对分布偏斜方向及程度的测定。

可以证明，当密度函数 $f(x)$ 的曲线为对称时，所有奇次阶的中心距均等于零。若 $\theta_{2k+1} \neq 0(k=1,\ 2,\ \cdots)$，则说明概率密度函数曲线是不对称的(图 3-1)。为方便起见，通常用 θ_x 表征随机变量的不对称性，因此可以定义偏态系数为

$$\theta_x = \frac{E\ (X-\mu_X)^3}{\sigma_X^3} = \frac{1}{\sigma_X^3}\int_{-\infty}^{+\infty}(x-\mu_x)^3 f(x)\,\mathrm{d}x \tag{3-9}$$

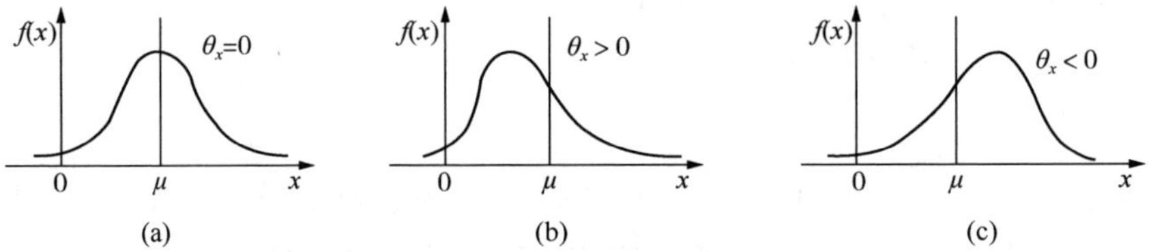

图 3-1　偏态系数与概率密度函数的关系

5. 协方差、相关系数

为了描述和研究二维随机变量 X 和 Y 之间的相互关联程度，可引入协方差和相关系数这两个数字特征。

1) 协方差

定义：对二维随机变量$(X,\ Y)$，称 $E\{[X-E(X)][Y-E(Y)]\}$ 为随机变量 X 和 Y 的协方差，记为 $\mathrm{Cov}(X,\ Y)$，即

$$\mathrm{Cov}(X,\ Y) = E\{[X-E(X)][Y-E(Y)]\} \tag{3-10}$$

对离散型二维随机变量$(X,\ Y)$，有

$$\mathrm{Cov}(X,\ Y) = \sum_i \sum_j E\{[X_i - E(X)][Y_j - E(Y)]\} P(X = x_i,\ Y = y_i) \tag{3-11}$$

对连续型二维随机变量$(X,\ Y)$，有

$$\mathrm{Cov}(X,\ Y) = \int_{-\infty}^{+\infty}\int_{-\infty}^{+\infty}[x - E(X)][y - E(Y)]f(x,\ y)\,\mathrm{d}x\mathrm{d}y \tag{3-12}$$

2) 相关系数

定义：对二维随机变量$(X,\ Y)$，若有方差 $D(X)$、$D(Y)$ 均不为零，称

$$\rho_{x,y}=\frac{\mathrm{Cov}(X,\ Y)}{\sqrt{D(X)}\sqrt{D(Y)}} \tag{3-13}$$

为变量 X、Y 的相关系数(或标准协方差)。

3.3 常用的概率分布

常用的概率分布有二项分布、泊松分布、正态分布、对数正态分布、威布尔分布、指数分布和极值分布，并可分为离散型随机变量的分布和连续型随机变量的分布，它们在可靠性工程中有着广泛的应用。

3.3.1 离散型随机变量的分布

1. 二项分布

若事件 A 在每次试验中发生的概率均为 p，则 A 在 n 次重复独立试验中恰好发生 k 次的概率为

$$P_n(k)=C_n^k p^k q^{n-k} \quad q=1-p \tag{3-14}$$

若随机变量 X 的概率函数为 $P_n(k)=C_n^k p^k q^{n-k}(k=0,\ 1,\ \cdots,\ n)$，其中$0<p<1$，$q=1-p$，则称 X 服从参数为 n、p 的二项分布，记作 $X\sim B(n,\ p)$。显然，随机变量 X 就是事件 A 在 n 次重复独立试验中恰好发生的次数。

2. 泊松分布

若随机变量 X 的概率函数由式(3-15)确定：

$$P_\lambda(k)=P_\lambda(X=k)=\frac{\lambda^k}{k!}\mathrm{e}^{-\lambda} \quad k=0,\ 1,\ \cdots,\ n \tag{3-15}$$

式中，$\lambda>0$，则称 X 服从参数为 λ 的泊松分布。

在二项分布的概率当中，当 n 较大、p 很小时，需要较大的计算量。此时，可采用泊松分布近似计算二项分布。

泊松分布常被用于对大量稠密性问题的描述和研究。例如，在某段时间内，某服务窗口的顾客数、某电话交换台的呼唤次数，以及零件铸造表面上一定大小的面积(或体积)内砂眼的个数等。这些现象的共同特点是，在足够小的时间区间(或几何空间)内，它们的发生是彼此独立的。

3.3.2 连续型随机变量的分布

1. 均匀分布

若随机变量 X 的概率密度函数由式(3-16)确定：

$$f(x)=\begin{cases}\lambda & a\leqslant x\leqslant b(a<b)\\0 & \text{其他}\end{cases} \tag{3-16}$$

式中，$\lambda>0$，则称 X 服从区间$[a, b]$上的均匀分布。

若随机变量 X 服从区间$[a, b]$上的均匀分布，则

$$E(X)=\frac{a+b}{2} \tag{3-17}$$

$$D(X)=\frac{(b-a)^2}{12} \tag{3-18}$$

2. 指数分布

若随机变量 X 的概率密度函数为

$$f(x)=\begin{cases}\lambda e^{-\lambda x} & x>0\\0 & x\leqslant 0\end{cases} \tag{3-19}$$

式中，$\lambda>0$ 为常数，则称 X 服从参数为 λ 的指数分布。

若随机变量 X 服从参数为 λ 的指数分布，则

$$E(X)=\frac{1}{\lambda} \tag{3-20}$$

$$D(X)=\frac{1}{\lambda^2} \tag{3-21}$$

指数分布常被用于对诸如“寿命”问题的描述和研究。例如，某随机服务系统中的服务时间、某电话交换台的占线时间、某些消耗性产品(如电子管、灯泡等电子元件等)的使用寿命等，通常都被假定为服从指数分布。而参数 λ 则被表示为诸如服务率(单位时间服务的顾客数)、失效率等。

3. 正态分布

正态分布是最常用的一种连续型随机变量分布，它通常被用于描述一种主体因素不明确的现象。例如，当所考虑的某个随机变量可被看成是许多作用微小、彼此独立的随机因素共同作用所引起的，则这个随机变量可以被认为服从正态分布。

若随机变量 X 的概率密度函数为

$$f(x)=\frac{1}{\sqrt{2\pi}\sigma}e^{-\frac{(x-\mu)^2}{2\sigma^2}} \tag{3-22}$$

式中，μ、σ 为常数，$\sigma>0$，则称 X 服从正态分布，记为 $X\sim N(\mu, \sigma^2)$，称 X 为正态变量。

它的图形如图 3-2 所示。$f(x)$图形关于 $x=\mu$ 对称，且在 $x=\mu$ 处达最大值。σ 取值不同，$f(x)$形状也不同，σ 越大，图形越平坦，σ 越小，图形越陡峭。

若随机变量 $X\sim N(\mu,\ \sigma^2)$，则

$$E(X)=\mu \tag{3-23}$$

$$D(X)=\sigma^2 \tag{3-24}$$

即服从正态分布的随机变量 X，其概率密度函数中的参数 μ、σ^2 分别是 X 的数学期望和方差。

当 $\mu=0$，$\sigma=1$ 时，这种正态分布称为标准正态分布，记为 $X\sim N(0,\ 1)$，也称 X 为标准正态变量。标准正态分布概率密度函数的图形如图 3-3 所示。

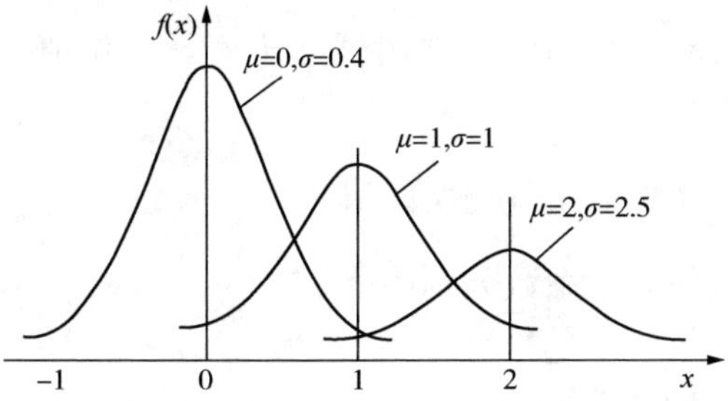

图 3-2 μ 和 σ 对正态分布曲线位置和形状的影响

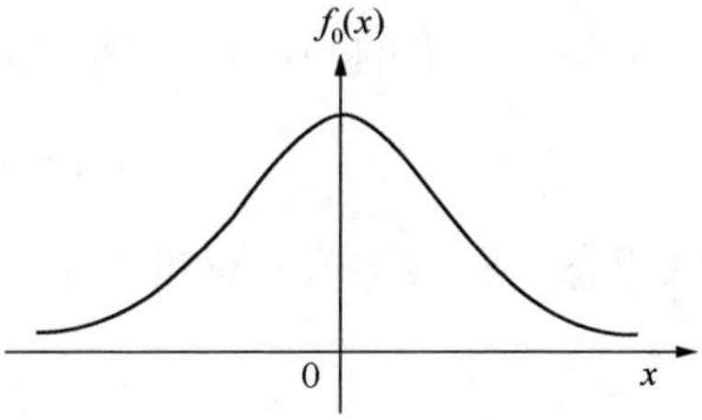

图 3-3 标准正态分布密度曲线

标准正态分布的概率密度函数和分布函数分别用 $\varphi(x)$ 和 $\Phi(x)$ 表示，即有

$$\varphi(x)=\frac{1}{\sqrt{2\pi}}\mathrm{e}^{-\frac{x^2}{2}} \quad -\infty<x<+\infty \tag{3-25}$$

$$\Phi(x)=\frac{1}{\sqrt{2\pi}}\int_{\infty}^{x}\mathrm{e}^{-\frac{x^2}{2}}\mathrm{d}x \tag{3-26}$$

4. 对数正态分布

如果随机变量 X 的自然对数 $y=\ln x$ 服从正态分布，则称 X 服从对数正态分布。由于随机变量的取值 x 总是大于零，以及概率密度函数 $f(x)$ 的不对称，如图 3-4所示，因此对数正态分布是描述不对称随机变量的一种常用的分布。材料的疲劳强度和寿命、系统的修复时间等都可用对数正态分布拟合。

对数正态分布的概率密度函数和累积分布函数分别为

$$f(x)=\frac{1}{x\sigma_y\sqrt{2\pi}}\mathrm{e}^{-\frac{1}{2}\left(\frac{y-\mu_y}{\sigma_y}\right)^2} \tag{3-27}$$

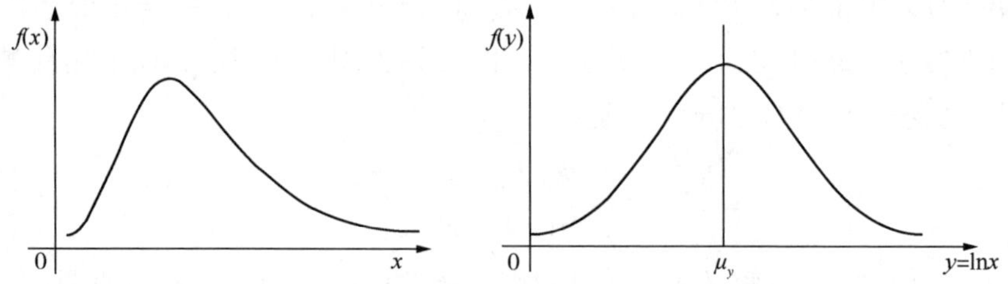

图 3-4　对数正态分布与正态分布曲线

$$F(x)=\int_0^x \frac{1}{x\sigma_y\sqrt{2\pi}}e^{-\frac{1}{2}\left(\frac{y-\mu_y}{\sigma_y}\right)^2}dx \tag{3-28}$$

式中，μ_y 和 σ_y 为 $y=\ln x$ 的均值和标准差。实际上，常用到随机变量中位值 x_m，它表示随机变量的中心值，其定义为

$$P(X\leqslant x_m)=P(X>x_m)=0.50$$

对数正态分布的均值、标准差、中位值和变差系数分别为

$$\mu_x=E(X)=e^{\mu_y+\frac{\sigma_y^2}{2}} \tag{3-29}$$

$$\sigma_x=\sqrt{D(X)}=\mu_x\left(e^{\sigma_y^2}-1\right)^{\frac{1}{2}} \tag{3-30}$$

$$x_m=e^{\mu_y} \tag{3-31}$$

$$C_x=\frac{\sigma_x}{\mu_x}=\left(e^{\sigma_y^2}-1\right)^{\frac{1}{2}} \tag{3-32}$$

由于 $y=\ln x$ 呈正态分布，所以有关正态分布的一切性质和计算方法在此都适用。只要令 $Z=\frac{\ln x-\mu_y}{\sigma_y}$，便可应用附表 1 标准正态分布数值表，查出累积概率 $\Phi(Z)$，反之由 $\Phi(Z)$ 也可查出 $Z=\frac{\ln x-\mu_y}{\sigma_y}$。

5. 威布尔分布

威布尔分布是一种含有三参数或两参数的分布，由于其适应性强而获得广泛应用。三参数威布尔分布的概率密度函数为

$$f(x)=\frac{\beta}{\eta}\left(\frac{x-\gamma}{\eta}\right)^{\beta-1}e^{-\left(\frac{x-\gamma}{\eta}\right)^{\beta}} \tag{3-33}$$

累积概率分布为

$$F(x)=1-e^{-\left(\frac{x-\gamma}{\eta}\right)^{\beta}} \tag{3-34}$$

式中，β 为形状参数；η 为尺度参数；γ 为位置参数。

当 $\gamma=0$ 时，则称为两参数威布尔分布。其概率密度函数和累积分布函数分别为

$$f(x)=\frac{\beta}{\eta}\left(\frac{x}{\eta}\right)^{\beta-1}e^{-\left(\frac{x}{\eta}\right)^{\beta}} \tag{3-35}$$

$$F(x)=1-e^{-\left(\frac{x}{\eta}\right)^{\beta}} \tag{3-36}$$

威布尔分布概率密度函数如图 3－5 所示。

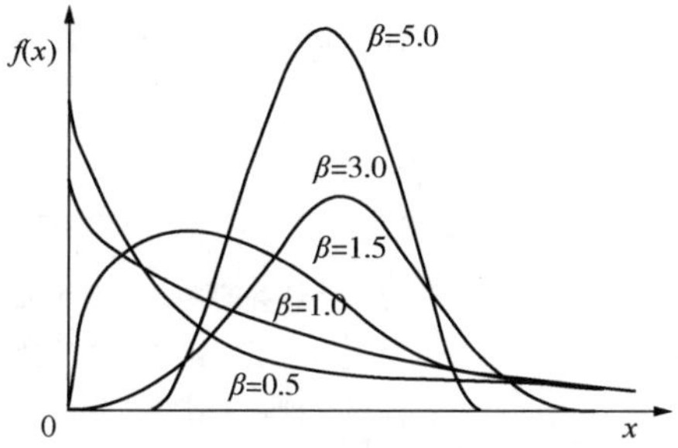

图 3-5　威布尔分布概率密度函数

指数分布是威布尔分布的特例。当 $\beta<1$ 时，产品的失效率曲线随时间增长而下降，即反映了早期失效的特征；当 $\beta=1$ 时，产品的失效率曲线表现出失效率为常数的情况，即反映了耗损寿命期，以及老化衰竭现象。根据试验求得的 β 值可以判断产品失效所处的过程，从而加以控制。所以，威布尔分布对产品的三个失效期都适用，而指数分布仅适用于偶然失效期。

当 $2.7\leqslant\beta\leqslant3.7$ 时，威布尔分布与正态分布非常接近，若 $\beta=3.13$，则为正态分布；当 $\beta=2.0$，$\gamma=0$ 时，则为瑞利分布。许多分布都可以看成威布尔分布的特例，由于它具有广泛的适应性，因而许多随机现象，如寿命、强度、磨损等，都可以用威布尔分布来拟合。

3.3.3　概率分布的应用

为了对产品进行可靠性分析与设计，需要通过实验数据的统计推断，明确其分布特征，但选择哪一种概率分布来拟合，则往往是比较困难的：其一是试验数据有限；其二是分布类型往往与产品类型无关，而与作用的应力类型及失效机理和失效形式有关；有些分布，如威布尔分布、对数正态分布、伽马分布的中间部分不容易分辨，只有尾部才有所不同。因此，某些分布能否较准确地描述某一失效现象，仍存在争议。当没有足够证据选择何种分布时，作为第一次尝试可假设某随机变量服从正态分布，对产品的寿命则假设服从威布尔分布，这已被许多领

域的大量应用证明是有效的。为了借鉴以往的经验与试验事例，表 3-1 提供了常用概率的应用范围。

表 3-1 常用概率的应用范围

分布类型	应用范围	试验事例
二项分布	从一个次品率为 P 的大批量中抽出样本容量 n 中的次品，一组 y 事件中出现 x 事件的概率，涉及“过-不过”“正品-次品”“好-坏”型的情况；抽样的结果不显著改变整批的比例	一次装运的钢制零件中次品的检查；一生产批量中有缺陷轮胎的检查；有缺陷焊缝的确定；一生产机器完成其功能的概率
正态分布	各种物理、机械、电气、化学等特性	铝合金板的抗拉强度、按月温度变化；钢试件的穿透深度，铆钉头直径；某给定地区的电力消耗；电阻抗；磨损、风速、硬度、发射弹药的膛内压力
指数分布	系统、部件等的寿命。对于元件，则适用于失效只是由于偶然原因出现且与使用时间无关的情况，当设计完全排除了在生产误差方面的故障时，常常使用	真空管失效寿命；在可靠性试验过程中探测不良设备的预期成本；雷达设备中使用的指示管的预期寿命；照明灯泡、洗碗机、热水器、发电机、飞机用泵、汽车变速箱等的失效寿命
对数正态分布	寿命现象，事件集中发生在范围尾端的不对称情况，且观察值的差异很大	不同用户的汽车里程累计；不同用户的用电量；大量电器系统的故障时间；灯泡的照明强度等
威布尔分布（两参数）	同于对数正态分布。也使用于产品的寿命的早期失效期、偶然失效期和耗损失效期，失效率随所测特性的增加而可能减小、增加或保持不变的情况	电子管、滚动轴承、传动箱齿轮和其他许多机械和电子元件的寿命；腐蚀寿命；磨损寿命
威布尔分布（三参数）	同于两参数威布尔分布。此外，还使用于各种物理、机械、电气、化学等特性，只是没有正态分布那样普遍应用	同于两参数威布尔分布。此外，还有电阻、电容、疲劳强度等

3.4 数理统计

数理统计以概率论的理论为基础，根据试验或观察到的数据，对研究对象的客观规律性作出种种合理的估计和判断，从而为决策和行动提供依据和建议。在可靠性工程中，为了获得随机现象的分布规律与参数，必须运用数理统计和概率论的理论，对随机现象的试验和观测结果进行统计推断。

3.4.1 分布参数估计

所谓参数估计，就是从样本出发，构造一些适当的统计量作为总体的某些参数(或数字特征)的估计量，当取得一个样本值时，就以相应的统计量的值作为总体的参数估计值。

例如，统计量 $\overline{X} = \dfrac{1}{n}\sum_{i=1}^{n} X_i$ ，作为整体均值 $E(X)=\mu$ 的估计量，自然地用统计量的值 $\bar{x} = \dfrac{1}{n}\sum_{i=1}^{n} x_i$ 作为整体均值的估计值。

对一个被估计参数，用什么样的统计量作为它的估计量，是统计量的构造问题。对被估参数，可以构造出不同的统计量作为它的估计量。

用估计量的值作为参数的估计值，这种做法称为点估计。有时不是要对参数做点估计，而是要求估计参数在一个多大的范围内，并指出该参数以多大的概率(信度)被置于此范围。这种问题是参数的区间估计问题。

1. 参数的点估计法

设总体 X 的分布函数为 $F(x, \theta)$，其中 θ 为总体的待估计参数，$(X_1, X_2, \cdots, X_n)$是从总体 X 中随机抽取的一个样本，若由样本构造统计量，$\hat{\theta}=\hat{\theta}(X_1, X_2, \cdots, X_n)$作为参数 θ 的估计，则称 $\hat{\theta}(X_1, X_2, \cdots, X_n)$为 θ 的点估计量，简称为点估计。

设$(x_1, x_2, \cdots, x_n)$是样本的一个观察值，代入统计量 $\hat{\theta}$ 中，得到一个确定的值 $\hat{\theta}=\hat{\theta}(x_1, x_2, \cdots, x_n)$，称为参数 θ 的点估计值。

假若总体的未知参数有 r 个，即 $\theta=(\theta_1, \theta_2, \cdots, \theta_r)$，这时就需要构造出 r 个不同的统计量 $\hat{\theta}_i(X_1, X_2, \cdots, X_n)$，$i=1, 2, \cdots, r$，分别作为 θ_i 的点估计量，即

$$\hat{\theta}_i=\hat{\theta}_i(X_1, X_2, \cdots, X_n) \quad i=1, 2, \cdots, r$$

2. 估计量的评选标准

对于总体 X 中的同一参数，用不同的估计法可以构造不同的估计量。究竟哪一估计量好，这就涉及评价估计量的标准问题。

1）无偏估计

定义：若 $\hat{\theta}$ 是未知参数 θ 的一个估计量，如果

$$E(\hat{\theta})=\theta \tag{3-37}$$

成立，则称 $\hat{\theta}$ 是未知参数 θ 的无偏估计量。

2）有效估计

定义：设 $\hat{\theta}_1$、$\hat{\theta}_2$ 都是未知参数 θ 的无偏估计量，若

$$D(\hat{\theta}_1)<D(\hat{\theta}_2) \tag{3-38}$$

则称估计量 $\hat{\theta}_1$ 较 $\hat{\theta}_2$ 有效。

对于未知参数 θ，其无偏估计量可能不止一个，我们自然应以对 θ 的平均偏差较小者为好。也就是以估计量的方差小者为好。但是，在样本容量一定时，任意一个无偏估计的方差不能无限制的小。在一定条件下，它有一个下限值。

设总体 X 的概率密度函数为 $f(x,\ \theta)$，样本容量为 n，$\hat{\theta}$ 为参数 θ 的无偏估计，则有

$$D(\hat{\theta})\geqslant\frac{1}{nE\left[\frac{\partial}{\partial\theta}\ln f(x,\ \theta)\right]^2} \tag{3-39}$$

一般地，若用估计量 T 来估计 θ 的某个可微函数 $g(\theta)$，且 $E(T)=g(\theta)$，则有

$$D(T)\geqslant\frac{[g'(\theta)]^2}{nE\left[\frac{\partial}{\partial\theta}\ln f(x,\ \theta)\right]^2} \tag{3-40}$$

式(3-39)、式(3-40)两个不等式都称为罗-克拉默不等式。

如果 $I(\theta)=E\left[\frac{\partial}{\partial\theta}\ln f(x,\ \theta)\right]^2$，则 $\frac{1}{nI(\theta)}$ 为参数 θ 的无偏估计的方差下界，若 θ 的无偏估计量 $\hat{\theta}$ 满足

$$D(\hat{\theta})=\frac{1}{nI(\theta)} \tag{3-41}$$

则称 $\hat{\theta}$ 为 θ 的有效估计量。有效估计也称为最小方差无偏估计。

3）一致估计

定义：设 $\hat{\theta}_n=\hat{\theta}(X_1,\ X_2,\ \cdots,\ X_n)$ 为未知参数 θ 的估计量，若对任意的正数 $\varepsilon>0$，有

$$\lim_{n\to\infty} p(|\hat{\theta}_n-\mu|\leqslant\varepsilon)=1$$

则称 $\hat{\theta}_n$ 为 θ 的一致估计量。

3. 区间估计

定义：设总体 X 的分布中含有未知参数 θ，$(X_1,\ X_2,\ \cdots,\ X_n)$ 为从总体 X 中抽取的容量为 n 的样本，由样本构造两统计量 $\hat{\theta}_1=\hat{\theta}_1(X_1,\ X_2,\ \cdots,\ X_n)$ 及 $\hat{\theta}_2=\hat{\theta}_2(X_1,\ X_2,\ \cdots,\ X_n)$，且 $\hat{\theta}_1<\hat{\theta}_2$，若对于给定的 $\alpha(0<\alpha<1)$，有

$$P(\hat{\theta}_1<\theta<\hat{\theta}_2)=1-\alpha \tag{3-42}$$

则称随机区间 $(\hat{\theta}_1,\ \hat{\theta}_2)$ 是参数 θ 的 $1-\alpha$ 的置信区间或区间估计。$\hat{\theta}_1$、$\hat{\theta}_2$ 称为 θ 的置信下限和置信上限，$1-\alpha$ 称为置信水平或置信度或置信概率。

由定义知，置信区间 $(\hat{\theta}_1,\ \hat{\theta}_2)$ 为随机区间，$P(\hat{\theta}_1<\theta<\hat{\theta}_2)=1-\alpha$ 是指在每次抽样下，对样本的一个观察值 $(x_1,\ x_2,\ \cdots,\ x_n)$，就得到一个具体的区间 $(\hat{\theta}_1,\ \hat{\theta}_2)$，它要么包含参数 θ，要么不包含参数 θ，重复多次抽样，就得到许多不同的区间，在这些区间中，包含 θ 真值的约占 $100(1-\alpha)\%$，不含 θ 真值的约占 $100\alpha\%$。例如，若 $\alpha=0.01$，反复抽样 1000 次，得到 1000 个这样的区间中不包含 θ 真值的仅有 10 个左右。

设总体 $X\sim N(\mu,\ \sigma^2)$，$(X_1,\ X_2,\ \cdots,\ X_n)$ 是它的一个样本，求 μ 的 $(1-\alpha)$ 置信区间。

（1）方差 $\sigma^2=\sigma_0^2$ 已知时，均值 μ 的区间估计。

取样本均值 $\hat{\mu}=\overline{X}=\frac{1}{n}\sum_{i=1}^{n}X_i$ 作为 μ 的一个估计量，有 $\overline{X}\sim N(\mu,\ \frac{\sigma^2}{n})$，故随机变量

$$U=\frac{\overline{X}-\mu}{\sigma_0/\sqrt{n}}\sim N(0,\ 1) \tag{3-43}$$

由正态分布的对称性及分位数的定义，对于给定的 $\alpha(0<\alpha<1)$，从正态分布表中可查得相应的分位数 $\mu_{1-\frac{\alpha}{2}}$，使

$$P(|U|)<\mu_{1-\frac{\alpha}{2}}=1-\alpha \tag{3-44}$$

即

$$P\left(-\mu_{1-\frac{\alpha}{2}}<\frac{\overline{X}-\mu}{\sigma_0}\sqrt{n}<\mu_{1-\frac{\alpha}{2}}\right)=1-\alpha \tag{3-45}$$

于是有

$$P\left(\overline{X}-\frac{\sigma_0}{\sqrt{n}}\mu_{1-\frac{\alpha}{2}}<\mu<\overline{X}+\frac{\sigma_0}{\sqrt{n}}\mu_{1-\frac{\alpha}{2}}\right)=1-\alpha \tag{3-46}$$

因此，参数 μ 的置信度为 $1-\alpha$ 的置信区间，为

$$\left(\overline{X}-\frac{\sigma_0}{\sqrt{n}}\mu_{1-\frac{\alpha}{2}},\ \overline{X}+\frac{\sigma_0}{\sqrt{n}}\mu_{1-\frac{\alpha}{2}}\right) \tag{3-47}$$

区间长度为 $\frac{2\sigma_0}{\sqrt{n}}\mu_{1-\frac{\alpha}{2}}$。

一般地，对于给定的置信度 $1-\alpha$，参数 θ 的置信区间 $(\hat{\theta}_1,\ \hat{\theta}_2)$ 的取法有多种，也就是说，置信区间不唯一。我们总希望所构造的置信区间的长度越短越好。若构造置信区间的样本函数具有对称分布时，以样本均值为中心的对称区间，其长度最短。然而对于不具有对称分布时，求最短长度的置信区间，是较烦琐的问题。在实际应用中，为方便起见，总是把 α 等分为两部分 $\alpha_1=\alpha_2=\alpha/2$，然后查分布表求相应的上、下置信限。

(2) 方差 σ^2 未知时，均值 μ 的区间估计。

因为方差 σ^2 未知，而由式(3-47)得出的置信区间含有方差 σ^2，因此还需要另外找途径来求 μ 的区间估计。由抽样分布知

$$T=\frac{\overline{X}-\mu}{S/\sqrt{n}}\sim t(n-1) \tag{3-48}$$

式中，$\overline{X}=\frac{1}{n}\sum_{i=1}^{n}X_i$，由于 t 分布是对称的，对给定的 $\alpha(0<\alpha<1)$，由 t 分布查表得自由度为 $n-1$ 的 t 分布的分位数 $t_{1-\frac{\alpha}{2}}(n-1)$，使

$$P\left[\,|T|<t_{1-\frac{\alpha}{2}}(n-1)\,\right]=1-\alpha \tag{3-49}$$

即

$$P\left[-t_{1-\frac{\alpha}{2}}(n-1)<\frac{\overline{X}-\mu}{S}\sqrt{n}<t_{1-\frac{\alpha}{2}}(n-1)\right]=1-\alpha \tag{3-50}$$

从而有

$$P\left[\overline{X}-\frac{S}{\sqrt{n}}t_{1-\frac{\alpha}{2}}(n-1)<\mu<\overline{X}+\frac{S}{\sqrt{n}}t_{1-\frac{\alpha}{2}}(n-1)\right]=1-\alpha \tag{3-51}$$

故得参数 μ 的置信水平为 $1-\alpha$ 的置信区间，为

$$\left(\overline{X}-\frac{S}{\sqrt{n}}t_{1-\frac{\alpha}{2}}(n-1),\ \overline{X}+\frac{S}{\sqrt{n}}t_{1-\frac{\alpha}{2}}(n-1)\right) \tag{3-52}$$

区间长度为$\frac{2S}{\sqrt{n}}t_{1-\frac{\alpha}{2}}(n-1)$。

3.4.2 假设检验

1. 基本概念

1）假设检验的定义

在实际工作中，往往能够根据过去的资料，对总体作出某种参数假设(记为H_0，称为原假设)。一种是关于总体参数的假设，即参数假设；另一种是关于总体分布的假设，即统计假设。

对于一种假设是否成立，需要根据样本提供的信息，按照一定的规则和程序进行检验，从而决定接受这种假设，还是拒绝这种假设，这一过程称为假设检验。在假设检验中，如果总体分布类型已知，仅对总体中的未知参数及其性质进行判断，这种检验称为参数假设检验。设总体分布类型不知，若检验其分布属于某种类型或两变量是否独立，或两总体的分布函数是否相同，等等，称为非参数假设检验。

2）假设检验的步骤

（1）提出原假设H_0及备择假设H_1。

（2）构造检验统计量，在H_0为真的条件下，确定该统计量的分布。

（3）确定H_0的拒绝域：在给定显著性水平$\alpha(0<\alpha<1)$的条件下，查统计量所服从的分布表，求出临界值，从而确定拒绝域W。

（4）推断：由样本观察值算出统计量的观察值，若落在拒绝域W中，则拒绝H_0，否则接受H_0。

2. 关于正态总体数学期望的假设检验

设$X\sim N(\mu,\ \sigma^2)$，样本为$(X_1,\ X_2,\ \cdots,\ X_n)$。样本均值$\overline{X}=\frac{1}{n}\sum_{i=1}^{n}X_i$，$\overline{X}\sim N\left(\mu,\ \frac{\sigma^2}{n}\right)$，样本方差$S^2=\frac{1}{n-1}\sum_{i=1}^{n}(X_i-\overline{X})^2$，对$\mu$进行假设检验分两种情况：一是方差$\sigma^2$已知，二是方差$\sigma^2$未知。

1）方差σ^2已知，检验μ

（1）给出原假设H_0：$\mu=\mu_0$，对立假设H_1：$\mu\neq\mu_0$。

（2）在 H_0：$\mu=\mu_0$ 成立的条件下，选统计量

$$U=\frac{\overline{X}-\mu_0}{\sigma/\sqrt{n}}\sim N(0,\ 1)$$

（3）对给定的显著性水平 α，根据对立假设 H_1 和统计量 U 的分布（图 3-6）$|U|>z_{\frac{\alpha}{2}}$，它的概率表达式为

$$P\{\ |T|>z_{\frac{\alpha}{2}}\}=\alpha \tag{3-53}$$

（4）由样本值算出样本均值 $\overline{X}$，从而算出统计量 U 的值 μ，并查出标准正态分布的分位点 $z_{\frac{\alpha}{2}}$。

（5）判断小概率事件 $|U|>z_{\frac{\alpha}{2}}$ 是否出现。

若 $|U|>z_{\frac{\alpha}{2}}$，即小概率事件出现，就拒绝 H_0；

若 $|U|<z_{\frac{\alpha}{2}}$，即小概率事件没出现，就接受 H_0。

以上所说的检验法通常称为 U 检验法。

2）*方差 σ^2 未知，检验 μ*

这种情况要用 S^2 代替 σ^2，即用 S 代替 σ。

（1）给出原假设 H_0：$\mu=\mu_0$，对立假设 H_1：$\mu\neq\mu_0$。

（2）在 H_0：$\mu=\mu_0$ 成立的条件下，选统计量

$$T=\frac{\overline{X}-\mu_0}{S/\sqrt{n}}\sim t(n-1) \tag{3-54}$$

（3）对给定的显著性水平 α，根据对立假设 H_1 和统计量 T 分布（图 3-7），小概率事件为 $|T|>t_{\frac{\alpha}{2}}(n-1)$，它的概率表达式为

$$P\{\ |T|>t_{\frac{\alpha}{2}}(n-1)\}=\alpha$$

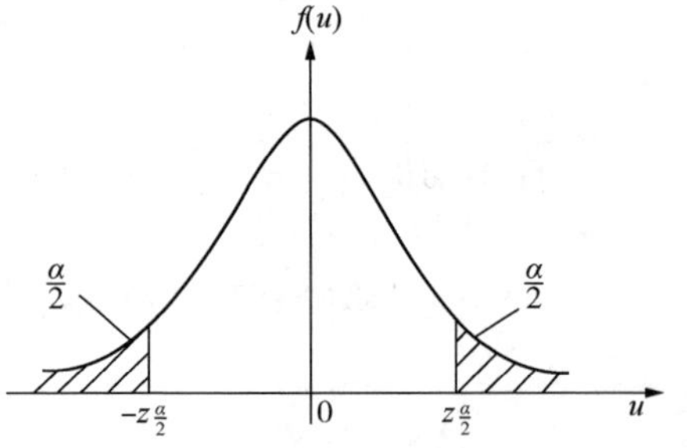

图 3-6　标准正态分布

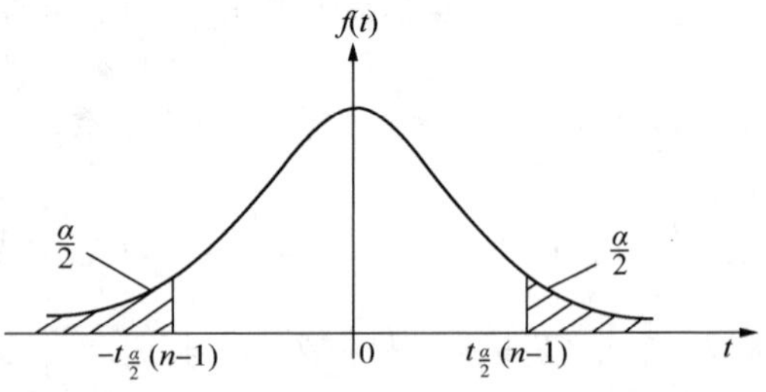

图 3-7　T 分布

（4）由样本值算出样本均值 $\overline{X}$、S^2，从而算出统计量 T 的值 t，并查出 $t_{\frac{\alpha}{2}}(n-1)$。

（5）判断：若 $|t|>t_{\frac{\alpha}{2}}(n-1)$，就拒绝 H_0；若 $|t|<t_{\frac{\alpha}{2}}(n-1)$，就接受 H_0。

从接受域、拒绝域来考虑则有：H_0 的关于 T 的接受域为

$$(-t_{\frac{\alpha}{2}},\ t_{\frac{\alpha}{2}}) \tag{3-55}$$

拒绝域为

$$(-\infty,\ -t_{\frac{\alpha}{2}})\text{和}(t_{\frac{\alpha}{2}},\ +\infty) \tag{3-56}$$

对 $\overline{X}$ 来说，H_0 的接受域

$$\left(\mu_0-t_{\frac{\alpha}{2}}\frac{S}{\sqrt{n}},\ \mu_0+t_{\frac{\alpha}{2}}\frac{S}{\sqrt{n}}\right) \tag{3-57}$$

拒绝域为

$$\left(-\infty,\ \mu_0-t_{\frac{\alpha}{2}}\frac{S}{\sqrt{n}}\right)\text{和}\left(\mu_0+t_{\frac{\alpha}{2}}\frac{S}{\sqrt{n}},\ +\infty\right) \tag{3-58}$$

临界点为

$$t=\pm t_{\frac{\alpha}{2}},\ \overline{X}=\mu_0\pm t_{\frac{\alpha}{2}}\frac{S}{\sqrt{n}} \tag{3-59}$$

这种检验法称为 T 检验法。

3. 关于正态总体方差的 σ^2 的假设检验

1）期望 μ 已知，检验 σ^2

（1）原假设 H_0：$\sigma^2=\sigma_0^2$，对立假设 H_1：$\sigma^2\neq\sigma_0^2$。

（2）由 $\mu=\mu_0$ 已知，我们已假定 H_0 成立时，$\frac{1}{n}\sum_{i=1}^{n}(X_i-\mu_0)^2$ 是 σ_0^2 的无偏估计，则统计量

$$\chi^2=\frac{\sum_{i=1}^{n}(X_i-\mu_0)^2}{\sigma_0^2}\sim\chi^2(n)$$

（3）对于给定的显著性水平 α，根据 H_1 和对数正态分布（图 3-8），小概率事件为 $\{0<\chi^2<\chi^2_{1-\frac{\alpha}{2}}(n)\cup\chi^2_{\frac{\alpha}{2}}(n)<\chi^2<+\infty\}$，它的概率表达式为

$$P\{0<\chi^2<\chi^2_{1-\frac{\alpha}{2}}(n)\cup\chi^2_{\frac{\alpha}{2}}(n)<\chi^2<+\infty\}=\alpha \tag{3-60}$$

（4）由样本值算出 χ^2，通过查 χ^2 分布表可得 $\chi^2_{1-\frac{\alpha}{2}}(n)$ 和 $\chi^2_{\frac{\alpha}{2}}(n)$。

（5）判断：如果 $\chi^2\leqslant\chi^2_{1-\frac{\alpha}{2}}(n)$ 或 $\chi^2\geqslant\chi^2_{\frac{\alpha}{2}}(n)$，则拒绝 H_0；如果 $\chi^2_{1-\frac{\alpha}{2}}(n)<\chi^2<\chi^2_{\frac{\alpha}{2}}(n)$，则接受 H_0。

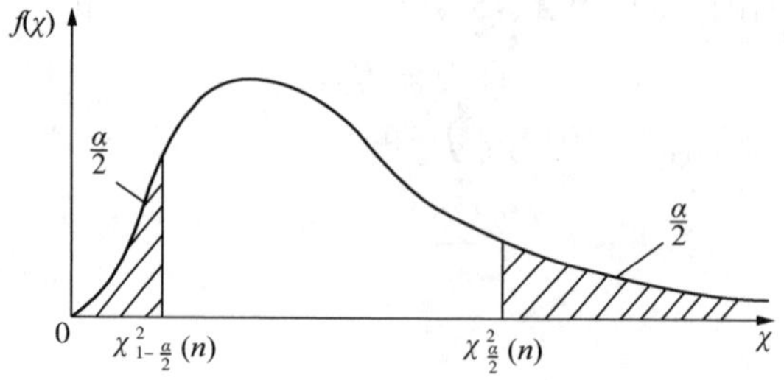

图 3-8　对数正态分布

2）期望 μ 未知，检验 σ^2

在这里用 $\overline{X}$ 代替 μ：

（1）原假设 H_0：$\sigma^2=\sigma_0^2$，对立假设 H_1：$\sigma^2\neq\sigma_0^2$。

（2）在 H_0 成立的条件下，选统计量

$$\chi^2=\frac{(n-1)S^2}{\sigma^2}\sim\chi^2(n-1)$$

（3）对给定的显著水平 α，它的小概率表达式为

$$P\{0<\chi^2<\chi^2_{1-\frac{\alpha}{2}}(n-1)\cup\chi^2_{\frac{\alpha}{2}}(n-1)<\chi^2<+\infty\}=\alpha \tag{3-61}$$

（4）算出 χ^2 和 S^2，查出 $\chi^2_{1-\frac{\alpha}{2}}(n-1)$ 和 $\chi^2_{\frac{\alpha}{2}}(n-1)$。

（5）判断：如果 $\chi^2_{1-\frac{\alpha}{2}}(n-1)<\chi^2<\chi^2_{\frac{\alpha}{2}}(n-1)$，则接受 H_0；如果 $0<\chi^2<\chi^2_{1-\frac{\alpha}{2}}(n-1)$ 或 $\chi^2_{\frac{\alpha}{2}}(n-1)<\chi^2$，则拒绝 H_0。

习　　题

3-1　从 0，1，…，9 这 10 个数字中随机取两个数，问其和大于 10 的概率有多大？

3-2　设有 M 件产品，其中 N 件为一级品，R 件为二级品，其余为废品，现从中任取 m 件，问恰好有 n 件一级品，r 件二级品，其余为废品的概率有多大？

3-3　一批产品共 10 件，其中有 2 件次品。无放回地从中随机抽取两次，每次取一件，计算下列各事件的概率：

（1）两次都是次品；

（2）两次都是正品；

（3）一件是正品，一件是次品；

（4）第二次取出的是次品。

3-4 修理某一机器所需的时间（单位：h）X 服从参数为 $\frac{1}{2}$ 的指数分布，计算：

（1）修理时间超过 2h 的概率；

（2）若已持续修理了 9h，问总共需要至少 10h 才能修好的概率有多大？

3-5 已知从某批材料中任取一件时，取得的材料的强度 X 服从 $N(200, 18^2)$。

（1）计算取得的这批材料强度不低于 180 的概率；

（2）如果要求所用材料以 99%的概率保证强度不低于 150，问这批材料是否符合要求？

3-6 一工厂生产的钢管长度 X 服从均值为 $\mu=180$、标准差为 σ 的正态分布，若要求 $P\{120<X\leqslant 200\}\geqslant 0.8$，允许 σ 最大为多少？

第4章 机械可靠性设计原理与可靠度计算

可靠性设计的基本任务是在可靠性物理学研究的基础上，结合可靠性试验及故障数据的统计分析，提出可供实际计算的物理数学模型及方法，以便在产品设计阶段就能规定其可靠性指标，或估计、预测机器及其主要零件在规定的工作条件下的工作能力、状态或寿命，保证所设计的产品具有所需要的可靠度。机械零件的可靠性设计是以应力-强度干涉理论为基础的。

4.1 应力-强度干涉理论及可靠度计算

4.1.1 应力-强度干涉理论

机械零件设计的基本目标是在一定的可靠度下保证其危险断面上的最小强度(抗力)不低于最大的应力，否则，零件将由于未满足可靠度要求而失效。从可靠性的角度考虑，导致机械产品发生故障的各种因素可概括为应力和强度两类。当应力大于强度时，故障发生。应力不仅仅指外力在微元面积上产生的内力与微元面积比值的极限，而且包括各种环境因素，如温度、湿度、腐蚀、粒子辐射等。强度是指机械结构承受应力的能力，因此凡是能阻止结构或零件发生故障的因素统称为强度，如材料机械性能、加工精度、表面粗糙度等。

在实际工程中，外载荷、温度、湿度等都是具有一定分布的。因此，应力是一个受多种因素影响的随机变量，具有一定的分布规律。同样，受材料的机械性能、工艺环节的波动和加工精度等的影响，强度也是一个具有一定离散性，以及服从一定分布规律的随机变量。也就是说，应力和强度在这里都不是一个确定的值，而是由若干随机变量组成的多元随机函数(随机变量)，它们都具有一定的分布规律，如图4-1所示。

应力-强度模型又称应力-强度干涉模型，它可以清楚地揭示零件可靠性设计的本质，是零件可靠性设计的基本模型。

一般而言，施加于产品或零件上的物理量，如应力、压力、温度、湿度、冲击等，统称为产品或零件所受的应力，用 S 表示；产品或零件能够承受这种应力的程度，统称为产品或零件的强度，用 δ 表示。如果产品或零件的强度 δ 小于应力 S，则它们就不能完成规定的功能，称为失效。欲使产品或零件在规定的时间内可靠地工作，必须满足

$$Z=\delta-S\geqslant 0 \tag{4-1}$$

在机械设计中，应力 S 及强度 δ 本身是某些变量的函数，如图 4-1 所示，即

$$\begin{aligned} S&=f(S_1, S_2, \cdots, S_i, S_n) \\ \delta&=f(\delta_1, \delta_2, \cdots, \delta_i, \delta_n) \end{aligned} \tag{4-2}$$

式中，δ_i 为影响强度的随机量，如零件材料性能、表面质量、尺寸效应、材料对缺口的敏感性等；S_i 为影响应力的随机量，如载荷情况、应力集中程度、工作温度、润滑状态等。

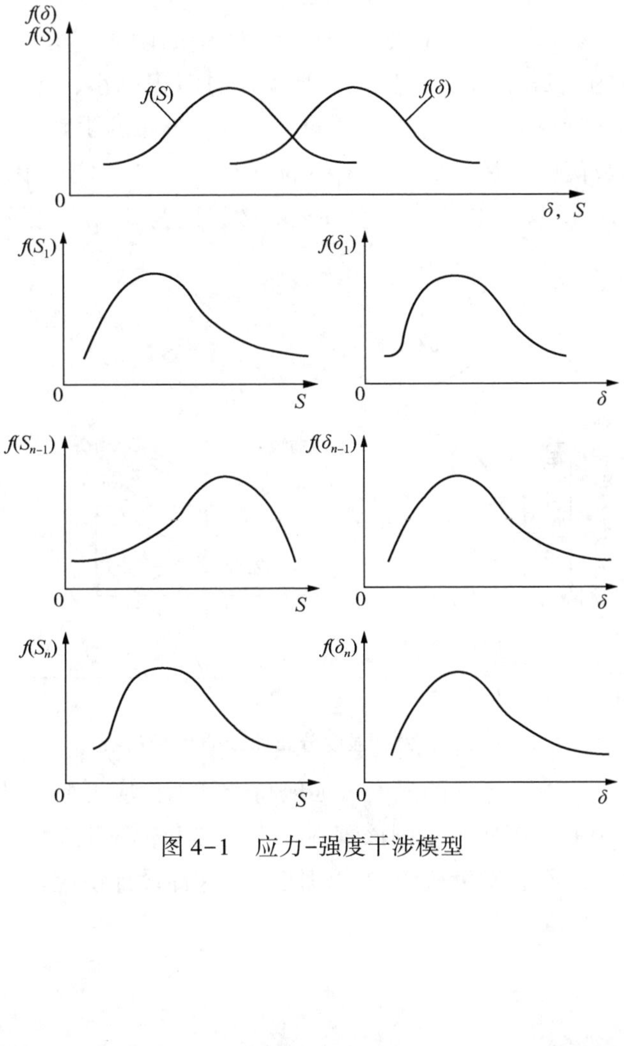

图 4-1 应力-强度干涉模型

一般情况下，强度 δ 与应力 S 的概率关系满足 $P(\delta|S)=P(\delta)$，因为无论是否知道应力 S 的准确数值，强度 δ 的取值都是按自己的规律出现。所以，可以认为应力 S、强度 δ 是相互独立的随机变量。于是，Z 也为随机变量。

设产品或零件的可靠度为 R，则

$$R=P(Z\geqslant 0) \tag{4-3}$$

即可靠度为随机变量 Z 取值大于和等于 0 时的概率。相应的累积失效概率为

$$F=1-R=P(Z<0) \tag{4-4}$$

若知道随机变量 δ 及 S 的分布规律，利用下述的应力-强度干涉模型，可以求得可靠度 R 或失效概率 F。

在机械设计中，随机变量 δ 与 S 具有相同的量纲。因此，δ、S 的概率密度曲线可以表示在同一坐标系上。通常要求零件的强度高于其工作应力，但由于零件的强度值与应力值的离散性，使应力、强度两概率密度曲线在一定的条件下可能相交，这个相交区域如图 4-2 中的右图所示(图中的阴影部分)，就是产品或零件可能出现故障的区域，称为干涉区。干涉区的面积越小，零件的可靠度就越高；反之，可靠度就越低。但是，如图 4-3 所示，分布的阴影面积只是干涉的表示，而不是干涉数值的度量。例如，图中的应力 S_1 与 δ_1 比较，因 $S_1>\delta_1$，引起干涉，零件失效，而 S_2 与 δ_2 比较，不会导致失效，因为 $S_2<\delta_2$，尽管它们都在干涉区之内。

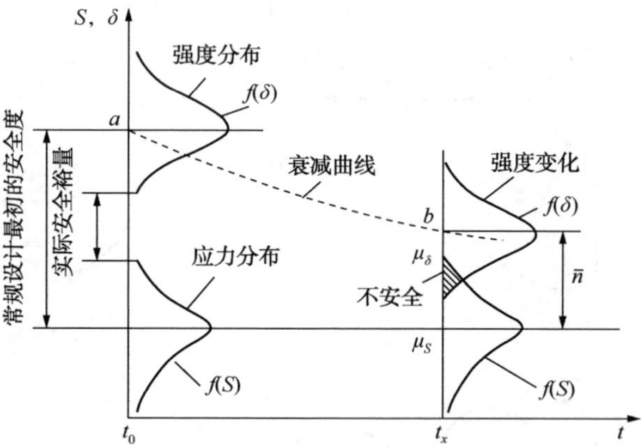

图 4-2　应力、强度分布曲线的相互关系

如果在机械设计中使零件的强度远远地高于其工作应力而使两种分布曲线不相交，如图 4-2 中的左图所示，则该零件在工作初期，在正常的工作条件下，强度总是大于应力，是不会发生故障的。即使是在这种设计使应力与强度分布曲线

无干涉的情况下，该零件在动载荷、腐蚀、磨损、疲劳载荷的长期作用下，强度也将会逐渐衰减，可能会由图 4-2 中的位置 a 沿着衰减退化曲线移到位置 b，而使应力-强度分布曲线发生干涉，即由于强度的降低导致应力超过强度而产生不可靠的问题。由应力-强度干涉图还可以看出：当零件的强度和工作应力的离散程度大时，干涉部分就会加大，零件的不可靠度也就增大；当材质性能好、工作应力稳定而使应力与强度分布的离散程度小时，干涉部分则相应地减小，零件的可靠度就会增大。

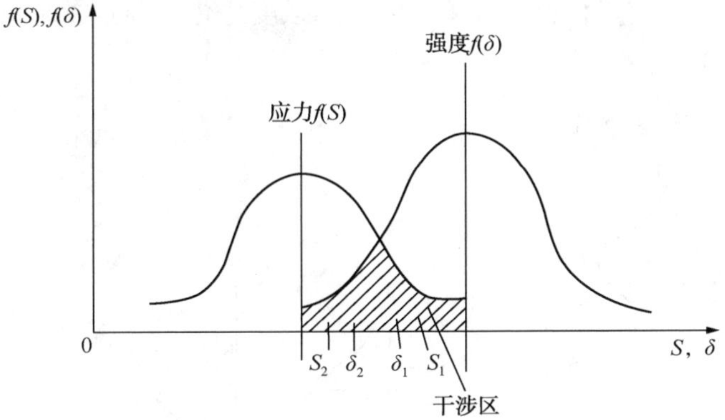

图 4-3　应力-强度干涉图

应力-强度干涉模型揭示了概率设计的本质。从应力-强度干涉模型可以看出，就统计数学的观点而言，任一设计都存在失效概率，即可靠度 $R<1$。所以，我们能够做到的仅仅是将失效概率限制在一个可以接受的限度之内，这个观点在传统设计的安全系数法中是不明确的。因为根据安全系数进行的设计不考虑存在失效的可能性。可靠性设计这一重要特征，客观地反映了产品设计和运行的真实情况，同时，它还可以定量地回答产品在使用中的失效概率或可靠度问题，因而受到设计人员的重视。

4.1.2　可靠度计算方法

1. 数值积分法

在已知应力和强度的概率密度函数 $f(S)$ 和 $f(\delta)$ 时，可进行数值积分，求出可靠度 $R(t)$。数值积分法是最理想的计算方法，它能得出精确的可靠度值，也能计算各种复杂的分布，通常都采用电子计算机计算，常用的方法是运用辛普森(Simpson)法则。目前，国外已经发展了许多用来计算可靠度的计算机软件。

2. 应力–强度干涉模型求可靠度

由应力分布和强度分布的干涉理论可知，可靠度是强度大于应力的整个概率，表示为

$$R(t)=P(\delta>S)=P(\delta-S>0)=P\left(\frac{\delta}{S}>1\right) \tag{4-5}$$

如能满足式(4–5)，则可保证零件不会失效，否则将出现失效，图 4–4 表示出这两种情况。当 $t=0$ 时，两个分布之间有一定的安全裕度，因而不会产生失效。但随着时间的推移，由于材料和环境等因素，强度恶化，导致在时间 t_1 时应力分布与强度分布发生干涉，这时将产生失效。

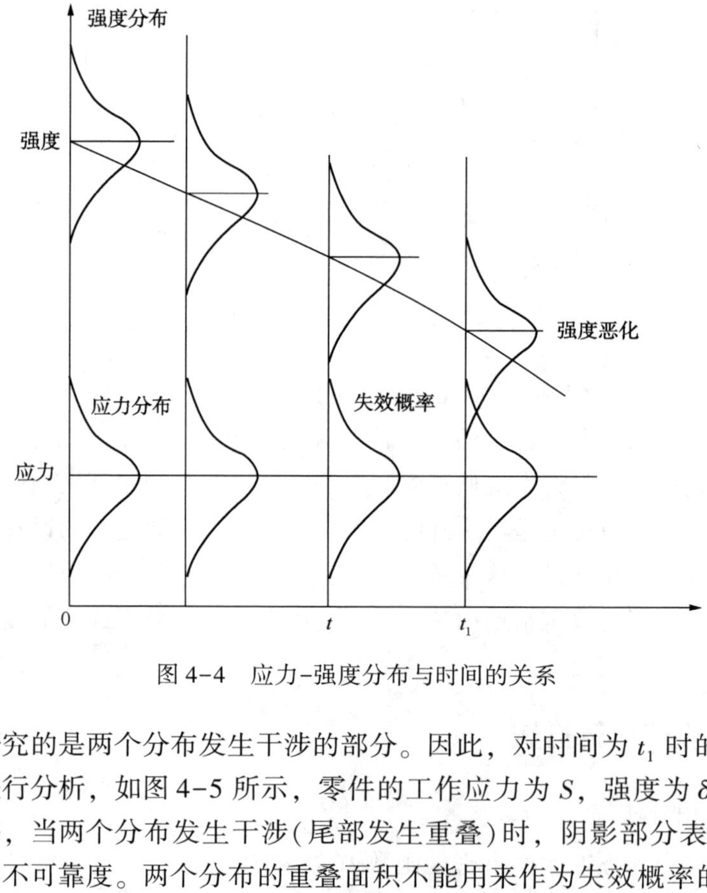

图 4–4　应力–强度分布与时间的关系

需要研究的是两个分布发生干涉的部分。因此，对时间为 t_1 时的应力–强度干涉模型进行分析，如图 4–5 所示，零件的工作应力为 S，强度为 δ，且呈一定的分布状态，当两个分布发生干涉(尾部发生重叠)时，阴影部分表示零件的失效概率，即不可靠度。两个分布的重叠面积不能用来作为失效概率的定量表示，因为即使两个分布曲线完全重叠时，失效概率也仅为 50%，即仍有 50%的可靠度。还应注意，两个分布的差仍为一种分布，所以应按图 4–5 所示，失效概率仍呈分布状态。

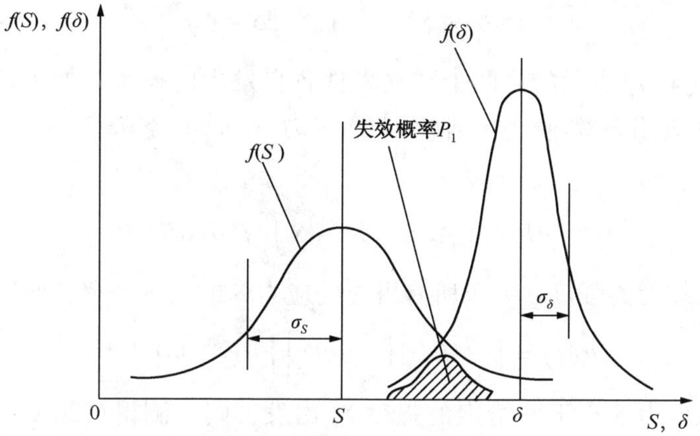

图 4-5　时间为 t_1 时的应力-强度干涉模型

为了计算零件的可靠度，把图 4-4 中的干涉部分放大表示为图 4-6。

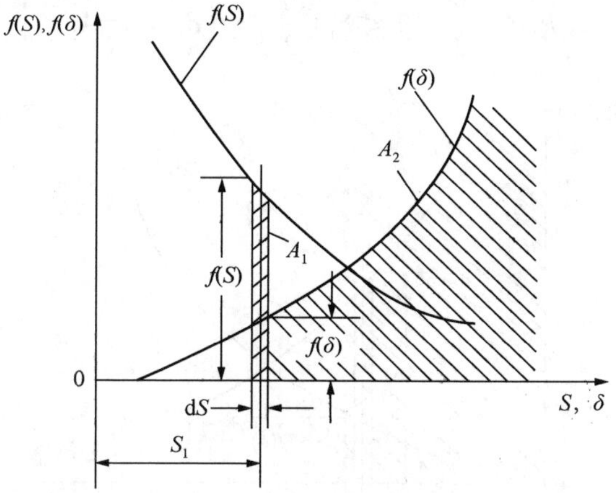

图 4-6　强度大于应力时，应力和强度的概率面积

在机械零件的危险断面上，当材料的强度 δ 大于应力 S 时，不会发生失效，而当材料的强度 δ 小于应力 S 时，则将发生失效。由图 4-6 可知，应力 S_1 存在于区间 $\left[S_1-\frac{dS}{2},\ S_1+\frac{dS}{2}\right]$ 内的概率等于面积 A_1，即

$$P\left(S_1-\frac{dS}{2}\leqslant S_1\leqslant S_1+\frac{dS}{2}\right)=f(S_1)\,dS=A_1 \tag{4-6}$$

同时，强度 δ 超过应力 S_1 的概率等于阴影面积 A_2，表示为

$$P(\delta > S) = \int_{S_1}^{\infty} f(\delta)\,\mathrm{d}\delta = A_2 \tag{4-7}$$

式(4-6)和式(4-7)表示的是两个独立事件各自发生的概率。如果这两个事件同时发生，则可应用概率乘法定理来计算应力 S_1 时的不失效概率，即可靠度，可得

$$\mathrm{d}R = A_1 A_2 = f(S_1)\,\mathrm{d}S \int_{S_1}^{\infty} f(\delta)\,\mathrm{d}\delta$$

因为零件的可靠度为强度 δ 大于所有可能的应力 S 的整个概率，所以

$$R(t) = \int_{-\infty}^{\infty} \mathrm{d}R = \int_{-\infty}^{\infty} f(S)\left[\int_{S}^{\infty} f(\delta)\,\mathrm{d}\delta\right]\mathrm{d}S \tag{4-8}$$

同理，例如从应力 S 小于一给定的强度 δ_1 出发，则可测得可靠度的另外一种表达式。

如图 4-7 所示，给定的强度 δ_1 存在于区间 $\left[\delta_1-\frac{\mathrm{d}\delta}{2},\ \delta_1+\frac{\mathrm{d}\delta}{2}\right]$ 内的概率为

$$P\left(\delta_1-\frac{\mathrm{d}\delta}{2} \leqslant \delta_1 \leqslant \delta_1+\frac{\mathrm{d}\delta}{2}\right) = f(\delta_1)\,\mathrm{d}\delta = A_1' \tag{4-9}$$

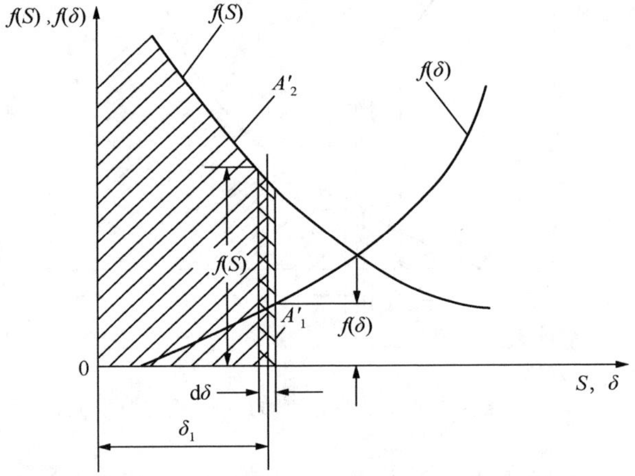

图 4-7　强度小于应力时，应力和强度的概率面积

同时，应力 S 小于强度 δ_1 的概率为

$$P(S < \delta_1) = \int_{-\infty}^{\delta_1} f(S)\,\mathrm{d}S = A'_2 \tag{4-10}$$

同理，强度 δ_1 时的不失效概率为这两个概率的乘积，即

$$\mathrm{d}R = A'_1 A'_2 = f(\delta_1)\,\mathrm{d}\delta \int_{-\infty}^{\delta_1} f(S)\,\mathrm{d}S$$

零件的可靠度为所有可能的强度 δ 的整个概率，所以

$$R(t) = \int_{-\infty}^{\infty} \mathrm{d}R = \int_{-\infty}^{\infty} f(\delta)\left[\int_{-\infty}^{\delta} f(S)\,\mathrm{d}S\right]\mathrm{d}\delta \tag{4-11}$$

式(4-11)即为可靠度的一般表达式，并可表示为更一般的形式，即

$$R(t) = \int_{-\infty}^{\infty} \mathrm{d}R = \int_{a}^{b} f(S)\left[\int_{S}^{c} f(\delta)\,\mathrm{d}\delta\right]\mathrm{d}S \tag{4-12}$$

式中，a 和 b 分别为应力在其概率密度函数中可以设想的最小值和最大值；c 为强度在其概率密度函数中可以设想的最大值。

对于对数正态分布、威布尔分布和伽马分布，a 为位置参数，b 和 c 为无穷大；对于 β 分布，a 为位置参数，b 和 c 可能是一个有限值。

同理，失效概率也可以根据应力 S 大于强度 δ 的概率来计算，即

$$\begin{aligned} F &= P(S \geqslant \delta) = 1 - \int_{-\infty}^{\infty} f(\delta)\left[\int_{-\infty}^{\delta} f(S)\,\mathrm{d}S\right]\mathrm{d}\delta = 1 - \int_{-\infty}^{\infty} f(\delta) F_S(\delta)\,\mathrm{d}\delta \\ &= \int_{-\infty}^{\infty} [1 - F_S(\delta)] f(\delta)\,\mathrm{d}\delta \end{aligned} \tag{4-13}$$

显然，应力-强度干涉理论的概念可以进一步得到延伸。零件的工作循环次数 n 可以理解为应力，而零件的失效循环次数 N 可以理解为强度。与此相应，有

$$R(t) = P(N>n) = P(N-n>0) = P\left(\frac{N}{n}>1\right) \tag{4-14}$$

$$R(t) = \int_{-\infty}^{\infty} f(n)\left[\int_{n}^{\infty} f(N)\,\mathrm{d}N\right]\mathrm{d}n \tag{4-15}$$

3. 功能密度函数积分法求解可靠度

前面已经提到，强度 δ 与应力 S 之差可用一个多元随机函数表示，即

$$Z = \delta - S = f(z_1,\ z_2,\ \cdots,\ z_n) \tag{4-16}$$

这又称为功能函数。

设随机变量 Z 的概率密度函数为 $f(Z)$，根据二维独立随机变量知识，我们可以通过强度 δ 和应力 S 的概率密度函数 $f(\delta)$ 和 $f(S)$ 计算出干涉变量 $Z=\delta-S$ 的概率密度函数 $f(Z)$。因此，零件的可靠度可由式(4-17)求得：

$$R = P(Z > 0) = \int_{0}^{\infty} f(Z)\,\mathrm{d}Z \tag{4-17}$$

当应力和强度为更一般的分布时，可以采用辛普森和高斯等数值积分方法，利用计算机求解。当精度要求不高时，也可用图解法求可靠度。当然，以上所述都是指应力和强度各是一个变量的情况。当随机变量较多，相应的性能函数也较

复杂时，求解可靠度具有一定的难度。

4. 蒙特卡罗模拟法

蒙特卡罗（Monte Carlo）模拟法可以用来综合两种不同的分布，因此可以用它来综合应力分布和强度分布，并计算出可靠度。这种方法的实质是，从一个分布中随机选取一个样本，并将其与取自另一分布的样本相比较，然后对比较结果进行统计，并计算出统计概率。这一统计概率就是所求的可靠度。

用蒙特卡罗模拟法进行可靠度计算的流程如图 4-8 所示。

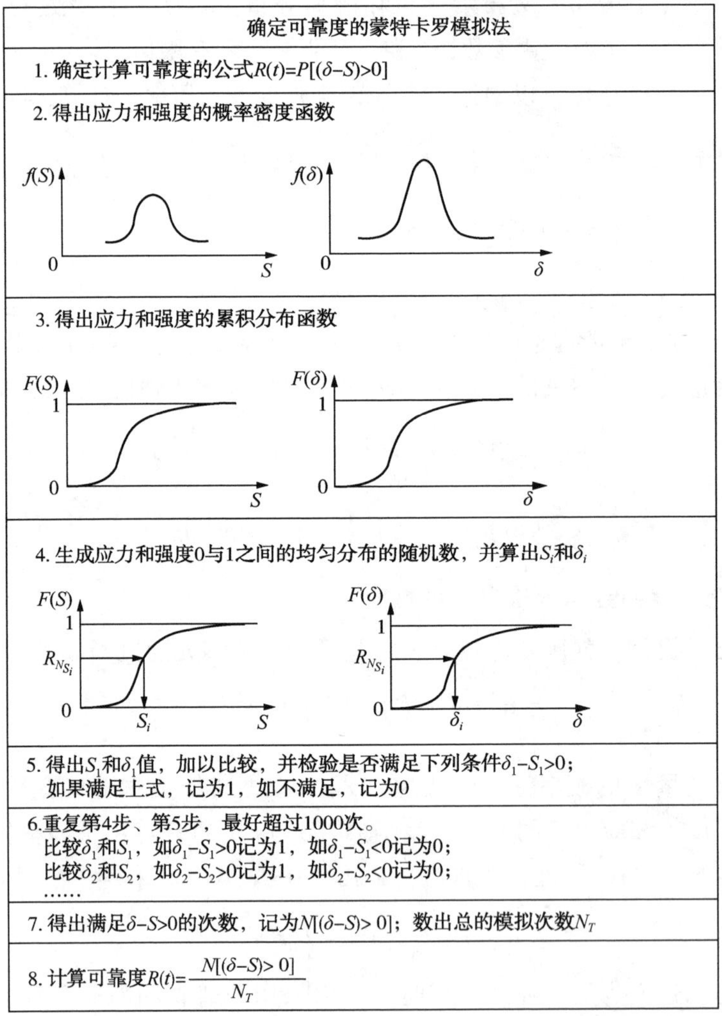

图 4-8 蒙特卡罗模拟法可靠度计算流程图

由图中第 4 步可知

$$R_{N_{S_i}}=\int_{-\infty}^{S_i}f(S)\,\mathrm{d}S \tag{4-18}$$

$$R_{N_{\delta_i}}=\int_{-\infty}^{\delta_i}f(\delta)\,\mathrm{d}\delta \tag{4-19}$$

因此，可得出相应的 S_i 和 δ_i。

如果把上述第 5 步的条件改为 $\delta_1>S_1$ 或$\frac{\delta_1}{S_1}>1$，则可相应地得到

$$R(t)=\frac{N(\delta>S)}{N_T}$$

或

$$R(t)=\frac{N\left(\frac{\delta}{S}>1\right)}{N_T} \tag{4-20}$$

显然，模拟的次数越多，所得可靠度的精度越高。

例 4-1 已知一零件的应力分布和强度分布都为正态分布，其数据为 $\bar{S}=94.1\text{MPa}$，$\sigma_S=20.7\text{MPa}$；$\bar{\delta}=188.2\text{MPa}$，$\sigma_\delta=15.2\text{MPa}$。试用蒙特卡罗模拟法计算其可靠度。

解：根据图 4-8 说明的原理和步骤，编制计算机程序，并得出下列打印结果：

模拟次数	可靠度
1000	0.9990
5000	0.9996
10000	0.9998
50000	0.99978

随着模拟次数的增加，模拟结果的精度也随之提高。

4.2 机械零件的可靠度计算

应力-强度干涉理论和可靠度计算的一般公式的应用，作为工程中近似概率分析方法的校核，这里首先讨论几种常用分布下可靠度的计算。

4.2.1 应力与强度都为正态分布时的可靠度计算

当应力分布和强度分布均为正态分布时，可靠度的计算便可大大简化。可以用联结方程求出可靠性系数 Z_R，然后利用标准正态分布数值表(附表 1)求出可靠度。

当应力 S 和强度 δ 均呈正态分布时，这些随机变量的概率密度函数可分别表达为

$$f(S)=\frac{1}{\sigma_S\sqrt{2\pi}}\exp\left[-\frac{1}{2}\left(\frac{S-\mu_S}{\sigma_S}\right)^2\right]\qquad -\infty<S<+\infty \tag{4-21}$$

$$f(\delta)=\frac{1}{\sigma_\delta\sqrt{2\pi}}\exp\left[-\frac{1}{2}\left(\frac{\delta-\mu_\delta}{\sigma_\delta}\right)^2\right]\qquad -\infty<\delta<+\infty \tag{4-22}$$

式中，μ_S、μ_δ 与 σ_S、σ_δ 分别为应力 S 及强度 δ 的均值与标准差。

令 $y=\delta-S$，由正态分布的性质可知，随机变量 y 也是正态分布的，且其均值 μ_y 与标准差 σ_y 分别为

$$\mu_y=\mu_\delta-\mu_S \tag{4-23}$$

$$\sigma_y=\sqrt{\sigma_\delta^2+\sigma_S^2} \tag{4-24}$$

而随机变量 y 的概率密度函数则为

$$f(y)=\frac{1}{\sigma_y\sqrt{2\pi}}\exp\left[-\frac{1}{2}\left(\frac{y-\mu_y}{\sigma_y}\right)^2\right]\qquad -\infty<y<+\infty \tag{4-25}$$

当 $\delta>S$ 或 $y=\delta-S>0$ 时，产品可靠，故可靠度 $R(t)$ 可表达为

$$R(t)=P(y>0)=\int_0^\infty \frac{1}{\sigma_y\sqrt{2\pi}}\exp\left[-\frac{1}{2}\left(\frac{y-\mu_y}{\sigma_y}\right)^2\right]\mathrm{d}y \tag{4-26}$$

令

$$Z=\frac{y-\mu_y}{\sigma_y}$$

则 $\mathrm{d}y=\sigma_y\mathrm{d}z$，当 $y=0$ 时，Z 的下限为

$$Z=\frac{0-\mu_y}{\sigma_y}=-\frac{\mu_\delta-\mu_S}{\sqrt{\sigma_\delta^2+\sigma_S^2}} \tag{4-27}$$

当 $y=+\infty$时，Z 的上限也是$+\infty$，即 $Z=+\infty$，将上述关系代入式(4-26)，化成标准正态分布 $\Phi(Z)$

$$R(t)=P(y>0)=\frac{1}{\sqrt{2\pi}}\int_{-\frac{\mu_y}{\sigma_y}}^{\infty}\exp\left(-\frac{Z^2}{2}\right)\mathrm{d}Z=\frac{1}{\sqrt{2\pi}}\int_{-\frac{\mu_\delta-\mu_S}{\sqrt{\sigma_\delta^2+\sigma_S^2}}}^{\infty}\exp\left(-\frac{z^2}{2}\right)\mathrm{d}Z \tag{4-28}$$

由于标准正态分布的对称性，因此式(4-28)可变换成

$$R(t)=\frac{1}{\sqrt{2\pi}}\int_{-\infty}^{\frac{\mu_\delta-\mu_S}{\sqrt{\sigma_\delta^2+\sigma_S^2}}}\exp\left(-\frac{Z^2}{2}\right)\mathrm{d}Z=\frac{1}{\sqrt{2\pi}}\int_{-\infty}^{Z_R}\exp\left(-\frac{Z^2}{2}\right)\mathrm{d}Z=\int_{-\infty}^{Z_R}\Phi(Z)\mathrm{d}Z=\Phi(Z_R) \tag{4-29}$$

$$Z_R=\frac{\mu_y}{\sigma_y}=\frac{\mu_\delta-\mu_S}{\sqrt{\sigma_\delta^2+\sigma_S^2}} \tag{4-30}$$

由式(4-29)可知，当已知 Z_R 值时，可按标准正态分布数值表查出可靠度$R(t)$值。因此，式(4-30)实际上是将应力分布参数、强度分布参数和可靠度三者联系起来，所以称为联结方程，或称为“耦合方程”，是可靠性设计的基本方程。Z_R 称为联结系数，也称为可靠性系数或可靠度指数或安全指数，是零件或系统可靠性分析的安全指标。

在进行可靠性设计时，往往先规定目标可靠度。这时，可由标准正态分布数值表查出联结系数 Z_R，再利用式(4-30)求出所需要的设计参数，如尺寸等。通过这些步骤，实现了“把可靠度直接设计到零件中去”。

例 4-2 已知某零件的应力分布和强度分布都为正态分布，其分布参数分别为 $\mu_S=379\text{MPa}$，$\sigma_S=41.4\text{MPa}$，$\mu_\delta=517\text{MPa}$，$\sigma_\delta=24.1\text{MPa}$，试计算其可靠度。

解：由式(4-30)得

$$Z_R=\frac{\mu_\delta-\mu_S}{\sqrt{\sigma_\delta^2+\sigma_S^2}}=\frac{517-379}{\sqrt{24.1^2+41.4^2}}=2.88$$

由式(4-29)知，$R(t)=\Phi(Z_R)=\Phi(2.88)$。查附表 1，可知可靠度 $R(t)=0.998012$。

由例 4-2 可见，一旦知道应力和强度分布的均值及标准差，便可确定其可靠度。问题在于常常缺乏必要的数据和经验，这时，国外通常取 $\sigma_\delta=(0.04\sim0.08)\mu_\delta$，甚至更高。考虑到目前我国的材质，建议 σ_δ 不妨取得高些。至于应力分布的标准差 σ_S，则因使用条件和环境差异，出入较大，应当考虑工作环境条件和参考以往经验加以确定。

例 4-3 钢轴受弯矩作用，其最大应力呈正态分布，$\mu_S=379\text{MPa}$，$\sigma_S=41.4\text{MPa}$，轴的强度也呈正态分布，其数据列于表 4-1 中。要求钢轴运转10^5 次，试计算此轴的可靠度。

表 4-1 钢轴试件的强度分布数据

工作寿命(lg$n$)	均值/MPa	标准差/MPa
4.3	685	14.9
4.4	681	13.1
4.5	638	12.6
4.6	617	13.3
4.7	596	13.0
4.8	578	12.3
4.9	562	13.0
5.0	546	13.8
5.1	530	14.4
5.2	514	14.8
5.3	499	15.0

解：由表 4-1 可知，当 $n_1=10^5$ 次，$\lg n_1=\lg 10^5=5.0$ 时，轴的强度分布参数为 $\mu_\delta=546\text{MPa}$，$\sigma_\delta=13.8\text{MPa}$，于是由式(4-30)得联结系数为

$$Z_R=\frac{\mu_\delta-\mu_S}{\sqrt{\sigma_\delta^2+\sigma_S^2}}=\frac{546-379}{\sqrt{13.8^2+41.4^2}}=3.83$$

所以，可靠度 $R(t)=\Phi(Z_R)=\Phi(3.83)=0.99993593$。

由例 4-3 可知，如果强度分布是时间(或工作循环次数)的函数，则可靠度也是时间(或工作循环次数)的函数。

4.2.2 应力与强度均为对数正态分布时的可靠度计算

式(4-5)中 $R(t)=P\left(\frac{\delta}{S}>1\right)$，意为可靠度是强度与应力的比值$\frac{\delta}{S}>1$ 的概率，如图 4-9 所示。

如令$\frac{\delta}{S}=\xi$，因 $R(t)=P(\xi>1)$，由图 4-9 可知

$$R(t)=\int_1^\infty f\left(\frac{\delta}{S}\right)\mathrm{d}\left(\frac{\delta}{S}\right)=\int_1^\infty f(\xi)\,\mathrm{d}\xi \tag{4-31}$$

对 $\xi=\dfrac{\delta}{S}$ 的两边取对数，得 $\lg\xi=\lg\delta-\lg S$。

因应力 S 和强度 δ 均服从对数正态分布，所以 $\lg S$ 和 $\lg\delta$ 服从正态分布，其差值 $\lg\xi$ 也服从正态分布，其分布参数为

$$\begin{cases}\mu_{\lg\xi}=\mu_{\lg\delta}-\mu_{\lg S}\\ \sigma_{\lg\xi}=\sqrt{\sigma_{\lg\delta}^2+\sigma_{\lg S}^2}\end{cases}\tag{4-32}$$

式中，$\sigma_{\lg\delta}$、$\mu_{\lg\delta}$ 分别为 $\lg\delta$ 的标准差和均值；$\sigma_{\lg S}$、$\mu_{\lg S}$ 分别为 $\lg S$ 的标准差和均值。

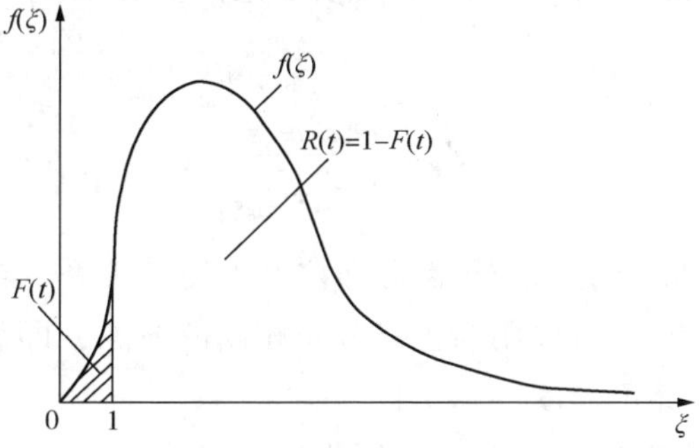

图 4-9　强度与应力比值 ξ 的概率密度曲线

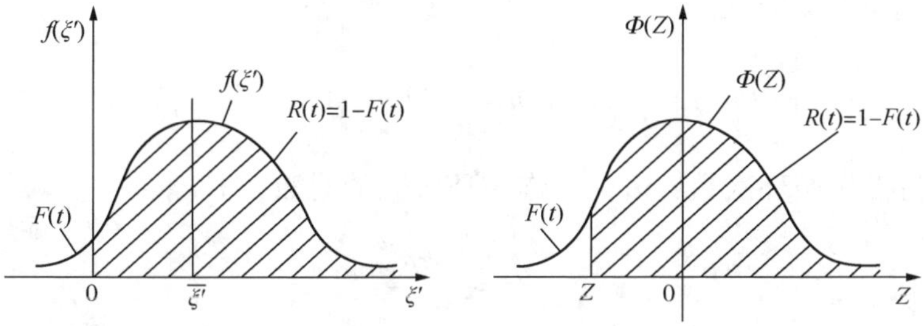

图 4-10　概率密度函数幅度 $f(\xi')$ 与标准正态分布函数 $\Phi(Z)$

令 $\lg\xi=\xi'$，其分布曲线如图 4-10 所示。则

$$R(t)=\int_1^{\infty}f(\xi)\,\mathrm{d}\xi=\int_0^{\infty}f(\xi')\,\mathrm{d}\xi'=\int_Z^{\infty}\Phi(Z)\,\mathrm{d}Z$$

因

$$Z=\frac{\lg\xi-\mu_{\lg\xi}}{\sigma_{\lg\xi}}\tag{4-33}$$

由式(4-33)可知：

当 $\xi=1$，则

$$Z=\frac{\lg1-\mu_{\lg\xi}}{\sigma_{\lg\xi}}=-\frac{\mu_{\lg\xi}}{\sigma_{\lg\xi}}=-\frac{\mu_{\lg\delta}-\mu_{\lg S}}{\sqrt{\sigma_{\lg\delta}^2+\sigma_{\lg S}^2}} \tag{4-34}$$

当 $\xi=\infty$，则

$$Z=\frac{\lg\infty-\mu_{\lg\xi}}{\sigma_{\lg\xi}}=\infty$$

将式(4-34)代入式(4-29)，则

$$R(t)=\int_{-\frac{\mu_{\lg\delta}-\mu_{\lg S}}{\sqrt{\sigma_{\lg\delta}^2+\sigma_{\lg S}^2}}}^{\infty}\phi(Z)\,\mathrm{d}Z=\int_{-\infty}^{\frac{\mu_{\lg\delta}-\mu_{\lg S}}{\sqrt{\sigma_{\lg\delta}^2+\sigma_{\lg S}^2}}}\Phi(Z)\,\mathrm{d}Z=\Phi\left(\frac{\mu_{\lg\delta}-\mu_{\lg S}}{\sqrt{\sigma_{\lg\delta}^2+\sigma_{\lg S}^2}}\right)=\Phi(Z_R)$$

$$Z_R=\frac{\mu_{\lg\delta}-\mu_{\lg S}}{\sqrt{\sigma_{\lg\delta}^2+\sigma_{\lg S}^2}}$$

由此可见，由于对数正态分布与正态分布之间的特殊关系，当应力分布和强度分布都为对数正态分布时，可以用与正态分布相同的方法，即利用联结方程和标准正态分布数值表来计算可靠度。

工作循环次数可以理解为应力，与此相对应，失效循环次数可以理解为强度。研究表明，零件的工作循环次数常呈现为对数正态分布。这时，在工作循环次数为 n_1 时的可靠度为

$$R(n_1)=\int_{n_1}^{\infty}f(n)\,\mathrm{d}n=\int_{n_1'}^{\infty}f(n')\,\mathrm{d}n'=\Phi(Z_1) \tag{4-35}$$

式中，n_1 为工作循环次数；n_1'为工作循环次数的对数，$n_1'=\lg n$。

$$Z_1=\frac{\overline{N'}-n_1'}{\sigma_{N'}} \tag{4-36}$$

式中，$\overline{N'}$为失效循环次数对数的均值；$\sigma_{N'}$为失效循环次数对数的标准差。

有时，在零件的工作循环次数达到 n_1 之后，希望能再运转 n 个工作循环次数，零件在这段增加的任务期间的可靠度是一个条件概率，表示为

$$R(n_1,\ n)=\frac{R(n_1+n)}{R(n_1)} \tag{4-37}$$

例 4-4 某轴在应力水平 $S=172\text{MPa}$ 下工作，其失效循环次数为对数正态分布，数据列于表 4-2 中。该轴已成功地运转了 $5\times10^5\text{r}$。试问：

(1)其可靠度为多大？

(2)如在同一应力水平下再运转10^5r，在增加的任务期间的可靠度为多大?

表 4-2 铝轴试件的失效循环次数分布数据(材料：7075-T6，表层涂凡士林)

应力水平 S/MPa	试件数	失效循环次数对数的均值$\overline{N'}$	失效循环次数对数的标准差 $\sigma_{N'}$
138	8	6. 435	0. 124
172	14	5. 827	0. 124
207	20	5. 423	0. 089
241	17	5. 069	0. 048
276	20	4. 748	0. 043
310	17	4. 531	0. 033
344	72	4. 273	0. 026
414	20	3. 827	0. 040
482	20	3. 494	0. 018

解：(1)当 $n_1=5\times10^5$r

$$n_1'=\lg n_1=\lg(5\times10^5)=5.699$$

由表4-2，当 $S=172$MPa 时

$$\overline{N'}=5.827,\ \sigma_{N'}=0.124$$

由式(4-36)得

$$Z_1=\frac{\overline{N'}-n_1'}{\sigma_{N'}}=\frac{5.827-5.699}{0.124}=1.03$$

由式(4-35)和标准正态分布数值表(附表1)，得可靠度为

$$R(n_1)=\Phi(Z_1)=\Phi(1.03)=0.8485$$

(2) 当再运转10^5r

$$n_1+n=(5\times10^5+10^5)=6\times10^5$$

$$(n_1+n)'=\lg(n_1+n)=\lg(6\times10^5)=5.778$$

$$Z_1=\frac{\overline{N'}-n_1'}{\sigma_{N'}}=\frac{5.827-5.778}{0.124}=0.40$$

$$R(n_1+n)=\Phi(Z_1)=\Phi(0.40)=0.6554$$

由式(4-37)，在工作循环次数从 $n_1=5\times10^5$r 到 $n_1+n=6\times10^5$r 期间的可靠度为

$$R(n_1,\ n)=\frac{R(n_1+n)}{R(n_1)}=\frac{0.6554}{0.8485}=0.7724$$

4.2.3 应力与强度均呈指数分布时的可靠度计算

当应力 S 与强度 δ 均呈指数分布时，它们的概率密度函数分别为

$$f(S)=\lambda_S e^{-\lambda_S S}=\lambda_S \exp(-\lambda_S S) \quad 0 \leqslant S \leqslant \infty$$

$$f(\delta)=\lambda_\delta e^{-\lambda_\delta \delta}=\lambda_\delta \exp(-\lambda_\delta \delta) \quad 0 \leqslant \delta \leqslant \infty$$

因此，根据应力强度理论，有

$$\begin{aligned} R = P(\delta > S) &= \int_0^\infty f(S)\left[\int_S^\infty f(\delta)\,\mathrm{d}\delta\right]\mathrm{d}S = \int_0^\infty \lambda_S \exp(-\lambda_S S)\left[\exp(-\lambda_\delta S)\right]\mathrm{d}S \\ &= \int_0^\infty \lambda_S \exp[-(\lambda_S+\lambda_\delta)S]\,\mathrm{d}S \\ &= \frac{\lambda_S}{\lambda_S+\lambda_\delta}\int_0^\infty (\lambda_S+\lambda_\delta)\exp[-(\lambda_S+\lambda_\delta)S]\,\mathrm{d}S = \frac{\lambda_S}{\lambda_S+\lambda_\delta} \end{aligned} \tag{4-38}$$

由指数分布的数字特性，得到应力 S 和强度 δ 的均值和标准差分别为

$$\mu_S=\frac{1}{\lambda_S},\ \sigma_S=\mu_S$$

$$\mu_\delta=\frac{1}{\lambda_\delta},\ \sigma_\delta=\mu_\delta$$

因此，可靠度为

$$R=\frac{\lambda_S}{\lambda_\delta+\lambda_S} \text{或} R=\frac{\sigma_\delta}{\sigma_\delta+\sigma_S} \tag{4-39}$$

4.2.4 应力与强度均呈威布尔分布时的可靠度计算

应力 S 与强度 δ 均呈威布尔分布时的概率密度函数分别为

$$\begin{aligned} f(S)&=\frac{m_S}{\theta_S-S_0}\left(\frac{S-S_0}{\theta_S-S_0}\right)^{m_S-1}\exp\left(\frac{S-S_0}{\theta_S-S_0}\right)^{m_S-1} \quad 0\leqslant S\leqslant\infty \\ f(\delta)&=\frac{m_\delta}{\theta_\delta-\delta_0}\left(\frac{\delta-\delta_0}{\theta_\delta-\delta_0}\right)^{m_\delta-1}\exp\left(\frac{\delta-\delta_0}{\theta_\delta-\delta_0}\right)^{m_\delta-1} \quad 0\leqslant\delta\leqslant\infty \end{aligned} \tag{4-40}$$

令 $\eta_S=\theta_S-S_0$，$\eta_\delta=\theta_\delta-\delta_0$，则式(4-40)又可表达成以下形式，即

$$f(S)=\frac{m_S}{\eta_S}\left(\frac{S-S_0}{\eta_S}\right)^{m_S-1}\exp\left(\frac{S-S_0}{\eta_S}\right)^{m_S-1} \quad 0\leqslant S\leqslant\infty$$

$$f(\delta)=\frac{m_\delta}{\eta_\delta}\left(\frac{\delta-\delta_0}{\eta_\delta}\right)^{m_\delta-1}\exp\left(\frac{\delta-\delta_0}{\eta_\delta}\right)^{m_\delta-1} \quad 0\leqslant\delta\leqslant\infty$$

因此，失效概率为

$$F = P(\delta \leqslant S) = \int_{-\infty}^{+\infty} [1 - F_S(\delta)] f(\delta) \mathrm{d}\delta$$
$$= \int_{\delta_0}^{\infty} \exp\left[-\left(\frac{S-\delta_0}{\eta_\delta}\right)^{m_S}\right] \frac{m_\delta}{\eta_\delta}\left(\frac{\delta-\delta_0}{\eta_S}\right)^{m_\delta-1} \exp\left[-\left(\frac{\delta-\delta_0}{\eta_\delta}\right)^{m_\delta}\right] \mathrm{d}\delta \tag{4-41}$$

令

$$y = \left(\frac{\delta-\delta_0}{\eta_\delta}\right)^{m_\delta}$$

则

$$\mathrm{d}y = \frac{m_\delta}{\eta_\delta}\left(\frac{\delta-\delta_0}{\eta_\delta}\right)^{m_\delta-1} \mathrm{d}\delta, \qquad \delta = y^{\frac{1}{m_\delta}}\eta_\delta + \delta_0$$

因此，式(4-41)又可写成

$$F = P(\delta \leqslant S) = \int_0^{\infty} \exp\left[-y - \left(\frac{\eta_\delta}{\eta_S} y^{\frac{1}{m_\delta}} + \frac{\delta_0 - S_0}{\eta_S}\right)^{m_S}\right] \mathrm{d}y \tag{4-42}$$

如果采用数值积分的方法对式(4-42)进行积分，就可以得到不同强度和应力参数下的失效率和可靠度。

$$R = 1 - F$$

例如，应力与强度的分布已知，分别为：$m_S = 2$，$S_0 = 100\text{MPa}$，$\theta_S = 350\text{MPa}$，$m_\delta = 3$，$\delta_0 = 120\text{MPa}$，$\theta_\delta = 800\text{MPa}$，则

$\eta_S = \theta_S - S_0 = 350 - 100 = 250\text{MPa}$；$\eta_\delta = \theta_\delta - \delta_0 = 800 - 120 = 680\text{MPa}$

$$F = P(\delta \leqslant S) = \int_0^{\infty} \exp\left[-y - \left(\frac{\eta_\delta}{\eta_S} y^{\frac{1}{m_\delta}} + \frac{\delta_0 - S_0}{\eta_S}\right)^{m_S}\right] \mathrm{d}y$$
$$= \int_0^{\infty} \exp\left[-y - \left(\frac{680}{250} y^{\frac{1}{3}} + \frac{120 - 100}{250}\right)^2\right] \mathrm{d}y$$

4.2.5 已知应力幅水平、相应的失效循环次数的分布和规定的寿命要求时，疲劳应力下零件的可靠度计算

本节讨论的问题如图 4-11 所示。试验表明，在不同的应力水平下，失效循环次数的分布呈对数正态分布；应力水平越低，则失效循环次数分布的离散程度越大。

如取对数坐标，并将图 4-11 简化，则可得图 4-12。由图 4-12 可知，在规定的寿命 n_1 之下，如已知应力水平 S_1、S_2 和相应失效循环次数分布 $f(N')_{S_1}$、$f(N')_{S_2}$，则其可靠度为图中阴影面积的大小，可按式(4-35)和式(4-36)求出。

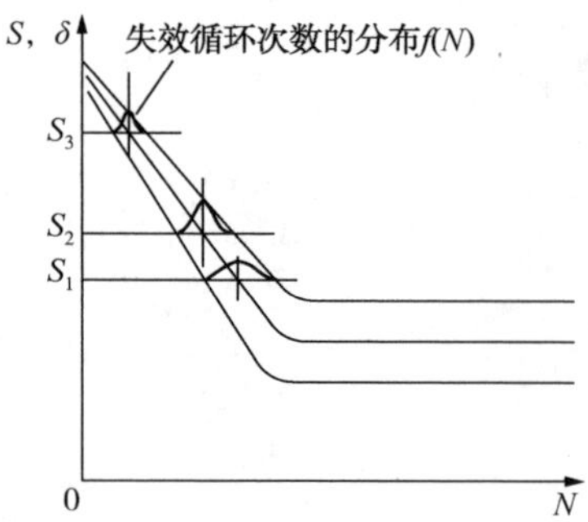

图 4-11　应力水平与失效循环次数分布的关系

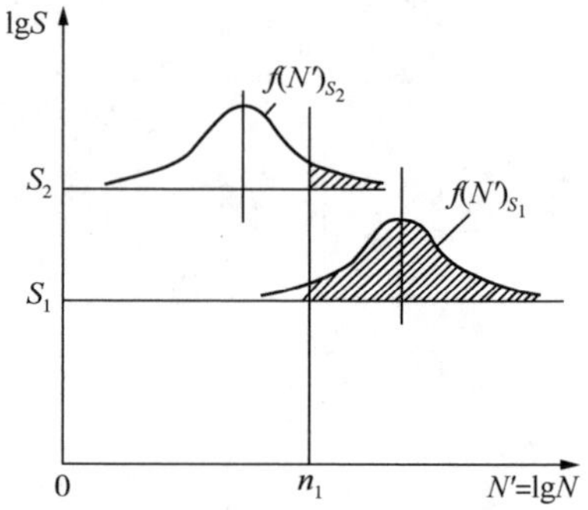

图 4-12　与规定的寿命 n_1 有关的不同应力水平下的可靠度

例 4-5　钢轴在应力水平为常数的情况下运转，已知 $S_1=524\text{MPa}$，其失效循环次数为对数正态分布，数据列于表 4-3 中。试计算下列三种情况下的可靠度：

（1）当工作循环次数 $n_1=10^5\text{r}$ 时；

（2）当 $n_1=8\times10^4\text{r}$ 时；

（3）当应力水平提高为 $S_2=593\text{MPa}$，$n_1=10^5\text{r}$ 时。

解：(1) 当 $n_1=10^5\text{r}$ 时，$n_1'=\lg n_1=\lg 10^5=5$，由表 4-3，当 $S_1=524\text{MPa}$ 时，$\overline{N'}=5.140$，$\sigma_{N'}=0.094$，由式(4-36)可得

$$Z_1=\frac{\overline{N'}-n_1'}{\sigma_{N'}}=\frac{5.140-5}{0.094}=1.49$$

由式(4-35)及标准正态分布数值表(附表 1)，得可靠度

$$R(t)=\Phi(1.49)=0.9319$$

（2）当 $n_1=8\times10^4\text{r}$ 时，$n_1'=\lg n_1=\lg(8\times10^4)=4.90$，可得

$$Z_1=\frac{5.140-4.903}{0.094}=2.52$$

$$R(t)=\Phi(2.52)=0.994132$$

（3）当应力水平升至 $S_2=593\text{MPa}$，$n_1=10^5\text{r}$ 时，$n_1'=\lg n_1=5$，$\overline{N'}=4.715$，$\sigma_{N'}=0.068$，有

$$Z_1=\frac{\overline{N'}-n_1'}{\sigma_{N'}}=\frac{4.715-5}{0.068}=-4.19$$

$$R(t)=1-\Phi(4.19)=1-0.99998605=0.00001395$$

可见，当应力水平提高时，可靠度降低；当工作循环次数减少时，可靠度增大。

表 4-3 冷拉钢轴试件的失效循环次数分布数据

应力水平/MPa	试件数	失效循环次数的对数均值 $\overline{N'}=\overline{\lg N}$	置信度为90%时 $\overline{N'}$ 的置信限		失效循环次数对数的标准差 $\sigma_{N'}$	置信度为90%时 $\sigma_{N'}$ 的置信限	
			下限	上限		下限	上限
455	50	5.587	5.562	5.611	0.108	0.092	0.128
524	37	5.140	5.115	5.165	0.094	0.078	0.115
593	26	4.715	4.692	4.738	0.068	0.054	0.087
662	17	4.394	4.372	4.415	0.052	0.040	0.072
731	10	4.102	4.062	4.142	0.073	0.050	0.114

4.2.6 疲劳应力下零件的可靠度计算

当零件受应力 S_a 和平均应力 S_m 作用时，其应力分布和强度分布如图 4-13 所示。所以，零件的可靠度计算仍根据应力-强度干涉理论进行计算。

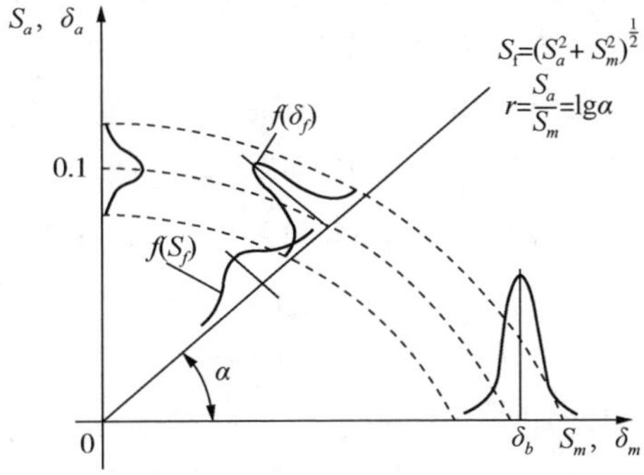

图 4-13 复合疲劳应力下的应力分布与强度分布

为简化计算，假设应力分布与强度分布都服从正态分布，这时，联结方程为

$$Z_R=\frac{\mu_{\delta_f}-\mu_{S_f}}{\sqrt{\sigma_{\delta_f}^2+\sigma_{S_f}^2}} \tag{4-43}$$

式中，μ_{δ_f}为强度分布的均值；μ_{S_f}为应力分布的均值；σ_{δ_f}为强度分布的标准差；σ_{S_f}为应力分布的标准差。

4.3 安全系数设计方法与可靠性设计方法

4.3.1 安全系数设计方法

一般地，将传统的机械设计方法也称为安全系数设计方法。在传统的机械设计中，产品的设计主要从满足产品使用要求和保证机械性能要求出发进行产品设计。在满足这两方面要求的同时，必须利用工程设计经验，使产品尽可能可靠，这种设计不能回答所设计产品的可靠程度或发生故障的概率是多少。当设计者不能确定设计变量和参数时，为了保证所设计的产品的结构安全可靠，一般情况下在设计中引入一个大于 1 的安全系数，只要安全系数大于某一根据实际使用经验规定的数值，就认为是安全的。

安全系数设计方法的基本思想是：机械结构在承受外在负荷后，计算得到的应力小于该结构材料的许用应力，即

$$\begin{cases} S_{\text{calculate}} \leqslant [S] \\ S_{\text{calculate}} = \dfrac{S_{\text{limit}}}{n} \end{cases} \tag{4-44}$$

式中，$S_{\text{calculate}}$为计算应力；$[S]$为许用应力；n为安全系数；S_{limit}为极限应力。

极限应力S_{limit}可从手册中查到，S_{limit}选取的一般原则为：当计算塑性材料静强度时，S_{limit}为屈服极限；当计算脆性材料静强度时，S_{limit}为强度极限；当计算疲劳强度时，S_{limit}为疲劳极限。

安全系数设计方法对问题的提法是：这个零件的安全系数是多大？但安全系数本身实质上是一个未知的系数，安全系数的概念本身包含着一些无法定量表示的影响因素。在具体零件设计时，安全系数究竟取多大，在很大程度上是由设计者经验决定的。不同的设计者由于经验的差异，其设计的结果有的可能偏于保守，有的可能偏于危险。一些没有经验可参照的新零件的设计，更可能趋于“保守”或“危险”设计。众所周知，“保守”设计会导致结构尺寸过大、质量过重、费用增加，在使用空间和质量受到限制的地方，这种设计是难以被接受的。而“危险”设计则可能使产品故障频繁，甚至出现“机毁人亡”的事故，这是绝对不容许的。因此，安全系数设计方法在实质上也没能回答所设计的零件究竟在多大程度上是安全的，同样也不能回答所设计的零件在使用中究竟发生故障的概率是多大。

4.3.2 传统意义上的安全系数

在传统的机械零件设计中，将安全系数定义为材料的强度与零件的工作应力之比，为一个常数，这只是简单的对于经验的总结，具有一定的实践依据，所以至今仍被机械设计的常规方法所使用。但是，随着科学技术的不断发展和机械设计的不断深化，这种简单的安全系数的计算具有很大的盲目性和保守性，尤其对于那些对安全性要求很高的零件，采用上述安全系数设计方法进行设计，显然有很多不合理之处。由于材料的强度值和零件的工作应力值存在离散性（随机变量），所以这种计算方法不能反映事物的客观规律。其实，只有当材料的强度值和零件的工作应力值离散性非常小时，上述定义的安全系数才有意义。

考虑到材料的强度与零件的工作应力的离散性，进而有了平均安全系数与极

限应力状态下的安全系数等概念，以求不断改善安全系数计算中的不足。

以强度均值 μ_δ 与应力均值 μ_S 之比为平均安全系数 $\bar{n}$ 的表达式为

$$\bar{n}=\frac{\mu_\delta}{\mu_S} \tag{4-45}$$

强度的最小值 $\delta_{\min}$ 和应力的最大值 $S_{\max}$ 之比定义为极限应力与最低强度状态下的最小安全系数 $n_{\min}$，其表达式为

$$n_{\min}=\frac{\delta_{\min}}{S_{\max}} \tag{4-46}$$

常用的安全系数可定义为

$$n=\frac{\mu_\delta}{S_{\max}} \tag{4-47}$$

这些定义虽然有了一些改进，但是都属于传统意义上的安全系数，没有考虑与可靠性之间的联系。

4.3.3 可靠性意义上的安全系数

1. 可靠性意义上安全系数的概念

如果将设计变量应力与强度的随机性概念引入上述传统意义上的安全系数中，便可得出可靠性意义上的安全系数，这样也就把安全系数与可靠度联系起来了。

假设产品的工作应力随机变量为 S，产品材料强度随机变量为 δ，则产品的安全系数 $n=\dfrac{\delta}{S}$ 也是随机变量。因可靠度 $R=P(\delta>S)$，故有

$$R=P(\delta>S)=P\left(\frac{\delta}{S}>1\right)=P(n>1) \tag{4-48}$$

式(4-48)表明：安全系数大于 1 的概率就是产品的可靠度。

另外，如果把安全系数看作仅与强度、应力的均值有关，如式(4-43)所示，是不能确切反映产品的可靠性的。例如，当产品的应力 $S\sim N(\mu_S,\ \sigma_S^2)$，强度 $\delta\sim N(\mu_\delta,\ \sigma_\delta^2)$，则产品的可靠度为

$$R=\Phi\left(\frac{\mu_\delta-\mu_S}{\sqrt{\sigma_\delta^2+\sigma_S^2}}\right)=\Phi\left(\frac{\dfrac{\mu_\delta}{\mu_S}-1}{\dfrac{\sqrt{\sigma_\delta^2+\sigma_S^2}}{\mu_S}}\right)=\Phi\left(\frac{\bar{n}-1}{\dfrac{\sqrt{\sigma_\delta^2+\sigma_S^2}}{\mu_S}}\right)=\Phi(Z_R) \tag{4-49}$$

由式(4-49)可以看出，即使平均安全系数 $\bar{n}$ 不变，而 σ_S、σ_δ 取不同值，或者 μ_δ/μ_S 的值不变，而 μ_δ 和 μ_S 的取值不同时，其可靠度就不一样了，甚至会有较大的差异。因此，应当将安全系数与可靠度同时进行研究。

设将强度的最小值 $\delta_{\min}$ 规定为可靠度 $R=R_\delta$ 时的下限值，而工作应力的最大值 $S_{\max}$ 规定为可靠度 $R=R_S$ 时的上限值，即强度 δ 有 $P(\delta>\delta_{\min})=R_\delta$；应力 S 有 $P(S<S_{\max})=R_S$，并记 $\delta_{\min}=\delta_{\min(R_\delta)}$，$S_{\max}=S_{\max(R_S)}$。则可靠性意义上的安全系数可定义为

$$n_R=\frac{\delta_{\min(R_\delta)}}{S_{\max(R_S)}}$$

以后简称为可靠性安全系数。

例如，如果强度和应力均服从正态分布，即强度 $\delta\sim N(\mu_\delta,\ \sigma_\delta^2)$，应力 $S\sim N(\mu_S,\ \sigma_S^2)$，若强度的最小值 $\delta_{\min}$ 规定为可靠度 $R=95\%$时的下限值，而应力的最大值 $S_{\max}$ 规定为可靠度 $R=99\%$时的上限值，则有

$$R_\delta=P(\mu_\delta>\delta_{\min})=\Phi\left(\frac{\mu_\delta-\delta_{\min}}{\sigma_\delta}\right)=\Phi(Z_\delta)=0.95$$

$$R_S=P(\mu_S<S_{\max})=\Phi\left(\frac{S_{\max}-\mu_S}{\sigma_S}\right)=\Phi(Z_S)=0.99$$

查附表 1，得

$$Z_\delta=\frac{\mu_\delta-\delta_{\min}}{\sigma_\delta}=1.65，即$$

$$\delta_{\min}=\mu_\delta-1.65\sigma_\delta=\left(1-1.65\frac{\sigma_\delta}{\mu_\delta}\right)\mu_\delta=(1-1.65C_\delta)\mu_\delta$$

$$Z_S=\frac{S_{\max}-\mu_S}{\sigma_S}=2.33，即$$

$$S_{\max}=\mu_S+2.33\sigma_S=\left(1+2.33\frac{\sigma_S}{\mu_S}\right)\mu_S=(1+2.33C_S)\mu_S$$

式中，C_δ、C_S 分别为强度 δ 和应力 S 的变差系数。于是，当强度和应力均为正态分布时，在可靠性意义下的安全系数为

$$n_R=n_{\left(\substack{0.95\\0.99}\right)}=\frac{\delta_{\min}}{S_{\max}}=\frac{\delta_{\min(0.95)}}{S_{\max(0.99)}}=\frac{(1-1.65C_\delta)\mu_\delta}{(1+2.33C_S)\mu_S} \tag{4-50}$$

而任意可靠度下的安全系数 n_R，可表示为

$$n_R=\frac{\delta_{\min}}{S_{\max}}=\frac{(1-Z_\delta C_\delta)\mu_\delta}{(1+Z_S C_S)\mu_S} \tag{4-51}$$

式中，Z_δ、Z_S 分别为强度、应力的标准正态偏量；C_δ、C_S 分别为强度、应力的变差系数。

$$Z_\delta=\frac{\mu_\delta-\delta_{\min}}{\sigma_\delta},\ Z_S=\frac{S_{\max}-\mu_S}{\sigma_S},\ C_\delta=\frac{\sigma_\delta}{\mu_\delta},\ C_S=\frac{\sigma_S}{\mu_S} \tag{4-52}$$

当 $R_\delta=50\%$，$R_S=50\%$，即 $\Phi(Z_\delta)=0.500$，$\Phi(Z_S)=0.500$ 时，有 $Z_\delta=0$，$Z_S=0$，于是有

$$n_R=\frac{\delta_{\min}}{S_{\max}}=\frac{(1-Z_\delta C_\delta)\mu_\delta}{(1+Z_S C_S)\mu_S}=\frac{\mu_\delta}{\mu_S} \tag{4-53}$$

式(4-53)定义的平均安全系数是取可靠度 $R_\delta=50\%$，$R_S=50\%$时的平均强度与平均应力之比。

由可靠性定义的安全系数可得出如下结论：

(1) 当强度和应力的标准差不变时，提高平均安全系数就可提高可靠度。

(2) 当强度和应力的平均值不变时，缩小它们的离散性，即降低其标准差，也可提高可靠度。

(3) 如果要得到一个较好的可靠度估计值，则必须严格控制强度、应力的均值和标准差，这是因为可靠度对均值和标准差是很敏感的。因此，在做工程估计时，必须注意这一点。

2. 安全系数的计算

有了可靠性的安全系数，就可以进一步讨论它与零件的可靠度之间的关系了。下面讨论在给定零件的可靠度时如何求可靠性的安全系数 n_R。

1) 应力、强度均为正态分布时的安全系数

设给定的零件可靠度为 R，有

$$R=\Phi(Z_R)=\Phi\left(\frac{\mu_\delta-\mu_S}{\sqrt{\sigma_\delta^2+\sigma_S^2}}\right)$$

由正态分布的联结方程知

$$Z_R=\frac{\mu_\delta-\mu_S}{\sqrt{\sigma_\delta^2+\sigma_S^2}} \tag{4-54a}$$

$$\mu_\delta=\mu_S+Z_R\sqrt{\sigma_\delta^2+\sigma_S^2}=\mu_S+Z_R\sqrt{(C_\delta\mu_\delta)^2+(C_S\mu_S)^2} \tag{4-54b}$$

$$\frac{\mu_\delta}{\mu_S}=1+Z_R\sqrt{\left(\frac{C_\delta\mu_\delta}{\mu_S}\right)^2+C_S^2} \tag{4-54c}$$

$$\bar{n}=1+Z_R\sqrt{C_\delta^2\,\bar{n}^2+C_S^2} \tag{4-54d}$$

由式(4-54)可求得

$$\bar{n}=\frac{\mu_\delta}{\mu_S}=\frac{1+Z_R\sqrt{C_\delta^2+C_S^2-Z_R^2C_\delta^2C_S^2}}{1-Z_R^2C_\delta^2} \tag{4-55}$$

这是一个关于强度变差系数 C_δ、应力变差系数 C_S、可靠度联结系数 Z_R 的平均安全系数 $\bar{n}$ 的计算公式。值得注意的是，常规的机械设计中的平均安全系数与此处得出的可靠性设计中的平均安全系数概念上有明显差异，常规设计中的平均安全系数只用到了一阶原点矩信息，而可靠性设计中的平均安全系数还包含了二次矩信息。另外，常规设计中的平均安全系数与可靠度没有联系，而可靠性设计中的平均安全系数与可靠度直接联系起来了，并以可靠度为衡量指标，而可靠度则是比较可靠程度、安全程度的基础。

将式(4-55)代入式(4-51)，得到当强度和应力均为正态分布时任意可靠性安全系数 n_R 的另一表达式

$$n_R=\frac{\delta_{\min}}{S_{\max}}=\frac{(1-Z_\delta C_\delta)\mu_\delta}{(1+Z_S C_S)\mu_S}=\frac{(1-Z_\delta C_\delta)}{(1+Z_S C_S)}\cdot\frac{1+Z_R\sqrt{C_\delta^2+C_S^2-Z_R^2C_\delta^2C_S^2}}{1-Z_R^2C_\delta^2} \tag{4-56}$$

一般情况下，可定义安全系数为

$$\begin{cases} n_R=n_{\left(\substack{0.95\\0.99}\right)}=\dfrac{\delta_{\min(0.95)}}{S_{\max(0.99)}} \\ n'_R=n_{\left(\substack{0.50\\0.99}\right)}=\dfrac{\delta_{\min(0.50)}}{S_{\max(0.99)}} \\ n_{0.95}=\dfrac{\delta_{\min(0.95)}}{S_{\max(0.95)}} \\ n_{0.99}=\dfrac{\delta_{\min(0.99)}}{S_{\max(0.99)}} \end{cases} \tag{4-57}$$

以上四种安全系数为工程中常用的四种安全系数，可根据实际情况选用。

例 4-6 某零件的工作应力与强度均服从正态分布，已知其变差系数见表 4-4，试求在 $R=0.9999$ 时的安全系数 n_R、n'_R、$n_{0.95}$、$n_{0.5}$。

表 4-4 某零件的五组变差系数与计算结果

序号	应力变差系数 C_S	强度变差系数 C_δ	n_R	n'_R	$n_{0.95}$	$n_{0.5}$
1	0.02	0.05	1.0895	1.1875	1.1039	1.2428
2	0.02	0.10	1.2763	1.5285	1.2931	1.5997

续表

序号	应力变差系数 C_S	强度变差系数 C_δ	n_R	n'_R	$n_{0.95}$	$n_{0.5}$
3	0.03	0.10	1.2556	1.5037	1.2800	1.6088
4	0.03	0.10	1.5991	2.1250	1.6301	2.2735
5	0.03	0.08	1.1715	1.3496	1.1943	1.4440

解：本题已知 R、C_S、C_δ，因此 Z_R 也已知，以第五组数据为例，$C_S=0.03$，$C_\delta=0.08$，由 $R=0.9999$，查附表1得 $Z_R=3.72$

$$n_R=n_{\left(\frac{0.95}{0.99}\right)}=\frac{1-1.65C_\delta}{1+2.33C_S}\cdot\frac{1+Z_R\sqrt{C_\delta^2+C_S^2-Z_R^2C_\delta^2C_S^2}}{1-Z_R^2C_\delta^2}$$

$$=\frac{1-1.65\times0.08}{1+2.33\times0.03}\times\frac{1+3.72\times\sqrt{0.08^2+0.03^2-3.72^2\times0.08^2\times0.03^2}}{1-3.72^2\times0.08^2}$$

$$=1.1715$$

$$n'_R=n_{\left(\frac{0.50}{0.99}\right)}=\frac{1}{1+2.33C_S}\cdot\frac{1+Z_R\sqrt{C_\delta^2+C_S^2-Z_R^2C_\delta^2C_S^2}}{1-Z_R^2C_\delta^2}$$

$$=\frac{1}{1+2.33\times0.03}\times\frac{1+3.72\times\sqrt{0.08^2+0.03^2-3.72^2\times0.08^2\times0.03^2}}{1-3.72^2\times0.08^2}$$

$$=1.3496$$

$$n_{0.95}=\frac{1-1.65C_\delta}{1+1.65C_S}\cdot\frac{1+Z_R\sqrt{C_\delta^2+C_S^2-Z_R^2C_\delta^2C_S^2}}{1-Z_R^2C_\delta^2}$$

$$=\frac{1-1.65\times0.08}{1+1.65\times0.03}\times\frac{1+3.72\times\sqrt{0.08^2+0.03^2-3.72^2\times0.08^2\times0.03^2}}{1-3.72^2\times0.08^2}=1.1943$$

$$n_{0.50}=\frac{1+Z_R\sqrt{C_\delta^2+C_S^2-Z_R^2C_\delta^2C_S^2}}{1-Z_R^2C_\delta^2}$$

$$=\frac{1+3.72\times\sqrt{0.08^2+0.03^2-3.72^2\times0.08^2\times0.03^2}}{1-3.72^2\times0.08^2}=1.4440$$

根据以上计算方法，可计算出该零件在相同可靠度下，其他应力变差系数和强度变差系数值的可靠性安全系数。由表4-4的计算结果，可进一步分析 C_S、C_δ、Z_S、Z_δ 变化对安全系数的影响。

2）应力、强度均为对数正态分布时的安全系数

当应力、强度均为对数正态分布时，由对数正态分布的联结方程

$$Z_R=\frac{\mu_{\ln\delta}-\mu_{\ln S}}{\sqrt{\sigma_{\ln\delta}^2+\sigma_{\ln S}^2}}\approx\frac{\ln\mu_\delta-\ln\mu_S}{\sqrt{C_\delta^2+C_S^2}}$$

有

$$\ln\mu_\delta-\ln\mu_S=Z_R\sqrt{C_\delta^2+C_S^2}$$

$$\ln\frac{\mu_\delta}{\mu_S}=Z_R\sqrt{C_\delta^2+C_S^2}$$

于是，可靠性设计的均值安全系数为

$$\bar{n}=\frac{\mu_\delta}{\mu_S}=e^{Z_R\sqrt{C_\delta^2+C_S^2}}=\exp\left(Z_R\sqrt{C_\delta^2+C_S^2}\right) \tag{4-58}$$

对于给定的可靠度 R，可靠度联结系数 Z_R 为定值，由式(4-58)可知，应力及强度的变差系数 C_S、C_δ 越大(离散性越大)，则所需的平均安全系数 $\bar{n}$ 也就越大。

4.3.4 可靠性设计方法与安全系数设计方法的区别

机械可靠性一般可分为结构可靠性和机构可靠性。结构可靠性主要考虑机械结构的强度以及由于载荷的影响使之疲劳、磨损、断裂等引起的失效；机构可靠性主要考虑的不是强度问题引起的失效，而是考虑机构在动作过程中由于运动学问题而引起的故障。

机械可靠性设计方法与安全系数设计方法的不同在于以下几点。

1. 设计变量处理方法不同

传统的安全系数设计方法把影响零件工作状态的设计变量，如应力、强度、安全系数、载荷、零件尺寸、环境因素等，都处理成确定性的单值变量。而描述状态的数学模型，即变量与变量之间的关系，可通过确定性的函数进行单值变换，这种把设计变量处理成单一确定值的方法，称为确定性设计方法。

机械可靠性设计方法把设计中所涉及的变量，都处理成多值的随机变量，它们都服从一定的概率分布，这些变量间的关系，可通过概率函数进行多值变换，得到应力 S 和强度 δ 的概率分布，这种运用随机方法对设计变量进行描述和运算的方法，称为非确定性概率设计方法。

2. 设计变量运算方法不同

在传统的安全系数设计方法中，有一受拉力作用的杆件，则横断面上的正应力为

$$S=\frac{F}{A} \tag{4-59}$$

式(4-59)表示了拉力 F、横断面积 A 和应力 S 之间确定性的函数关系，变量之间通过实数代数运算，可得到确定性的单值变换。

在机械可靠性设计方法中，由于设计变量是非确定性随机变量，因此它们均服从一定的分布规律，用概率函数及分布参数(如随机变量的均值和标准差)来表征。于是式(4-59)可写成

$$S(\mu_S,\ \sigma_S)=\frac{F(\mu_F,\ \sigma_F)}{A(\mu_A,\ \sigma_A)} \tag{4-60}$$

式中，μ_S 和 σ_S 表示应力 S 的均值和标准差；μ_F 和 σ_F 表示力 F 的均值和标准差；μ_A 和 σ_A 表示面积 A 的均值和标准差。式(4-60)表示了非确定性随机变量的数字特征之间的函数关系，可运用随机变量的组合运算规则，得到变量与函数间的多值变换。

3. 设计准则含义不同

在传统的安全系数设计方法中，判断一个零件是否安全，是以危险断面的计算应力 $S_{\text{calculate}}$ 是否小于许用应力[S]，计算安全系数 n 是否大于许用安全系数[n]来决定的，相应的设计准则如式(4-44)所示。它表示零件的强度储备和安全程度，是一个确定且不变的量，未能定量反映影响零件强度的许多非确定因素，因而不能回答零件在运行中的可靠程度。

在可靠性设计中，由于应力 S 和强度 δ 都是随机变量，因此判断一个零件是否安全可靠，是以强度 δ 大于应力 S 所发生的概率来表示的。其设计准则为

$$R(t)=P(\delta>S)>0\geqslant[R] \tag{4-61}$$

式中，$R(t)$ 表示零件在运行中的安全概率，即可靠度。它是指零件在工作时间 t 内的一种能力，这种能力是以强度 δ 超过应力 S 的概率来度量的，显然它是零件工作时间 t 的函数。[R]称为零件的许用可靠度，它表示零件在规定的时间内、规定的条件下实现设计要求的一种能力，即许用安全概率。式(4-61)不仅能定量地回答零件在运行中的安全可靠程度，而且可以预测零件的寿命。

从传统的设计准则[式(4-44)]变换到可靠性设计准则[式(4-61)]，这是设计理论的发展，设计概念的深化。可靠性设计以随机方法(概率论和数理统计)分析研究系统和零件在运行状态下的随机规律和可靠性，不仅更能揭示事物的本来面貌，而且能较全面地提供设计信息，是传统设计方法无法做到的。理论分析和实践表明，可靠性设计比传统设计更能有效地处理设计中的一些问题，提高产品质量，减小零件尺寸，从而节约原材料，降低成本，带来较大的经济效益。

由于传统的机械设计和机械可靠性设计都以零件或机械系统的安全与失效作

为其主要研究内容，因此这两种设计方法又是有密切联系的，可以说机械可靠性设计是在传统的机械设计基础上，补充了可靠性技术的一种新型设计。由于我国可靠性设计的数据还比较缺乏，而它的积累又是一项长期耗资的工作，因此应该将传统的机械设计和机械可靠性设计有机地结合起来，以丰富和发展机械设计理论，提高机械产品的设计水平。

习　题

4-1　什么是可靠性意义上的安全系数？

4-2　简述机械安全系数设计方法和可靠性设计方法的异同。

4-3　已知圆截面轴的惯性矩 $I=\frac{\pi}{64}d^4$，若轴径 $d=50\text{mm}$，标准差 $\sigma_d=0.02\text{mm}$。试确定惯性矩 I 的均值及标准差。

4-4　已知零件的剪切强度呈正态分布，且均值 $\mu_\delta=186\text{MPa}$，标准差 $\sigma_\delta=22\text{MPa}$，而其承受的剪切应力呈指数分布，$\mu_S=\frac{1}{\lambda_S}=127\text{MPa}$。试计算零件的可靠度。

4-5　已知某零件的应力 S 和强度 δ 服从对数正态分布，应力的均值和标准差分别为 $\mu_S=60\text{MPa}$，$\sigma_S=20\text{MPa}$，强度的均值和标准差分别为 $\mu_\delta=100\text{MPa}$，$\sigma_\delta=10\text{MPa}$。试计算零件的可靠度。

4-6　某钢丝绳受拉伸载荷，其强度及应力均为正态分布。强度的均值和标准差分别为 $\mu_\delta=907.2\text{kN}$，$\sigma_\delta=136\text{kN}$；应力的均值和标准差分别为 $\mu_S=554.3\text{kN}$，$\sigma_S=113.4\text{kN}$。试确定钢丝绳的可靠度。而另一钢丝绳由于加强质量管理，其强度的一致性有所提高，强度的标准差降为 $\sigma_\delta=90.7\text{kN}$，其可靠度为多大？

4-7　已知某发动机零件的应力为正态分布，其均值和标准差分别为 $\mu_S=350\text{MPa}$，$\sigma_S=40\text{MPa}$。材料的强度也为正态分布，其均值和标准差分别为 $\mu_\delta=820\text{MPa}$，$\sigma_\delta=60\text{MPa}$。试计算零件的可靠度。

第5章 机械系统可靠性设计

5.1 概述

随着科学技术的发展，系统的复杂程度越来越高，而系统越复杂，其发生故障的可能性就越大，这迫使人们必须提高组成系统的零件的可靠度。假如组成系统的零件的可靠度都为99.9%，那么由40个零件组成的串联系统其可靠度约为96%，而由400个零件组成的串联系统其可靠度约为67%。某些复杂系统包括成千上万个零件(导弹和宇宙飞船等)，为了保证系统的高可靠度，需要对零件的可靠度提出更高的要求。如果对零件可靠度提出过高的要求，一方面由于零件的生产受到材料及工艺水平的限制，很可能无法达到过高的可靠度指标；另一方面也将导致系统本身价格十分昂贵，万一系统失效，将会在人力和物力上造成巨大损失，甚至会引起严重后果。因此，可靠性问题显得特别突出，迫使人们必须研究系统可靠性问题。

可靠性建模、预计与分配是产品定量设计中的重要工作项目。建立可靠性模型是可靠性预计、分配的基础，可靠性预计是估计产品可靠性是否符合定量要求的方法，并为设计决策提供依据，发现设计中的薄弱环节，提出改进措施，为维修分析和保障性分析提供信息。可靠性分配是将研制任务书或技术合同中规定的产品可靠性整体指标，按一定的方法和程序分配到产品的规定层次，以此作为各有关层次的产品可靠性设计的目标。

5.1.1 机械系统可靠性的概念

系统是由某些相互协调工作的零件、子系统组成，以完成某一特定功能的综合体。组成系统相对独立的机件称为单元。系统与单元的含义均为相对的概念，由研究对象而定。例如，将汽车作为一个系统时，其发动机、离合器、变速箱、传动轴、车身、转向、制动等都是作为汽车这一系统的单元而存在的；当将驱动桥作为一个系统进行研究时，则主减速器、差速器、驱动车轮的传动装置及桥壳就是它的组成单元。因此，系统和单元是相对的，系统和单元可以是子系统、机器总成、部件或零件等。

系统的可靠性不仅与组成该系统各单元的可靠性有关，而且与组成该系统各单元间的组合方式和相互匹配有关。

机械系统是指由若干个机械零件有机地组合起来，完成某一特定功能的综合体。机械系统的可靠度取决于两个因素：一是机械零件本身的可靠度，即组成系统的各个零件完成所需功能的能力；二是机械零件组合成系统的组合方式，即组成系统各个零件之间的联系形式、组合方式不同，则系统可靠性模型不同。

机械系统可靠性设计的目的是使机械系统在满足规定的可靠性指标、完成预定功能的前提下，使该系统的技术性能、质量指标、制造成本及使用寿命等取得协调并达到最优化的结果，或者在性能、质量、成本、寿命和其他要求的约束下，设计出高可靠性机械系统。

5.1.2 基本可靠性模型和任务可靠性模型

可靠性模型是指为预计或估算产品的可靠性所建立的可靠性框图和数学模型，它包括基本可靠性模型和任务可靠性模型，建立系统可靠性模型的目的是用于定量分配、估算和评估产品的可靠性。

基本可靠性模型用以估计产品及组成元件引起的维修及保障要求。系统中任一单元(包括储备单元)发生故障后，都需要维修或更换，故而可以把它看作度量使用费用的一种模型。基本可靠性模型是一个全串联模型，即使存在冗余单元，也都按串联处理。所以，储备元件越多，系统的基本可靠性越低。

任务可靠性模型是用以估计产品在执行任务过程中完成规定功能的概率，描述完成任务过程中产品各单元的预定作用，用以度量工作有效性的一种模型。系统中的储备单元越多，则其任务可靠性越高。

在建立基本可靠性模型和任务可靠性模型时，需要在人力、物力、费用和任务之间权衡。例如，在某设计方案中，为了提高其任务可靠性而大量采用储备元件，则其基本可靠性必然降低，即需要许多人力、设备、备件等来维修这些储备单元。在另一设计方案中，为减少维修及保障要求而采用全串联模型(无储备单元)，则其任务可靠性必然较低。设计者的责任就是要在不同的设计方案中利用基本可靠性模型及任务可靠性模型进行权衡，在一定的条件下得到最合理的设计方案。

5.1.3 系统结构框图与可靠性框图

系统可靠性分析方法是根据系统结构组成和功能绘出可靠性逻辑图，建立系统可靠性数学模型，把系统可靠性特征量表示为零件可靠性特征量的函数，然后通过已知零件可靠性特征量计算出系统可靠性特征量。

系统结构框图及可靠性框图是两个不同的概念，但往往被人们所混淆。系统结构框图是表示组成系统的单元之间的物理关系和工作关系；而系统可靠性框图是描述系统的功能和组成系统的单元之间的可靠性功能关系。系统结构框图是绘制可靠性框图的依据之一。可靠性框图则表示了系统为完成规定功能的各单元之间的逻辑关系。可靠性框图反映了单元之间的可靠性功能关系，为计算系统可靠度提供了数学模型。

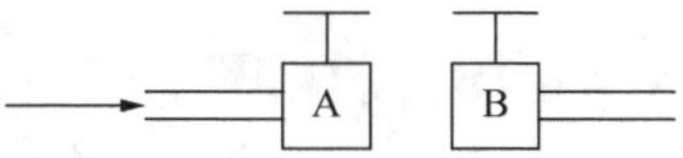

图 5-1　阀门系统结构框图

由两个阀门及一根导管所组成的简单系统，如图 5-1 所示，从结构上看，阀门系统由一根导管和两个阀门串联而成。阀门单元的失效为两态：关不上和打不开，如再加上正常工作状态，共为三态。三态以上的系统称为多态系统。对于具有多态的系统，其可靠性框图的确定，应首先考虑确定系统的功能，对于不同的功能要求，其系统的可靠性框图是不一样的。

当阀门 A 与阀门 B 处于开启状态时，功能是液体流通，系统失效是液体不能流通，如果要求该系统能可靠地流通，则阀门 A、阀门 B 打不开是失效状态，而开启状态属于正常工作状态。阀门 A、阀门 B 必须同时处于正常工作状态才能使系统正常工作，其系统的可靠性框图为串联关系，如图 5-2 所示。如果要求系统能可靠地截流，则阀门 A、阀门 B 关不上是失效状态，而截流状态是正常工作状态，阀门 A、阀门 B 只要有一个能截流就能使系统正常工作。其可靠性框图是并联关系，如图 5-3所示。

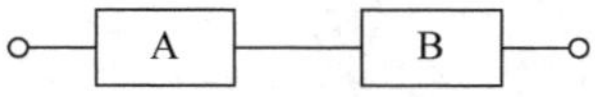

图 5-2　阀门系统流通时的可靠性框图

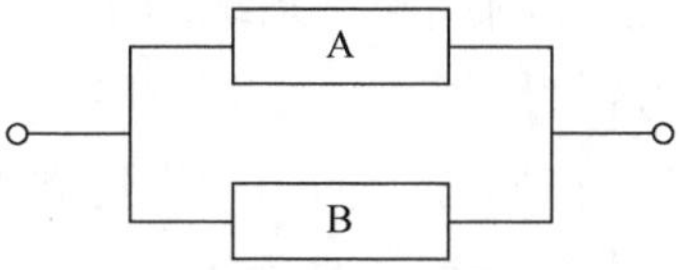

图 5-3　阀门系统截流时的可靠性框图

例如，汽车可分为以下五大子系统：发动机、变速箱、制动、转向及轮胎。为了保证一辆汽车能正常工作，五大系统缺一不可。图 5-4 中所示的可靠性框图并不代表这些子系统在汽车中的实际联系方式，而只代表每个子系统都要正常工作，才能确保汽车的正常工作。

图 5-4　汽车系统的可靠性框图

由于系统可靠性框图只表明各单元功能与系统功能的逻辑关系，而不表明各单元之间结构上的关系，因此输入和输出单元的位置，常常相应地排列在系统可靠性框图的首和尾，而中间各单元的次序可以任意排列。

系统的结构关系、功能关系及可靠性逻辑关系，各有不同的概念。在对系统进行可靠性分析、建立可靠性模型时，一定要弄清系统的结构关系、功能关系及可靠性逻辑关系，然后才能画出可靠性框图。

5.1.4　可靠性模型建立的步骤

对于机械系统，建立其可靠性模型主要有以下步骤。

1. 确定系统的功能

一个复杂的机械系统，往往具有完成多种功能的能力，而针对完成功能的不同，其可靠性模型也相应变更。例如，双阀门简单系统，根据系统流通和截流这两种不同功能，分别建立两种不同功能的可靠性模型。

2. 确定系统的故障判据

故障判据是指确定系统完成规定功能的判定值。为了建立系统的故障判据，规定系统性能参数及允许极限。

3. 确定系统的工作环境条件

一个系统往往可以在不同的工作环境下使用，但不同的使用环境条件又对系统完成功能的程度产生较大的影响，因此在建立系统可靠性模型时，要考虑工作环境条件的影响。同一系统用于多种工作环境条件下系统的可靠性框图不变，可用不同的环境因子去修正其故障率。当系统完成其规定的功能时，须经历不同的环境条件，按照每个工作阶段建立可靠性模型。

4. 建立系统可靠性框图

可靠性框图由代表单元的方框、逻辑关系、连线和节点组成。节点可分为输入节点、输出节点和中间节点。输入节点表示系统功能流程的起点；输出节点表示系统功能流程的终点；连线可以是有向的，也可以是无向的，它反映了信息传递的方向，无向的连线意味着是双向的。产品的工作原理图及功能框图、功能流程图是建立其可靠性框图的基础。工作原理框图表示各单元之间的物理关系，而功能框图则表示各单元之间的功能关系。可靠性框图用来简明扼要、直观地描述系统为完成规定任务的各种组合，是系统与单元功能间的逻辑关系图。因此，在建立可靠性框图时，不能从结构上而应从产品功能关系和功能流程上着手。

5. 建立相应的数学模型

对已建好的系统可靠性框图，建立系统与单元之间的可靠性逻辑关系和数量关系，即建立相应的数学模型。数学模型用数学表达式描述系统可靠性与单元可靠性之间的函数关系，用于预测系统可靠性或进行系统可靠性设计。

5.1.5 系统可靠性模型的应用

在产品设计初期就建立产品可靠性模型，有助于设计评审，并为产品的可靠性分配、预计和拟定纠正措施的优先顺序提供依据。当产品设计、环境要求、应力数据、故障率数据或寿命剖面发生重大变化时，应及时修改产品的可靠性模型。系统可靠性模型在可靠性工程及可靠性管理中具有重要作用。

1. 复杂系统可靠性分析与预测

可靠性是产品最重要的特性之一，确保系统的可靠性是工程设计中最重要的课题之一。对于复杂系统，以一个整体去分析和预测其可靠性几乎是不可能的。而系统可靠性模型是将子系统及其单元的可靠性有机地结合起来，形成对系统可靠性的描述。因此，先对相对简单的子系统或单元进行可靠性分析，进而采用其系统可靠性模型对系统进行可靠性分析和预测则较容易做到。

2. 系统的可靠性设计

当一个系统的可靠性达不到要求时，必须采取措施加以改进。通过对系统进行可靠性分析，能够提供改进和提高系统可靠性的方向。

3. 维修决策

系统随着使用时间的推移而功能衰退并最终失效，很多机械系统(或产品)可以通过维修来延缓系统的失效。维修过程中要投入较大费用，延缓失效又可以获取收益，系统可靠性模型能在维修活动中提供帮助。

4. 质量保证策略

在市场经济条件下，产品的质量是企业生存的根本保证，也是消费者的基本要求。产品的可靠性是衡量产品质量的重要指标之一，其指标的数量化借助产品的可靠性模型分析而获得。例如，某品牌洗衣机的可靠性指标——平均无故障工作时间达到 5000 次。

5. 风险分析

对复杂及昂贵的系统，在可靠性分析中要涉及出现失效时引起负面后果的概率。可靠性模型可应用于风险分析。

5.2 机械系统可靠性模型

可靠性模型是对系统及其组成单元之间的可靠性逻辑关系的描述，可靠性模型包括可靠性框图及相应的数学模型。可靠性框图是由代表产品或功能的方框和连线组成，表示各组成部分的故障或者它们的组合如何导致产品故障的逻辑图。数学模型用于表达可靠性框图中各方框的可靠性与系统可靠性之间的函数关系。建立产品可靠性框图的基础是建立产品的原理图。原理图与可靠性框图并不相同，原理图反映了产品各组成单元之间在物理上的连接与组合关系以及功能原理等，而可靠性框图则是反映产品各组成单元之间的故障逻辑关系。系统可靠性模型主要包括串联模型、并联模型、混联模型、储备模型、复杂系统模型等，以下将针对具体模型进行分析。

5.2.1 串联模型

组成系统的所有单元中任一单元的失效都会导致整个系统失效的模型叫作串联模型。或者说，只有当所有单元都正常工作时，系统才能正常工作的模型叫作串联模型。串联模型是最常用和最简单的可靠性模型之一，可用于基本可靠性建模和任务可靠性建模。串联模型可靠性框图如图 5-5 所示。

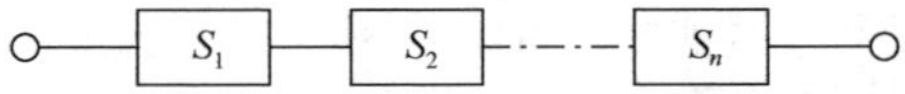

图 5-5　串联模型可靠性框图

设 U 表示系统正常工作的事件，U_i 表示第 i 个分系统正常工作的事件。由于串联系统是只有当所有分系统都正常工作时才能正常工作的系统，因而有 U 事件发生等于 U_1，U_2，…，U_n 事件同时发生，即

$$U=U_1 \cdot U_2 \cdot \cdots \cdot U_n$$

根据概率计算的基本法则，可得到系统可靠度表达式

$$R_S=P(U)=P(U_1U_2\cdots U_n) \tag{5-1}$$

式中，R_S 为系统 S 的可靠度；$P(U)$为系统 S 正常工作的概率。

假如系统中各分系统是相互独立的，则

$$P(U)=\prod_{i=1}^{n}P(U_i) \tag{5-2}$$

即有

$$R=\prod_{i=1}^{n}R_i \tag{5-3}$$

式(5-3)是常用的可靠性乘积法则：串联模型可靠度等于各独立分系统可靠度的乘积。

由式(5-3)可知，串联系统中系统可靠度小于任何单元的可靠度；组成系统的单元数越多，系统可靠度越低；要想提高串联系统的可靠度，应减少单元数，同时重视改善最薄弱环节的可靠度。

图5-6中的曲线表示串联系统中各单元的可靠度相同时，系统可靠度 R_S 与单元数 n 之间的关系。

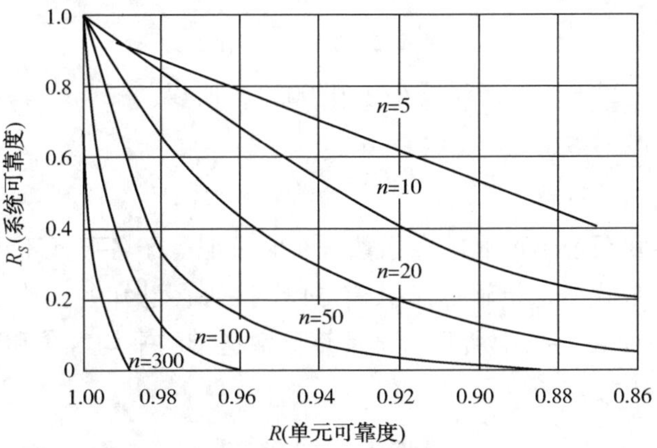

图5-6 等可靠度的 n 个单元串联系统的可靠度 R_S

在机械系统中，各分系统大多数是独立的，从可靠性逻辑关系来讲，各分系统的失效概率是互不影响的。因此，在计算系统可靠度时，多采用可靠性乘积法则来处理。

某些串联系统常常有这样的情况，虽然各分系统不是相互独立的，但可以把所有分系统分成若干组，每组中包含一个或几个分系统。如果把每个组看成一个较大的分系统，那么就可以认为各组关系是相互独立的，于是就可以对这些组用“乘积法则”进行计算。

如果单元的寿命分布为指数分布，即

$$R_i = \int_t^{\infty} \lambda_i e^{-\lambda_i t - \lambda_i t} dt = e^{-\lambda_i t - \lambda_i t}$$

于是，系统的可靠度为

$$R_S = \prod_{i=1}^{n} e^{-\lambda_i t} = e^{-\sum_{i=1}^{n} \lambda_i t} = e^{-\lambda_S t} \tag{5-4}$$

式中，$\lambda_S = \sum_{i=1}^{n} \lambda_i$，$\lambda_S$ 为系统失效率，而系统失效率等于各分系统失效率的代数和。

系统平均无故障工作时间 θ_S 为

$$\theta_S = \frac{1}{\lambda_S} = \frac{1}{\sum_{i=1}^{n} \lambda_i} \tag{5-5}$$

系统不可靠度 F_S 为

$$F_S = 1 - R_S = 1 - e^{-\lambda_S t}$$

当 $\lambda_S t < 0.1$ 时，$e^{-\lambda_S t} \approx 1 - \lambda_S t$（误差小于 0.005），所以

$$F_S \approx \lambda_S t = \sum_{i=1}^{n} \lambda_i t = \sum_{i=1}^{n} F_i \tag{5-6}$$

式(5-6)表示串联系统不可靠度在指数分布时近似等于各单元不可靠度之和。

例 5-1 某带式输送机输送带共有 54 个接头，已知各接头的强度服从指数分布，其失效率如表 5-1 中所列，试计算该输送带的平均寿命和工作到 1000h 的可靠度。

表 5-1 接头失效率

接头数	3	5	8	10	12	16
$\lambda/10^{-4}h^{-1}$	0.2	0.15	0.35	0.31	0.18	0.1

解：(1)输送带接头的可靠性模型为典型的串联模型：

$$\lambda_S = \sum_{i=1}^{n} \lambda_i = (3 \times 0.2 + 5 \times 0.15 + 8 \times 0.35 + 10 \times 0.31 + 12 \times 0.18 + 16 \times 0.1) \times 10^{-4} = 1.101 \times 10^{-3}(h^{-1})$$

$$\theta_S = \frac{1}{\lambda_S} = 908h$$

（2）工作到 1000h 的可靠度：

$$R_S(1000)=\prod_{i=1}^{n}e^{-\lambda_i t}=e^{-\lambda_S t}=e^{-1.101\times10^{-3}\times1000}=0.3325$$

在机械系统中，各单元的失效概率一般都比较低，尤其是安全性失效概率，一般不应大于10^{-6}，系统可靠性失效概率一般为$10^{-3}\sim10^{-2}$。因此，在机械系统可靠性分析中，失效概率的计算一般都采用分系统失效概率的代数和来近似地代替系统失效概率。

5.2.2 并联模型

组成系统的所有单元都失效时才会导致系统失效的模型叫作并联模型。或者说，只要有一个单元正常工作时，系统就能正常工作的模型叫作并联模型。并联模型可靠性框图如图 5-7 所示。

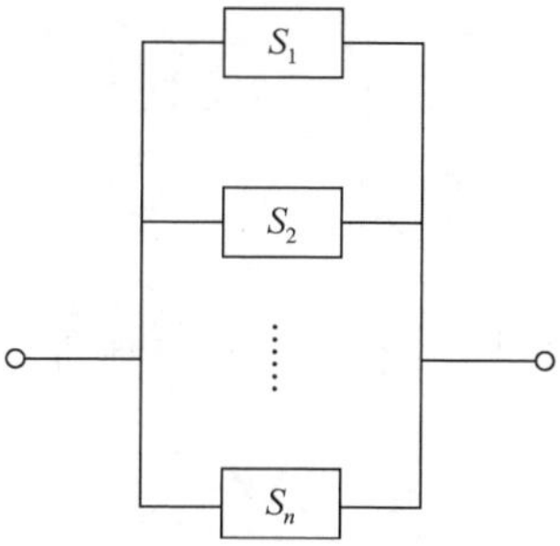

图 5-7　并联模型可靠性框图

对串联系统来说，单元数目越多，系统可靠性就越低，因此在设计上要求结构越简单越好。然而，对于任何一个高性能的复杂系统，即使是简洁的设计，也需要为数众多的零件。为了提高系统的可靠度，一种办法是提高零件的可靠度，但又需要很高的成本，有时甚至高到不可能负担的地步。另一种办法就是储备，增加系统中部分或全部零件作为储备，一旦某一零件发生故障，作为储备的系统仍在工作。这样，即使某一零件出现故障也不致系统发生故障，只有在系统中储备零件全部发生故障的情况下，系统才发生故障。这样的系统被称为工作储备模型，并联模型就属于工作储备模型的一种情况。

对并联模型而言，如果各个分系统相互独立，根据并联模型的定义和各子系统的独立性有

$$P(F)=P(F_1F_2\cdots F_n)=P(F_1)\cdot P(F_2)\cdot\cdots\cdot P(F_n)$$

式中，F 为系统 S 发生故障的事件；F_n 为第 n 个分系统发生故障的事件；$P(F)$ 为系统 S 发生故障的概率。

由于 $P(F)=1-R$，$P(F_i)=1-R_i$，故

$$R_S=1-P(F)=1-\prod_{i=1}^{n}P(F_i)=1-\prod_{i=1}^{n}(1-R_i) \tag{5-7}$$

如果各分系统的可靠度相同，则有

$$R_S=1-(1-R_i)^n \tag{5-8}$$

由于可靠度是一个小于 1 的正数，从上述结果不难看出，并联系统的可靠度大于

每个分系统的可靠度。而且，并联的分系统个数越多，系统的可靠度越高。这种情况与串联系统恰好相反，正是这个基本事实，使人们想到用并联的方法来提高系统的可靠度。

当各单元寿命分布为指数分布且可靠度相同时，系统的可靠度为

$$R_S=1-(1-e^{-\lambda t})^n \tag{5-9}$$

式(5-9)可写成

$$\begin{aligned} R_S(t) &= [e^{-\lambda t}+(1-e^{-\lambda t})]^n-(1-e^{-\lambda t})^n \\ &= \sum_{K=0}^{n}[C_n^K e^{-K\lambda t}(1-e^{-\lambda t})]^{n-K}-(1-e^{-\lambda t})^n \\ &= \sum_{K=1}^{n}[C_n^K e^{-K\lambda t}(1-e^{-\lambda t})]^{n-K} \end{aligned}$$

可导出系统的平均寿命

$$\begin{aligned} \theta_S &= \int_0^\infty R_S(t)\,dt \\ &= \sum_{K=1}^{n}\int_0^\infty [C_n^K e^{-K\lambda t}(1-e^{-\lambda t})]^{n-K}dt \end{aligned}$$

可以证明

$$\int_0^\infty [C_n^K e^{-K\lambda t}(1-e^{-\lambda t})]^{n-K}dt=\frac{1}{K\lambda}$$

所以

$$\theta_S=\frac{1}{\lambda}\left(1+\frac{1}{2}+\cdots+\frac{1}{n}\right) \tag{5-10}$$

当 n 较大时，有近似公式

$$\theta_S=\frac{1}{\lambda}\left(1+\frac{1}{2}+\cdots+\frac{1}{n}\right)\approx\frac{1}{\lambda}\ln n$$

5.2.3 混联模型

把若干个串联模型或并联模型重复地加以串联或并联，就能得到更复杂的可靠性结构模型，称为混联模型。要计算混联模型的可靠度与平均无故障时间，先要对其混联系统中的串联和并联模型的可靠度和平均无故障时间进行合并计算，最后就可计算出系统的可靠度和平均无故障工作时间。混联模型的可靠度通常采用等效系统进行。图 5-8 为一常见的混(并串)联模型可靠性框图。

图5-8中单元S_1和单元S_2先并联再与单元S_3串联，系统可靠度为

$$R_S=R_3[1-(1-R_1)(1-R_2)]$$

如果各单元的寿命分布为指数分布，且可靠度相同，则

$$R=e^{-\lambda t}$$

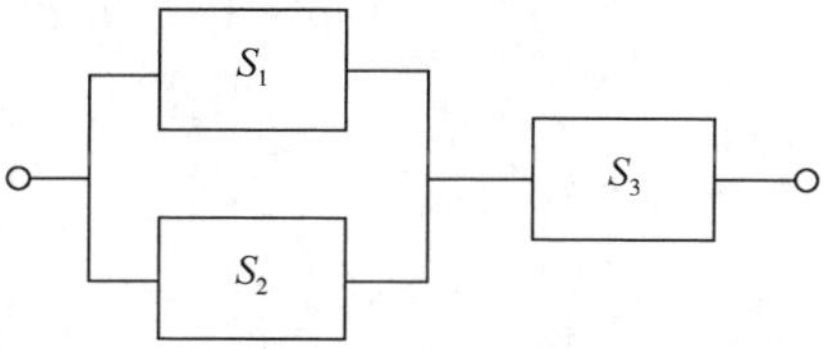

图5-8　混联模型可靠性框图

则系统的可靠度

$$R_S=2R^2-R^3 \tag{5-11}$$

则系统的平均寿命

$$\theta_S=\frac{1}{\lambda_S}=\frac{1}{\frac{2\lambda}{3}+\lambda}=\frac{3}{5\lambda} \tag{5-12}$$

5.2.4　储备模型

当采用串联模型的设计不能满足设计指标要求时，可采用储备模型的设计方式来提高可靠性水平。所谓储备模型就是把几个单元当成一个单元来用，也就是备用或冗余问题。储备模型可以分为工作储备模型和非工作储备模型两种情况。

1. 工作储备模型

在组成系统的n个单元中，如果不失效的单元数不少于k(k介于1和n之间)，系统就不会失效，就叫作工作储备模型，又称k/n表决模型。

并联模型也属于工作储备模型。当$k=1$时，$1/n$表决模型就是并联模型。

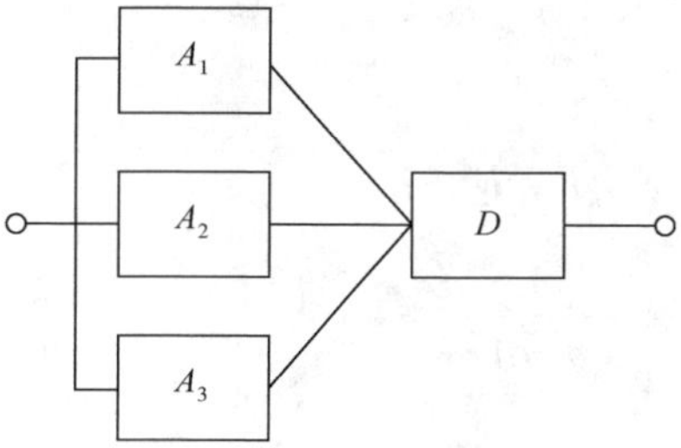

图5-9　表决模型可靠性框图

工作储备模型是一种特殊的并联模型，它是将三个以上并联单元的输出进行比较，把一定数目以上的单元出现的相同输出作为系统的输出，其可靠性框图如图5-9所示。

1) 2/3表决模型

2/3表决模型是一个三单元并联只需要两个单元正常工作的系统。其可靠度可用布尔代数真值表法求得

$$\begin{aligned}R_S&=R_1R_2R_3+R_1R_2F_3+R_1F_2R_3+F_1R_2R_3\\&=R_1R_2R_3\left(1+\frac{F_1}{R_1}+\frac{F_2}{R_2}+\frac{F_3}{R_3}\right)\end{aligned} \tag{5-13}$$

当各单元的寿命分布为指数分布时，系统可靠度按式(5-14)计算：

$$R_S=\mathrm{e}^{-(\lambda_1+\lambda_2+\lambda_3)t}(\mathrm{e}^{\lambda_1 t}+\mathrm{e}^{\lambda_2 t}+\mathrm{e}^{\lambda_3 t}-2) \tag{5-14}$$

系统的平均寿命为

$$\begin{aligned}\theta_S&=\int_0^{\infty}R_S(t)\,\mathrm{d}t=\int[\mathrm{e}^{-(\lambda_1+\lambda_2+\lambda_3)t}+(1-\mathrm{e}^{-\lambda_1 t})\mathrm{e}^{-(\lambda_2+\lambda_3)t}\\&\quad+(1-\mathrm{e}^{-\lambda_2 t})\mathrm{e}^{-(\lambda_1+\lambda_3)t}+(1-\mathrm{e}^{-\lambda_3 t})\mathrm{e}^{-(\lambda_1+\lambda_2)t}]\mathrm{d}t\\&=\frac{1}{\lambda_1+\lambda_2}+\frac{1}{\lambda_2+\lambda_3}+\frac{1}{\lambda_1+\lambda_3}-\frac{2}{\lambda_1+\lambda_2+\lambda_3}\end{aligned} \tag{5-15}$$

当三单元的可靠度相同，且为指数分布时

$$R_S=R^3+3R^2(1-R)=3R^2-2R^3=3\mathrm{e}^{-2\lambda t}-2\mathrm{e}^{-3\lambda t} \tag{5-16}$$

$$\theta_S=\frac{3}{2\lambda}-\frac{2}{3\lambda}=\frac{5}{6\lambda} \tag{5-17}$$

2) $(n-1)/n$ 表决模型

$(n-1)/n$ 表决模型是 n 个单元并联只允许一个单元发生故障的系统。当各单元可靠度相同时，其可靠度计算式为

$$R_S=R^n+nR^{n-1}(1-R)=nR^{n-1}-(n-1)R^n \tag{5-18}$$

当 $R=\mathrm{e}^{-\lambda t}$ 时

$$R_S=n\mathrm{e}^{-(n-1)\lambda t}-(n-1)\mathrm{e}^{-n\lambda t} \tag{5-19}$$

$$\theta_S=\frac{n}{(n-1)\lambda}-\frac{n-1}{n\lambda} \tag{5-20}$$

3) $(n-r)/n$ 表决模型

$(n-r)/n$ 表决模型是 n 个单元并联只允许 r 个单元发生故障的系统。当各单元可靠度相同时，其可靠度可用二项展开式求得

$$R_S=R^n+nR^{n-1}F+C_n^2R^{n-2}F^2+\cdots+C_n^rR^{n-r}F^r \tag{5-21}$$

$$\theta_S=\frac{1}{n\lambda}+\frac{1}{(n-1)\lambda}+\frac{1}{(n-2)\lambda}+\cdots+\frac{1}{(n-r)\lambda} \tag{5-22}$$

由式(5-21)和式(5-22)可以看出：

当 $r=1$ 时

$$R_S=R^n+nR^{n-1}F=R^n+nR^{n-1}(1-R)=nR^{n-1}-(n-1)R^n$$

$$\theta_S=\frac{1}{n\lambda}+\frac{1}{(n-1)\lambda}=\frac{2n-1}{n(n-1)\lambda}=\frac{n}{(n-1)\lambda}-\frac{n-1}{n\lambda}$$

其结果与 $(n-1)/n$ 表决模型结果相同。

当 $r=n-1$ 时

$$R_S=R^n+nR^{n-1}F+\cdots+C_n^{n-1}RF^{n-1}$$

$$\theta_S=\frac{1}{n\lambda}+\frac{1}{(n-1)\lambda}+\cdots+\frac{1}{\lambda}=\frac{1}{\lambda}\left(1+\frac{1}{2}+\cdots+\frac{1}{n}\right)$$

其结果与并联模型结果相同。

例 5-2 设每个单元的可靠度 $R=e^{-\lambda t}$，$\lambda=0.001h^{-1}$，$t=100h$。求三单元并联模型和 2/3 表决模型的可靠度 R_S 及平均寿命 θ_S。

解：已知 $t=100h$，则每个单元的可靠度为

$$R(100)=e^{-0.001\times100}=0.905$$

三单元并联模型，$n=3$

$$R_S=1-(1-R)^3=1-(1-0.905)^3=0.999$$

$$\theta_S=\frac{1}{\lambda}+\frac{1}{2\lambda}+\frac{1}{3\lambda}=\frac{1}{0.001}+\frac{1}{2\times0.001}+\frac{1}{3\times0.001}=1833(h)$$

2/3 表决模型

$$R_S=3R^2-2R^3=3\times0.905^2-2\times0.905^3=0.975$$

$$\theta_S=\frac{5}{6\lambda}\approx833(h)$$

2. 非工作储备模型

组成系统的 n 个单元中只有一个单元工作，当工作单元发生故障时，通过故障监测装置及转换装置接到另一个单元进行工作的模型叫作非工作储备模型。其可靠性框图如图 5-10 所示。图中 K 代表故障检测器和转换开关。在非工作储备模型中计算可靠性指标时，为了简化计算，一般假定故障检测器和转换开关是百分之百的可靠。也就是说，不考虑 K 的故障情况。

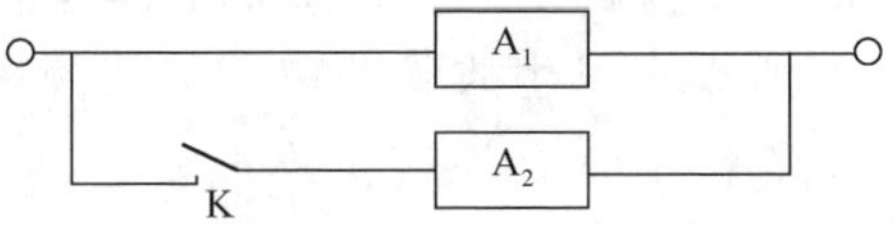

图 5-10 非工作储备模型可靠性框图

非工作储备模型又可分为冷储备系统和热储备系统两种情况。冷储备系统的特点是当工作单元工作时，备用或待机单元完全不工作，一般认为备用单元在储备期间故障率为零，储备期长短对以后的使用寿命无影响。热储备系统的特点是当工作单元工作时，备用或待机单元不是完全地处于停滞状态（如电机已经启动但不承担负载；电子管灯丝已经预热但未加电压），因此备用单元在储备期间也

有可能发生故障。事实上，不管是冷储备系统还是热储备系统，它们的备用单元在储备期间的失效故障率都不等于零，只是冷储备系统的故障率极低，一般可以认为它在储备期间的故障率为零。而热储备系统则不然，它在备用期间的故障率要比冷储备系统高，因此热储备系统的备用单元故障率必须被考虑。

1）冷储备系统

（1）两个单元(一个单元备用)的系统。

设每个单元的可靠度相同，$R=e^{-\lambda t}$，则

$$R_S=e^{-\lambda t}(1+\lambda t) \tag{5-23}$$

$$\theta_S=\int_0^{-\infty}e^{-\lambda t}(1+\lambda t)\,dt=\frac{2}{\lambda} \tag{5-24}$$

（2）n 个单元[$(n-1)$个单元备用]的系统。

$$R_S=e^{-\lambda t}\left[1+\lambda t+\frac{(\lambda t)^2}{2!}+\frac{(\lambda t)^3}{3!}+\cdots+\frac{(\lambda t)^{n-1}}{(n-1)!}\right] \tag{5-25}$$

$$\theta_S=\frac{n}{\lambda} \tag{5-26}$$

实际上，如果一个单元的平均寿命为 θ，另一个单元的平均寿命也为 θ，第一个单元发生故障前第二个单元不工作，而且假定备用单元不工作就不会发生故障，那么我们可以推断，有一个备用单元的非工作冷储备系统的平均寿命必然等于 2θ，即为 $2/\lambda$，n 个单元的非工作冷储备系统的平均寿命必然等于 n/λ。

（3）多个单元工作的系统。

若一个系统需要 L 个单元同时工作，而另外的 n 个单元是备用的，且每个单元的可靠度为 $R_i=e^{-\lambda t}$，那么 L 个单元的可靠度为 $R=e^{-L\lambda t}$。

假定所有单元都有相同的故障率，而且都在故障率为常数的这一阶段工作(筛选之后、耗损之前)，所以未发生故障的单元的故障率总是一个常数，于是可以把这种情况考虑成故障率为 $L\lambda$ 的系统，故

$$R_S=e^{-L\lambda t}\left[1+L\lambda t+\frac{(L\lambda t)^2}{2!}+\cdots+\frac{(L\lambda t)^n}{(n)!}\right] \tag{5-27}$$

$$\theta_S=\frac{n+1}{L\lambda} \tag{5-28}$$

（4）考虑检测器和开关可靠性的系统。

故障检测器和开关也有错误动作或不动作和接触不良等问题，所以不可能百分之百的可靠。如用 R_a 表示可靠度，同时认为在系统设计中，故障检测器和开

关只与备用单元有关而不影响工作单元的性能。这样，两个相同单元的非工作冷储备系统的可靠度为

$$R_S = e^{-\lambda t}(1+R_a\lambda t) \tag{5-29}$$

两个不同单元的非工作冷储备系统的可靠度为

$$R_S = e^{-\lambda_1 t}+R_a\frac{\lambda_1}{\lambda_2-\lambda_1}(e^{-\lambda_2 t}-e^{-\lambda_1 t}) \tag{5-30}$$

平均寿命 θ_S 仍可用公式 $\theta_S=\int_0^{\infty}R_S(t)\,dt$ 求出。

2）热储备系统

热储备系统与冷储备系统的不同在于热储备系统中备用单元的故障率不能被忽略。备用单元的故障率与工作单元的故障率是不同的，一般来说备用单元的故障率低于工作单元的故障率。热储备系统在工程实际中应用比较多。例如，飞机上的备用发动机，在飞机正常飞行时，备用发动机已经启动但处于空载。一旦工作发动机发生故障，备用发动机马上可以投入工作而不需要经过启动阶段。这是飞机空中飞行时的工作需要，必须采用热储备系统而不能采用冷储备系统。

热储备系统的可靠度计算要比冷储备系统更加复杂，在这里我们只讨论最简单的情况。

（1）两单元(一个单元备用)系统。

由于考虑到备用单元在储备期间也有故障的情况存在，假设 λ_1 为工作单元的故障率，λ_2 为备用单元的故障率，λ_3 为备用单元在储备期间的故障率，则

$$R_S = e^{-\lambda_1 t}+\frac{\lambda_1}{\lambda_1+\lambda_3-\lambda_2}\left[e^{-\lambda_2 t}-e^{-(\lambda_1+\lambda_2)t}\right] \tag{5-31}$$

$$\theta_S=\frac{1}{\lambda_1}+\frac{\lambda_1}{\lambda_2(\lambda_1+\lambda_3)} \tag{5-32}$$

两种特殊情况：

当 $\lambda_3=0$ 时，即为两单元冷储备系统；

当 $\lambda_3=\lambda_2$ 时，即为两单元并联系统。

（2）考虑检测器和开关可靠性的系统。

设故障检测器和开关的可靠度为 R_a，则

$$R_S = e^{-\lambda_1 t}+R_a\frac{\lambda_1}{\lambda_1+\lambda_3-\lambda_2}\left[e^{-\lambda_2 t}-e^{-(\lambda_1+\lambda_2)t}\right] \tag{5-33}$$

$$\theta_S=\frac{1}{\lambda_1}+R_a\frac{\lambda_1}{\lambda_2(\lambda_1+\lambda_3)} \tag{5-34}$$

串联模型、并联模型及储备模型在生产实际中经常被用到，这也是计算系统可靠度的基础，因为可以把复杂的可靠性模型分解成简单的串联、并联形式或储备系统模型，然后按照上述计算方法计算系统的可靠度。几种典型可靠性框图及其可靠度表达式如表 5-2 所示，其中假定各方框的可靠度相等，并服从指数分布。

表 5-2　几种典型可靠性框图的系统可靠度表达式

系统可靠度 R_S 表达式	可靠性框图
$R_S=\prod_{i=1}^{n}R_i=R_i^n=e^{-n\lambda t}$	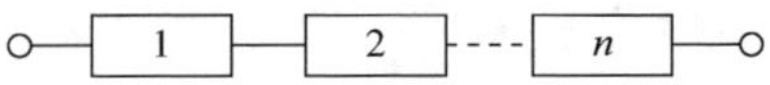
$R_S=R+R^2-R^3$	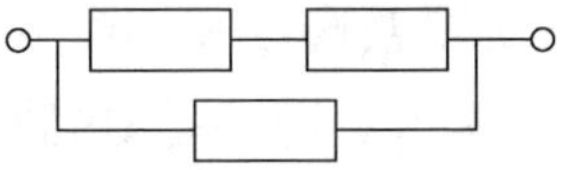
$R_S=2R^2-R^3$	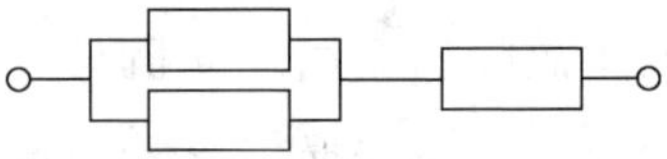
$R_S=1-\prod_{i=1}^{n}(1-R_i)=1-(1-R_i)^n$	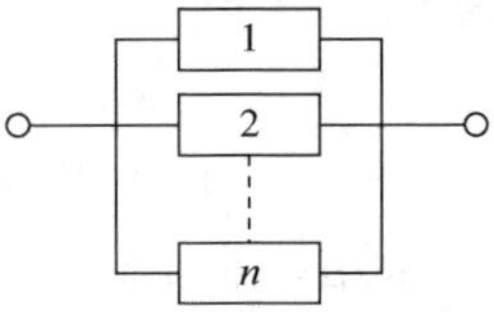
$R_S=2R-R^2$	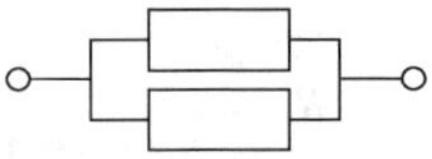
$R_S=2R-3R^3+R^4$	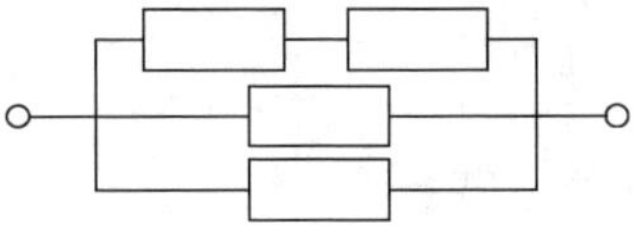
$R_S=2R^2-R^4$	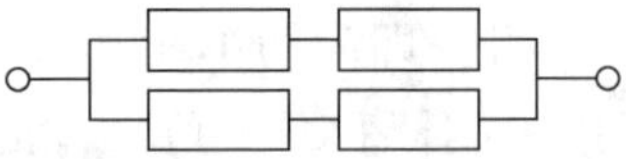
$R_S=R+2R^2-3R^3+R^4$	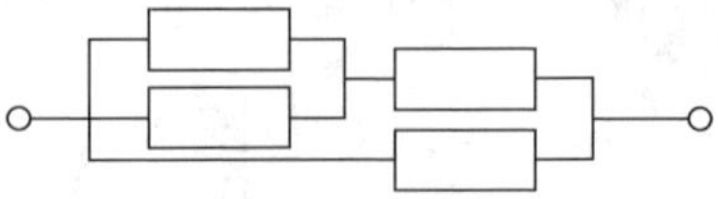

续表

系统可靠度 R_S 表达式	可靠性框图
$R_S=1-(1-R^n)^m$	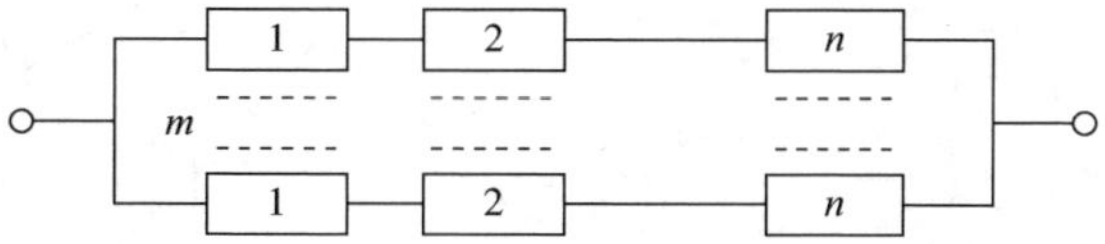
$R_S=[1-(1-R^m)]^n$	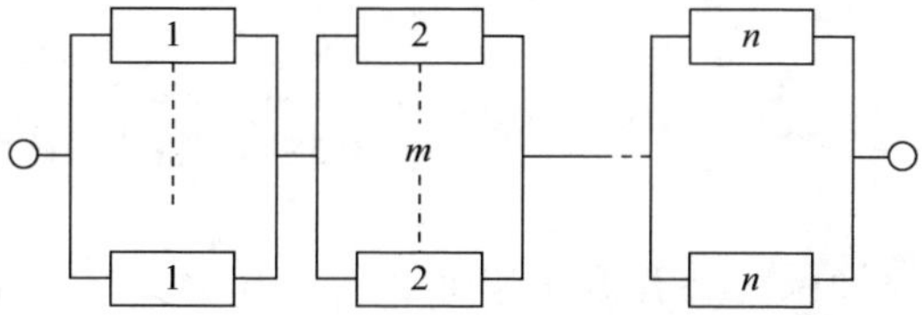
$R_S=e^{-\lambda t}(1+\lambda t)$ $R_S=e^{-\lambda t}(1+R_a\lambda t)$	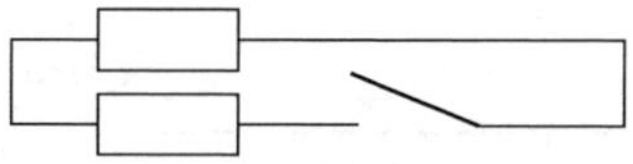
$R_S=3R^2-2R^3$	2/3 表决模型
$R_S=e^{-\lambda t}\left[1+\lambda t+\frac{1}{2}(\lambda t)^2\right]$	三单元中必有一单元正常工作的系统
$R_S=6R^2-8R^3+3R^4$	四单元中必有两单元正常工作的系统
$R_S=10R^3-15R^4+6R^5$	五单元中必有三单元正常工作的系统

5.2.5 复杂系统模型

在工程实际中，有些系统并不是由简单的串联、并联系统组合而成的，如桥式系统可靠性框图。下面将讨论任意可靠性结构的系统可靠度计算方法。

1. 真值表法(状态枚举法)

真值表法又称布尔真值表法，其原理是将系统中各个单元的“故障”和“能工作”的所有可能搭配的情况一一排列出来。排列出来的每一种情况称为一种状态，把每一种状态都一一排列出来，因此又叫作状态枚举法。每一种状态都对应着系统的“故障”和“能工作”两种情况，最后把所有系统故障的状态和能工作的状态分开，然后对系统进行可靠度计算。

若系统中有 n 个单元，每个单元都有两个状态(故障和能工作)。那么，n 个单元所构成的系统共有 2^n 个状态，且每个状态都是互不相容的。

现以桥式系统为例，说明真值表法计算系统可靠度的步骤及方法。桥式系统可靠性框图如图 5-11 所示。

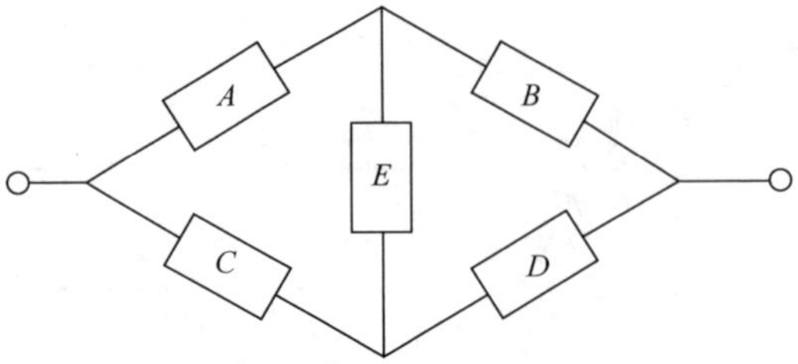

图 5-11　桥式系统可靠性框图

设系统共有五个单元，每个单元故障状态用“0”表示，工作状态用“1”表示，系统总共有 $2^5=32$ 种状态，把这 32 种状态以表格的形式列出，如表 5-3 所示。

表 5-3　状态枚举计算表

状态编号	单元工作状态					系统状态	概率
	A	*B*	*C*	*D*	*E*		
1	0	0	0	0	0	*F*(5)	
2	0	0	0	0	1	*F*(4)	
3	0	0	0	1	0	*F*(4)	
4	0	0	0	1	1	*F*(3)	
5	0	0	1	0	0	*F*(4)	
6	0	0	1	0	1	*F*(3)	
7	0	0	1	1	0	*S*(2)	0. 00336
8	0	0	1	1	1	*S*(3)	0. 03024
9	0	1	0	0	0	*F*(4)	
10	0	1	0	0	1	*F*(3)	
11	0	1	0	1	0	*F*(3)	
12	0	1	0	1	1	*F*(2)	
13	0	1	1	0	0	*F*(3)	
14	0	1	1	0	1	*S*(3)	0. 03024
15	0	1	1	1	0	*S*(3)	0. 00784
16	0	1	1	1	1	*S*(4)	0. 07056
17	1	0	0	0	0	*F*(4)	

续表

状态编号	单元工作状态					系统状态	概率
	A	B	C	D	E		
18	1	0	0	0	1	$F(3)$	
19	1	0	0	1	0	$F(3)$	
20	1	0	0	1	1	$S(3)$	0. 03024
21	1	0	1	0	0	$F(3)$	
22	1	0	1	0	1	$F(3)$	
23	1	0	1	1	0	$S(3)$	0. 01344
24	1	0	1	1	1	$S(4)$	0. 12096
25	1	1	0	0	0	$S(2)$	0. 00336
26	1	1	0	0	1	$S(3)$	0. 03024
27	1	1	0	1	0	$S(3)$	0. 00784
28	1	1	0	1	1	$S(4)$	0. 07056
29	1	1	1	0	0	$S(3)$	0. 01344
30	1	1	1	0	1	$S(4)$	0. 12096
31	1	1	1	1	0	$S(4)$	0. 03136
32	1	1	1	1	1	$S(5)$	0. 28224

其中，系统正常工作记为 $S(i)$，i 表示保证系统正常工作的单元个数。系统故障记为 $F(j)$，j 表示引起系统故障的单元个数。

设单元 A、B、C、D、E 的可靠度分别为：$R_A=0.8$，$R_B=0.7$，$R_C=0.8$，$R_D=0.7$，$R_E=0.9$。计算每一种状态发生的概率，然后填入表内。单元为 0 状态时，以 $1-R_i$ 代入。单元为 1 状态时，以 R_i 代入。

例如，表内 7 号状态发生的概率为

$$00110\text{：}P(\overline{A}\,\overline{B}\,CD\overline{E})=0.2\times0.3\times0.8\times0.7\times0.1=0.00336$$

表内 20 号状态发生的概率为

$$10011\text{：}P(A\overline{B}\,\overline{C}\,DE)=0.8\times0.3\times0.2\times0.7\times0.9=0.03024$$

将表中“系统状态”栏内所有 $S(i)$ 项的概率值相加即可得到系统的可靠度

$$R_S=0.00336+0.03024+\cdots+0.28224=0.86688$$

如果表中“系统状态”栏内 $F(j)$ 状态的个数少于 $S(i)$ 状态的个数，则可以先计算系统的不可靠度 F_S，然后由 $R_S=1-F_S$ 计算系统的可靠度。

真值表法计算系统的可靠度原理简单、容易掌握，但是当 n 较大时，计算量过大，此时要借助电子计算机进行计算。另外，真值表法只能求出系统在某时刻的可靠度，而不能求解作为时间函数的可靠度函数。

2. 全概率公式法

全概率公式法(分解法)的原理是首先选出系统中的主要单元，然后把这个单元分成正常工作与故障两种状态，再用全概率公式计算系统的可靠度。

设被选出的单元为 x，其可靠度为 R_x，其不可靠度 $F_x=1-R_x$。

系统可靠度按式(5-35)计算：

$$R_S=R_x\cdot R(S|R_x)+R(S|F_x)\cdot F_x \tag{5-35}$$

式中，$R(S|R_x)$表示在单元 x 可靠的条件下，系统能正常工作的概率；$R(S|F_x)$表示在单元 x 不可靠的条件下，系统能正常工作的概率。

这种方法的关键一环在于选择和确定 x 单元，如果能做到巧妙地选择 x 单元，这种方法比布尔真值表法更为简单、有效。我们仍以桥式系统为例说明这种方法，桥式系统等效可靠性框图如图 5-12 所示。

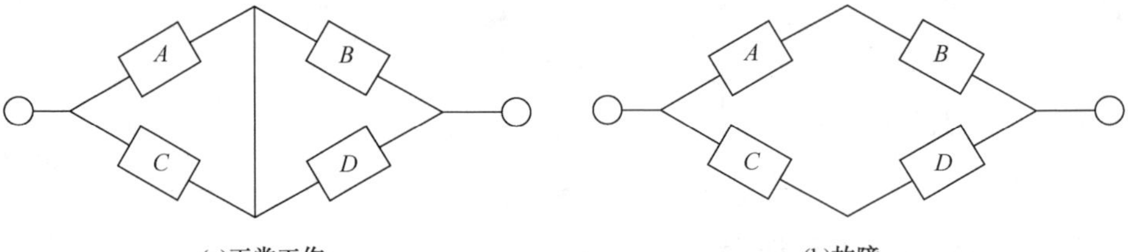

图 5-12　桥式系统等效可靠性框图

在桥式系统中，我们选择单元 E 作为 x，那么 $R_x=R_E=0.9$，$F_x=F_E=0.1$。E 正常工作时与 E 失效时的可靠性框图如图 5-12 所示。图 5-12(a)为 E 正常工作状态时的系统等效可靠性框图；图 5-12(b)为 E 故障状态时的系统等效可靠性框图。等效可靠性框图把桥式系统变成了简单的串联、并联模型，简化了计算。

$R(S|R_x)$为 x 可靠条件下系统的正常工作概率，由图 5-12(a)可以看出，这是由单元 A、C 并联，单元 B、D 并联，然后再串联起来的系统。故

$$R(S|R_x)=(1-F_A\cdot F_C)(1-F_B\cdot F_D) \tag{5-36}$$

$R(S|F_x)$为 x 故障条件下系统的正常工作概率，由图 5-12(b)可以看出，这是由单元 A、B 串联，单元 C、D 串联，然后再并联起来的系统，故

$$R(S|F_x)=R_A\cdot R_B+R_C\cdot R_D-R_A\cdot R_B\cdot R_C\cdot R_D \tag{5-37}$$

把上述结果代入式(5-35)，得

$$R_S=R_E(1-F_A\cdot F_C)(1-F_B\cdot F_D)+F_E(R_A\cdot R_B+R_C\cdot R_D-R_A\cdot R_B\cdot R_C\cdot R_D)$$

$$F_A=0.2,\ F_B=0.3,\ F_C=0.2,\ F_D=0.3$$

$$R_S=0.9\times0.96\times0.91+0.1\times(0.56+0.56-0.3136)=0.86688$$

全概率公式法求出的结果与布尔真值表法求出的结果是一致的。全概率公式法看起来很简单，但有两点需要注意。首先 x 单元要选择适当，它必须是系统中最主要的并且是与其他单元联系最多的单元，只有这样才能简化计算。其次对于很复杂的混联模型，这种方法也不方便，因为除了被选择的单元外，剩下的系统仍然是很复杂的，仍不能简单地计算出它的可靠度。这样，使用全概率公式法就比较困难了。

3. 检出支路法(路径枚举法)

检出支路法又称路径枚举法，类似于状态枚举法，其思想是根据系统的可靠性框图，将所有能使系统正常工作的路径(支路)一一列举出来，再利用概率加法定理和乘法定理计算系统的可靠度。

若系统能正常工作的支路有 n 条，并用 L_i 表示第 i 条支路能正常工作这一事件，其中 $i=1,2,\cdots,n$，则系统的可靠度按式(5-38)计算：

$$R_S=P(\bigcup_{i=1}^{n}L_i)=\sum_{i=1}^{n}P(L_i)-\sum_{i\neq j}^{n}P(L_i\cap L_j)+\sum_{i\neq j\neq k}^{n}P(L_i\cap L_j\cap L_k)+\cdots+(-1)^{n-1}P(\bigcap_{i=1}^{n}L_i) \tag{5-38}$$

以桥式系统为例，说明检出支路法计算系统可靠度的方法。从图 5-11 中可以看出，使系统能正常工作的支路共有四条：

$$L_1=A\cdot B$$

$$L_2=A\cdot E\cdot D$$

$$L_3=C\cdot D$$

$$L_4=C\cdot E\cdot B$$

为了便于计算，特别是为了便于上机计算，规定：当某单元在某支路上时用“1”表示，不在支路上时用“0”表示。这样，每条支路都可用“1”“0”表示出来。而为了计算 $P(L_i\cap L_j)$ 等，还需要考虑事件 $L_i\cap L_j$ 等由哪些单元组成。用上面同样方法，当某单元在 $L_i\cap L_j$ 上时用“1”表示、不在 $L_i\cap L_j$ 上时用“0”表示。将上述各支路列成表格，并在表中列出各支路发生的概率，如表 5-4 所示。

表 5-4 支路计算表

支路	A	B	C	D	E	符号	概率
	0.8	0.7	0.8	0.7	0.9		
L_1	1	1	0	0	0	+	0.56
L_2	1	0	0	1	1	+	0.504
L_3	0	0	1	1	0	+	0.56
L_4	0	1	1	0	1	+	0.504
$L_1 \cap L_2$	1	1	0	1	1	-	0.3528
$L_1 \cap L_3$	1	1	1	1	0	-	0.3136
$L_1 \cap L_4$	1	1	1	0	1	-	0.4032
$L_2 \cap L_3$	1	0	1	1	1	-	0.4032
$L_2 \cap L_4$	1	1	1	1	1	-	0.28224
$L_3 \cap L_4$	0	1	1	1	1	-	0.3528
$L_1 \cap L_2 \cap L_3$	1	1	1	1	1	+	0.28224
$L_1 \cap L_2 \cap L_4$	1	1	1	1	1	+	0.28224
$L_1 \cap L_3 \cap L_4$	1	1	1	1	1	+	0.28224
$L_2 \cap L_3 \cap L_4$	1	1	1	1	1	+	0.28224
$L_1 \cap L_2 \cap L_3 \cap L_4$	1	1	1	1	1	-	0.28224

根据式(5-38)将支路计算表所得概率值代入公式，即可求得桥式系统可靠度 $R_S=0.86688$。

5.3 机械系统可靠性预计

5.3.1 可靠性预计的目的

可靠性预计是指在产品的设计与研制阶段，根据产品的功能结构、工作环境以及组成产品单元的相互关系和可靠性数据，推测产品可能达到的可靠性指标。可靠性预计是一个由局部到整体、由小到大、由下到上的过程，是一种综合的过程。

对机械类产品而言，可靠性预计具有一些不同于电子类产品的特点：许多机械产品是为特定用途单独设计的，通用性不强，标准化程度不高；机械产品的故障率通常不是常值，其设备的故障往往是由耗损、疲劳和其他与应力有关的故障机理造成的；机械产品的可靠性与电子产品的可靠性相比，对载荷、使用方式和利用率更加敏感。

基于上述特点，对看起来很相似的机械部件，其故障率往往是非常分散的。因此，用数据库中已有的统计数据进行预测，其精度是无法保证的。目前，预计机械产品可靠性尚没有相当于电子产品那样通用、可接受的方法。近年来，美国、英国、加拿大、澳大利亚等国家积极地开展此项工作研究，并取得了一定的成果，出版了一些手册和数据集。例如，《机械设备可靠性预计程序手册》(草案)和《非电子零部件可靠性数据》(NPRD-3)等，对现阶段机械产品可靠性预计工作具有很大的参考价值。

可靠性预计的目的在于发现薄弱环节、提出改进措施、进行方案比较，以选择最佳方案。可靠性预计的数据也可用来作为可靠性分配的依据，具体目的有以下几个方面：

(1) 了解方案设计是否与技术要求的可靠性指标相符合，这种相符合的可能性有多大。

(2) 所设计的产品在进行试验和实际运行的数据中，如发现可靠度达不到原预计的可靠度或可靠度下降时，便可根据故障率异常的情况来查找产品中的某一特定部位是否发生了故障。

(3) 在设计的最初阶段，找出薄弱环节，并采取改进措施。

(4) 可靠性预计是可靠性分配的依据，在制定可靠性指标时，有助于找到可能实现的合理值。

(5) 有助于零件的正确选择。

(6) 有助于可靠性指标和性能参数综合考虑。

(7) 对于某些无法进行整机可靠性试验的产品，可采用把各部件的试验数据综合起来以计算整机可靠度的办法，这就是根据零件的可靠度来预计全系统的可靠度。

(8) 为可靠性增长试验、验证试验及费用核算等方面的研究提供依据。

5.3.2 可靠性预计的程序

对研制产品进行可靠性预计，一般按如下步骤进行。

1. 对被预计的系统作出明确定义

即明确规定系统的功能和功能容许极限，当系统已被明确定义，则其工作条件、工作性能和容许偏差都为已知，那么系统的故障也就有了定义，当系统的一项或几项性能超出了容许偏差，就认为系统出了故障。

2. 确定分系统

把系统分解成若干个分系统，各分系统应能明确区分而不应有重复，同时要考虑它的储备结构和工作的独立性。

3. 找出影响系统可靠度的主要零件

在各分系统中，总有某些零件对系统的可靠度几乎不产生影响，这样的零件在总体可靠性预计中可以忽略不计。另外，也有某些零件在系统中使用数量多、故障率高、对系统可靠度影响大，找出这些零件并加以控制以便提高系统可靠度。

4. 确定各分系统中所用的零件的故障率

对零件分类进行分析，根据零件名称可以查零件故障数据手册，从而得到基本故障率数据。然后再根据使用环境条件等计算出零件的故障率。

5. 计算分系统的故障率

根据零件的故障率，计算各分系统的故障率。

6. 定出用以修正各分系统故障率基本数值的修正系数

如果同一分系统内的零件都承受相同的应力，在计算零件故障率时又没有考虑这些应力，则为了修正分系统的故障率，可确定一个单一的修正系数。在对整个分系统施加应力时，实际上大多不是对每个零件乘以修正系数，而是将分系统的故障率乘上一个修正系数。

7. 计算系统故障率的基本数值

根据每一个分系统的故障率，就可以计算整个系统的故障率，其中包括储备系统的故障率。

8. 定出用以对系统故障率的基本数值进行修正的修正系数

有些特殊的应力，在计算零件和分系统时并不加以考虑，但会对系统起作用，这种应力将会使系统故障率发生变化，因此必须加以修正。

9. 计算系统的故障率

将系统的故障率的基本数值乘以适合于系统的修正系数，从而求出系统的故障率。

10. 预计系统的可靠度

当系统的可靠度函数为指数分布时，可根据 $R(t)=e^{-\lambda t}$ 求出系统的可靠度。

5.3.3 单元可靠性预计

系统是由许多单元组成的，因此系统可靠性预计是以单元的可靠度为基础的。在可靠性预计中，首先会遇到单元的可靠性预计问题。

预计单元的可靠度，首先要确定单元的基本故障率 λ_G，它们是在一定的环境条件(包括一定的实验条件、使用条件)下得到的，设计时可从手册、资料中查得。世界各发达国家均设有可靠性数据收集部门，专门收集、整理、提供各种可靠性数据。在有条件的情况下，也应进行有关试验，得到某些零件的故障率。表5-5给出了一些机械零件的基本故障率 λ_G 值。

表5-5　一些机械零件的基本故障率 λ_G 值

零件	$\lambda_G/10^{-5}h^{-1}$	零件	$\lambda_G/10^{-5}h^{-1}$
向心球轴承：		密封元件：	
低速轻载	0.03~0.17	O形密封圈	0.002~0.006
高速轻载	0.05~0.35	酚醛塑料	0.005~0.25
高速中载	0.2~2.0	橡胶密封圈	0.002~0.10
高速重载	1~8	联轴器：	
滚子轴承	0.2~2.5	挠性	0.1~1.0
齿轮：		刚性	10~60
轻载	0.01~0.10	齿轮箱体：	
普通载荷	0.01~0.30	仪表用	0.0005~0.004
重载	0.1~0.5	普通用	0.0025~0.02
普通轴	0.01~0.05	齿轮：	
轮毂销钉或键	0.0005~0.05	轻载	0.0002~0.1
螺钉、螺栓	0.0005~0.012	有载推动	1~2
拉簧、压簧	0.5~0.7		

单元的基本故障率 λ_G 确定以后，就应根据其使用条件确定其应用故障率，即单元在现场使用中的故障率，它可以直接使用现场实测的故障率数据，也可以根据不同的使用环境选取相应的修正系数 K_F，并按式(5-39)计算该环境下的故障率：

$$\lambda = K_F \lambda_G \tag{5-39}$$

表5-6给出的故障率修正系数 K_F 只是一些选择范围，具体环境条件下的具

体数据，应查有关的专门资料。

表 5-6　故障率修正系数 K_F

环境条件					
实验室设备	固定地面设备	活动地面设备	船载设备	飞机设备	导弹设备
1~2	5~20	10~30	15~40	25~100	200~1000

由于单元多为零件，而在机械产品中的零件都是经过磨合阶段才正常工作的，因此其故障率基本保持一定，处于偶然故障期，其可靠度函数服从指数分布，即

$$R(t)=e^{-\lambda t}=\exp(K_F\lambda_G t) \tag{5-40}$$

在完成了组成系统的单元(零件)可靠性预计后，即可进行系统可靠性预计。

5.3.4　系统可靠性预计的一般方法

系统可靠性是各组成单元可靠性概率的综合，常用的可靠性预计方法有相似设备法、评分预计法、界限法、蒙特卡罗法、修正系数法等。

1. 相似设备法

相似设备法是利用成熟的相似设备所得到的经验数据来估计新设备的可靠性，成熟设备的可靠性数据来自现场使用评价和实验室的试验结果。在试验初期广泛应用，在研制的任何阶段也都适用，尤其是非电产品，查不到故障数据，全靠自身数据的积累，成熟产品的详细故障数据记录越全，比较的基础越好，预计的准确度也越高，当然也取决于产品的相似程度。

相似设备法是一种比较快速粗略的预测方法，但它的优点是，一开始设计就把提高系统可靠性的技术措施贯彻到工程设计中去，以免事后被迫更改设计。相似设备法一般预计程序包括如下几个部分。

1）确定相似产品

考虑产品的相似因素，选择并确定与新产品最为相似，且有可靠性数据的产品。

2）分析相似因素对可靠性的影响

分析所考虑的各因素对产品可靠性的影响程度，分析新产品与老产品的设计差异及这些差异对可靠性的影响。

3）新产品可靠性预计

根据 2）中的分析，确定新产品与老产品的可靠度比值，然后由有经验的专

家对这些比值进行评定，最后根据比值预计出新产品的可靠度。

例 5-3 某型号导弹射程为3500km，已知飞行可靠性指标为$R=0.8857$，各分系统可靠度为：

战斗部 0.99；

安全自毁系统 0.98；

弹体结构 0.99；

控制系统 0.98；

发动机 0.9409。

为了将该型号导弹射程提高到5000km，对发动机采取了三项改进措施：

（1）采用能量更高的装药；

（2）发动机长度增加1m；

（3）发动机壳体壁厚由5mm减为4.5mm。

试预计改进后的导弹飞行可靠性。

解： 新的导弹与原来的导弹十分相似，其区别就在发动机上。根据经验，新型装药是成熟工艺，加长后的药柱质量有保证，都不会对发动机的可靠性带来大的影响，只有壁厚减薄会使壳体强度下降，会使燃烧室的可靠性下降，因而影响发动机的可靠性。因此，可粗略地认为发动机的可靠性是与壳体强度成正比的。经计算，原发动机壳体的结构强度为9.806×10^6Pa，现在发动机壳体的结构强度为9.412×10^6Pa，则发动机的可靠度为

$$R=0.9409\times(9.412\times10^6/9.806\times10^6)=0.9031$$

相似设备法对于具有继承性的产品或其他相似的产品是比较适用的，但对于全新的产品或功能、结构改变比较大的产品就不太适用，因为应用相似设备法的前提是相似产品具有可靠性数据。

2. 评分预计法

组成系统的各单元可靠性由于产品的复杂程度、技术水平、工作时间和环境条件等主要影响可靠性的因素不同而有所差异。评分预计法是在可靠性数据非常缺乏的情况下（可以得到个别产品可靠性数据），通过有经验的设计人员或专家对影响可靠性的几种因素进行评分，对评分结果进行综合分析以获得各单元产品之间的可靠性相对比值，再以某一个已知可靠性数据的产品为基准，预计其产品的可靠性。

1）评分因素

评分预计法通常考虑的因素有：复杂程度、技术水平、工作时间和环境条

件。在工程实际中，可以根据产品的特点而增加或减少评分因素。

2）评分原则

以产品故障率为预计参数来说明评分原则，评分原则如下：

各因素评分值范围为 1~10，评分越高，说明可靠性越差。

（1）复杂程度：根据组成单元的零件数量及组装的难易程度来评定。最简单的评 1 分，最复杂的评 10 分。

（2）技术水平：根据单元目前的技术水平的成熟度来评定。水平最低的评 10 分，水平最高的评 1 分。

（3）工作时间：根据单元工作的时间来评定（前提是以系统的工作时间为时间基准）。系统工作时，单元也一直工作的评 10 分，工作时间最短的评 1 分。如果系统中所有单元的故障率是以系统工作时间为基准的，即所有单元故障率统计是以系统工作时间为同级时间计算的，那么各单元的工作时间虽不相同，但统计时间却相等（实际工作中，外场统计很多是以系统工作时间统计的），因此必须考虑此因素。如果系统中所有单元的故障率是以单元自身工作时间为基准的，即所有单元故障率统计是以单元自身工作时间为统计时间计算的，则各单元的工作时间不相同时，故障率统计时间也不同，可不考虑此因素。

（4）环境条件：根据单元所处的环境来评定。单元工作过程中会经受极其恶劣和严酷的环境条件评 10 分，环境条件最好的评 1 分。

3）评分法可靠性预计

已知某单元的故障率为 λ^*，则其他单元的故障率 λ_i 为

$$\lambda_i = \lambda^* \times C_i \tag{5-41}$$

式中，C_i 为第 i 个单元的评分系数，$i=1, 2, \cdots, n$；n 为单元数。

$$C_i = \omega_i / \omega^* \tag{5-42}$$

式中，ω_i 为第 i 个单元的评分数；ω^* 为故障率为 λ^* 的单元的评分数。

$$\omega_i = \prod_{j=1}^{4} r_{ij} \tag{5-43}$$

式中，r_{ij}为第 i 个单元、第 j 个因素的评分数；$j=1$ 为复杂程度；$j=2$ 为技术水平；$j=3$为工作时间；$j=4$ 为环境条件。

例 5-4 某飞行器由动力装置、武器、制导装置、飞行控制装置、机体、辅助动力装置六个分系统组成，故障率计算如表 5-7 所示。已知制导装置故障率为 $284.5\times10^{-6}\text{h}^{-1}$，即 $\lambda^*=284.5\times10^{-6}\text{h}^{-1}$，试用评分法求其他分系统的故障率。

表 5-7 某飞行器的故障率计算

序号	单元名称	复杂程度 r_{i1}	技术水平 r_{i2}	工作时间 r_{i3}	环境条件 r_{i4}	各单元评分数 ω_i	各单元评分系数 $C_i=\omega_i/\omega^*$	单元的故障率 $\lambda_i=\lambda^*\cdot C_i$ $/10^{-6}\text{h}^{-1}$
1	动力装置	5	6	5	5	750	0.3	85.4
2	武器	7	6	10	2	840	0.335	95.6
3	制导装置	10	10	5	5	(ω^*)2500	1.0	(λ^*)284.5
4	飞行控制装置	8	8	5	7	2240	0.896	254.9
5	机体	4	2	10	8	640	0.256	72.8
6	辅助动力装置	6	5	5	5	750	0.3	85.4

评分预计法主要适用于产品的初步设计与详细设计阶段，可用于各类产品的可靠性预计。它是在产品可靠性数据十分缺乏的情况下进行可靠性预计的有效手段，但其预计的结果受人为影响较大。因此，在应用时尽可能多请几位专家评分，以保证评分的客观性，提高预计的准确性。

3. 界限法

界限法又称为上、下限法，其基本思想是将一个不能用数学模型法求解的复杂系统，先简单地看成某些单元的串联系统，求该串联系统的可靠度预计值的上限值和下限值，然后再逐步考虑系统的复杂情况，并逐次求出可靠度越来越精确的上限值和下限值，当达到一定精度要求后，再将上限值和下限值作数学处理，合成一个单一的可靠度预计值，它应是满足实际精确度要求的可靠度值。

如图 5-13 所示为一个具有六个单元的串、并联系统。如用数学模型的方法来计算时，可立即得出

$$R_S=R_A\cdot R_B(R_CR_D+R_ER_F-R_CR_DR_ER_F) \tag{5-44}$$

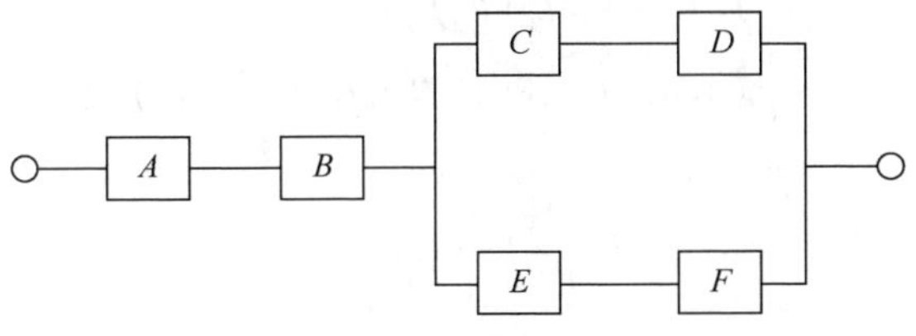

图 5-13 六单元的串、并联系统可靠性框图

如用不可靠度 F 来表示，$F=1-R$，则式(5-44)可化成下列两种形式：

$$R_S=R_A\cdot R_B\cdot R_C\cdot R_D\cdot R_E\cdot R_F\left(1+\frac{F_C}{R_C}+\frac{F_D}{R_D}+\frac{F_E}{R_E}+\frac{F_F}{R_F}+\frac{F_CF_D}{R_CR_D}+\frac{F_EF_F}{R_ER_F}\right)$$

或

$$R_S=R_A\cdot R_B(1-F_CF_E-F_EF_D-F_CF_F-F_DF_F+F_CF_DF_F+ F_CF_EF_F+F_CF_DF_E+F_DF_EF_F-F_CF_DF_EF_F)$$

界限法是一个经验法则，没有严格的数学推导，但实质上是一种简化了的数学模型计算法。由于只是略去了高阶项，这样虽然在精度上受了些影响，但还是保证有一定的精确度，而且大幅简化了计算，节省了大量时间。在系统太复杂、无法建立精确的数学模型时，它的优点特别突出。因此，这种方法都用在比较复杂的系统中，而对于串联系统和简单的储备系统则可用数学模型法来计算。由于界限法需要预先知道各个单元的可靠度，因此一般用于详细设计阶段。

界限法的原理是根据 $R=1-F$，把 1 减去系统的失效概率作为可靠度预计的上限值 R_U，而把系统的成功概率相加作为可靠度的下限值 R_L。在计算上限值的过程中，略去了某些失效概率，这时所得出的可靠度就比实际的要高，所以定为上限值。同样，在下限值计算中，略去了某些成功的概率，这时所预计出来的可靠度就比实际的要低。

由对应的可靠度上、下限值可得

$$R_S=1-\sqrt{(1-R_U)(1-R_L)} \tag{5-45}$$

略去的情况越少，这两个限值就越接近。现根据六单元串、并联的例子进行上、下限计算法分析。

1）上限值计算

可靠度上限值的计算，第一步：

$$R_{U_1}=1-F_1$$

F_1 为只考虑串联单元发生故障时的故障概率，即忽略了并联单元的故障概率

$$\begin{aligned}F_1&=F_AR_B+F_BR_A+F_AF_B\\&=(1-R_A)R_B+(1-R_B)R_A+(1-R_A)(1-R_B)\\&=1-R_AR_B\end{aligned}$$

$$R_{U_1}=1-F_1=R_AR_B$$

其一般式为

$$R_{U_1}=\prod_{i=1}^{m}R_i \tag{5-46}$$

式中，m 为串联单元的数目。

可靠度上限值的计算，第二步：

设 R_{U_2} 为考虑串联单元正常时，并联单元中有两个(一对)元件发生故障的系统可靠度，F_2 为并联单元中有两个(一对)元件发生故障的概率，则

$$F_2=R_AR_B(F_CF_E+F_CF_F+F_DF_E+F_DF_F)$$

$$R_{U_2}=1-F_1-F_2$$

$$=R_AR_B[1-(F_CF_E+F_CF_F+F_DF_E+F_DF_F)]$$

若与例中的数学模型法式(5-46)比较，可见略去了故障概率中的高阶项，即

$$F_CF_DF_F、F_CF_EF_F、F_CF_DF_E、F_DF_EF_F、F_CF_DF_EF_F$$

其一般式为

$$R_{U_i}=\prod_{i=1}^{m}R_i\left[1-\sum_{k,\ k'=1}^{x}(F_k\cdot F_k{}')\right] \tag{5-47}$$

式中，x 为并联单元中两个元件发生故障引起系统故障的状态数。

2）下限值计算

如以 R_L 表示下限值，下限值为成功概率之和。R_{L_0} 表示下限值的第一步计算，即没有元件发生故障时，系统正常工作的概率

$$R_{L_0}=R_A\cdot R_B\cdot R_C\cdot R_D\cdot R_E\cdot R_F \tag{5-48}$$

其一般式为

$$R_{L_0}=\prod_{i=1}^{n}R_i \tag{5-49}$$

式中，n 为系统中的单元数。

如以 R_{L_P} 表示下限值的单元计算，即表示并联单元中只有一个单元发生故障时，系统正常工作的概率

$$R_{L_P}=R_AR_BF_CR_DR_ER_F+R_AR_BR_CF_DR_ER_F+R_AR_BR_CR_DF_ER_F+R_AR_BR_CR_DR_EF_F$$

$$=R_AR_BR_CR_DR_ER_F\left(\frac{F_C}{R_C}+\frac{F_D}{R_D}+\frac{F_E}{R_E}+\frac{F_F}{R_F}\right)$$

其一般式为

$$R_{L_P}=\prod_{i=1}^{n}R_i\left(\sum_{j=1}^{q}\frac{F_j}{R_j}\right) \tag{5-50}$$

式中，n 为系统的单元数；q 为并联单元中有一个单元发生故障后，系统能正常工作的状态数目。

$$R_{L_1}=R_{L_0}+R_{L_P}$$

其一般式为

$$R_{L_1}=\prod_{i=1}^{n}R_i\left(1+\sum_{j=1}^{q}\frac{F_j}{R_j}\right) \tag{5-51}$$

式中，R_{L_1}为系统中没有单元发生故障和有一个并联单元发生故障，系统正常工作的概率。

如以 R_{L_t} 表示下限值的第三步计算。R_{L_t} 为并联单元中有两个单元发生故障时，系统正常工作的概率，则

$$\begin{aligned}R_{L_t}&=R_AR_BF_CF_DR_ER_F+R_AR_BR_CR_DF_EF_F\\&=R_AR_BR_CR_DR_ER_F\left(\frac{F_C}{R_C}\cdot\frac{F_D}{R_D}+\frac{F_E}{R_E}\cdot\frac{F_F}{R_F}\right)\end{aligned}$$

其一般式为

$$R_{L_i}=\prod_{i=1}^{n}R_i\left(\sum_{K=1,\ L=1}^{p}\frac{F_K}{R_K}\cdot\frac{F_L}{R_L}\right) \tag{5-52}$$

式中，p 为并联单元中有两个单元发生故障，系统能正常工作的状态数。

$$R_{L_2}=R_{L_1}+R_{L_i}$$

式中，R_{L_2}为系统中没有单元发生故障和有一个并联单元发生故障以及有两个并联单元发生故障，系统正常工作的概率。一般式为

$$R_{L_2}=\prod_{i=1}^{n}R_i\left(1+\sum_{j=1}^{q}\frac{F_j}{R_j}+\sum_{K=1,\ L=1}^{p}\frac{F_K}{R_K}\cdot\frac{F_L}{R_L}\right) \tag{5-53}$$

上、下限值的图形表示如图 5-14 所示。

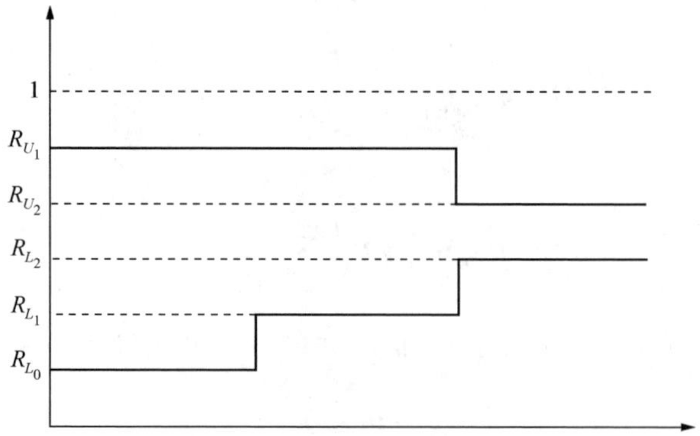

图 5-14　上、下限值的图形表示

3）上、下限综合计算

有了上、下限可靠度的预计值，即可求出整个系统可靠度 R_S 的综合值，根据经验，用几何平均值所求出的系统可靠度，比较接近于真正值。做法是用 1 减去上、下限不可靠度乘积的平方根，即

$$R_S = 1-\sqrt{(1-R_{U_m})(1-R_{L_m})} \tag{5-54}$$

式中，m 是角标值，上、下限的角标必须相同，如上限只考虑一个单元发生故障的情况，则下限也必须考虑没有单元发生故障和有一个单元发生故障的情况。如上限考虑两个单元同时发生故障的情况，则下限也必须考虑两个单元同时发生故障的情况，否则系统可靠度的计算就不精确。

4. 蒙特卡罗法

蒙特卡罗(Monte Carlo)法是一种数值模拟法，它是以概率论和数理统计为基础，用概率模型作近似计算的一种方法。它是 21 世纪 40 年代由冯·纽曼(Von Newman)等提出和命名的。蒙特卡罗法以随机抽样法为手段，根据系统的可靠性框图进行可靠性预计。当各个单元的可靠性特征量已知，但系统的可靠性模型过于复杂，难以推导出一个可以求解的通用式时，蒙特卡罗法可根据单元完成任务的概率及可靠性框图，近似算出系统的可靠度。由于大量的反复试验工作过于烦琐，它总是用计算机来完成的。蒙特卡罗法的理论基础是概率论的大数定律。根据大数定律，频率的稳定值可作为随机事件的概率。

蒙特卡罗法不仅能根据单元可靠度的预计值来预计系统可靠度，还可以确定系统特性分布，以及用单元和组件或设备的实测数据估计系统的可靠度，解决与系统评价有关的其他问题。

蒙特卡罗法规定，每个单元的预测可靠度在可靠性框图中可以用一组随机数来表示。例如，当一个单元可靠度为 0.8 时，便可用从 0～0.7999 的所有随机数表示单元成功，用 0.8000～0.9999 的所有随机数表示单元失效。这样，就能根据单元可靠度及系统可靠性框图来预计系统可靠度。

由于模拟过程是在计算机上进行的，因此有可能在比较短的时间里多次模拟。时间的长短取决于系统的复杂程度、单元的数量、单元的失效分布情况，以及单元可靠度高低。如果单元可靠度高，许多试验只需要试第一个可能回路就模拟成功；反之，则每个试验都需要试许多回路或所有可能的回路才能模拟系统的成功与失效。如果系统正中的单元失效服从指数分布，则抽样值只需要作简单转换即可；若故障服从正态分布，每次抽样需要由 12 个随机数来决定。

5. 修正系数法

修正系数法预计的基本思路是，虽然机械产品的“个性”较强，难以建立产品级的可靠性预计模型，但若将它们分解到零件级，则有许多基础零件是通用的。例如，密封件既可用于阀门，也可用于作动器或汽缸等。通常将机械零件分成密封件、弹簧、电磁铁、阀门、轴承、齿轮和花键、作动器、泵、过滤器、制动器和离合器等多类。这样，对诸多零件进行故障模式及影响分析，找出其主要故障模式及影响这些模式的主要设计、使用参数，再通过数据收集、处理及回归分析，就可以建立各零件故障率与上述参数的数学函数关系(故障率模型或可靠性预计模型)。实践结果表明，具有耗损特征的机械产品，在其耗损期到来之前的一定使用期限内，某些机械产品寿命近似服从指数分布。例如，《机械设备可靠性预计程序手册》中介绍的齿轮故障率模型表达式为

$$\lambda_{GE}=\lambda_{GE\cdot B}\times C_{GS}\times C_{GP}\times C_{GA}\times C_{GL}\times C_{GN}\times C_{GT}\times C_{GV} \tag{5-55}$$

式中，λ_{GE}为在特定使用情况下齿轮故障率(故障数/$10^6\gamma$)；$\lambda_{GE\cdot B}$为制造商确定的基本故障率(故障数/$10^6\gamma$)；C_{GS}为计及速度偏差的修正系数；C_{GP}为计及扭矩偏差(相当于设计)的修正系数；C_{GA}为计及不同轴性的修正系数；C_{GL}为计及润滑偏差(相对于设计)的修正系数；C_{GN}为计及污染环境的修正系数；C_{GT}为计及温度的修正系数；C_{GV}为计及振动和冲击的修正系数。

5.3.5 可靠性预计注意事项

(1) 应尽早地进行可靠性预计，以便当任何层次上的可靠性预计值未达到可靠性分配值时，能及早地在技术上和管理上予以注意，并采取必要的措施。

(2) 在产品研制的各个阶段，可靠性预计应反复迭代进行。在方案论证和初步设计阶段，由于缺乏较准确的信息，所作的可靠性预计只能提供大致的估计值，为设计者和管理人员提供关于达到可靠性要求的有效反馈信息。随着设计工作的发展，以及产品定义进一步确定和可靠性模型的细化，可靠性预计工作也应反复进行。

(3) 可靠性预计结果的相对意义比绝对值更为重要。一般地，预计值与实际值的误差在 1 倍或 2 倍之内可认为是正常的。通过可靠性预计可以找到系统易出故障的薄弱环节，加以改进；在对不同的设计方案进行优选时，可靠性预计结果是方案优选、调整的重要依据。

(4) 可靠性预计值应大于成熟期的规定值。

5.4 机械系统可靠性分配

5.4.1 可靠性分配的原则

在机械产品的设计阶段，首先必须确定整个机械系统的可靠性指标，这一指标一般由订购方提出并在研制合同中规定。为了保证这一指标的实现，必须把系统的指标分配给各个分系统，然后再把各个分系统的可靠性指标分配给下一级的单元，一直分配到零件级。这种把系统的可靠性指标按一定的原则合理地分配给分系统和零件的方法称为可靠性分配。

可靠性分配将工程设计规定的系统可靠性指标合理地分配到系统的各个组成单元，明确各组成单元的可靠度定量要求，从而使整个系统的可靠性指标得到保证。

可靠性分配的目的是将系统可靠性的定量要求分配到规定的产品层次，通过分配使整体和部分的可靠性定量要求协调一致。它是一个由整体到局部、由上到下的分解过程。通过分配把责任落实到相应层次产品的设计人员身上，并用这种定量分配的可靠性要求估计所需人力、时间和资源。

在进行可靠性分配时，应该注意两点：首先要掌握系统和零件的可靠性预计数据，如果预计数据不十分精确时，相对的预计值也是有很大用处的。其次必须考虑当前的技术水平，要按现有的技术水平在费用、生产、功能、研制时间等限制条件下，考虑所能达到的可靠性水平，单纯地提高分系统或元器件的可靠度是不现实的也是没有意义的。

如果说可靠性预计是按零件→分系统→系统的顺序自下而上进行的，那么可靠性分配则是按系统→分系统→零件的顺序自上而下地落实可靠性指标。预计是分配的基础，所以一般总是先进行可靠性预计，再进行可靠性分配。在分配过程中，若发现了薄弱环节，就要改进设计或调换零件和分系统。这样一来又得重新预计，重新分配。所以，两者结合起来就形成了一个自下而上，又自上而下的反复过程，直到主观要求与客观现实达到统一为止。

可靠性分配的方法有很多，但要做到根据实际情况又在当前技术水平允许的条件下，既快又好地分配可靠性指标也不是一件容易的事情。一个产品的设计，往往采用了以前成功产品的部件，如果这些部件的可靠性数据已经收集得比较完整，可靠性分配就容易得多。

可靠性分配的方法都是按一定的原则进行的，但实际上不论哪一种方法都不可能完全反映产品的实际情况。对于不同的机械产品，其工程上的问题各式各样，在做具体可靠性分配时，可留有一定的可靠性指标余量供机动使用，也可以按某一原则先计算出各级可靠性指标，然后根据以下几点原则做一定程度的修正：

（1）对于改进潜力大的分系统或部件，分配的指标可以高一些。

（2）由于系统中关键件发生故障将会导致整个系统的功能受到严重影响，因此关键件的可靠性指标应分配得高一些。

（3）在恶劣环境条件下工作的分系统或部件，可靠性指标要分配得低一些。

（4）新研制的产品，以及采用新工艺、新材料的产品，可靠性指标也应分配得低一些。

（5）易于维修的分系统或部件，可靠性指标可以分配得低一些。

（6）复杂的分系统或部件，可靠性指标可以分配得低一些。

5.4.2 可靠性分配的方法

可靠性指标的分配应考虑产品的技术水平、重要程度、复杂程度及经济性等方面的因素。分配的总原则是，以最小的经济代价满足系统的可靠性要求。可靠性分配的方法有很多，如平均分配法、比例组合法、评分分配法、动态规划分配法等。下面介绍几种常用的分配方法。

1. 比例组合法

如果一个新设计的系统与老的系统非常相似，也就是组成系统的各分系统类型相同，对于这个新系统只是根据新情况提出新的可靠性要求。考虑到一般情况下设计都具有继承性，即根据新的设计要求在原来老产品的基础上进行改进。这样新老产品的基本组成部分非常相似，此时若有老产品的故障统计数据（如某个分系统的故障数占系统的故障数的比例），那么就可应用比例组合法由老系统中各分系统的失效率，按新系统的可靠性要求，给新系统各分系统分配失效率。其数学表达式为

$$\lambda_{Ni}=\lambda_{Pi}\times\lambda_{NS}/\lambda_{PS} \tag{5-56}$$

式中，λ_{Ni}为分配给第 i 个新的分系统的失效率；λ_{NS}为规定的新系统的失效率；λ_{Pi}为老系统中第 i 个分系统的失效率；λ_{PS}为老系统的失效率。

如果我们有老系统中各分系统故障占系统故障数百分比 K_i 的统计资料，而且新、老系统又极相似，那么可以按式（5-56）进行分配。

$$\lambda_{Ni}=\lambda_{NS}\times K_i \tag{5-57}$$

式中，K_i 为第 i 个分系统故障数占系统故障数的百分比。

这种做法的基本出发点是，考虑到原有系统基本上反映了一定时间内产品能实现任务的可靠性，如果在技术方面没有什么重大的突破，那么按照现实水平把新的可靠性指标按原有能力成比例地进行调整是完全合理的。

比例组合法只适用于新、老系统结构相似，而且有老系统统计数据或是在已有各组成单元预计数据基础上进行分配的情况。

例 5-5 某液压系统，其故障率 $\lambda_{PS}=256\times10^{-6}h^{-1}$，各分系统故障率如表 5-8 所示。现要设计一个新的液压系统，其组成的部分与老系统一样，只是要求提高新系统的可靠性，要求新的液压系统故障率 $\lambda_{NS}=200\times10^{-6}h^{-1}$，试将这个指标分配给各分系统。

解：(1)已知

$$\lambda_{NS}=200\times10^{-6}(h^{-1}),\ \lambda_{PS}=256\times10^{-6}(h^{-1})$$

(2) 计算

$$\lambda_{NS}/\lambda_{PS}=200\times10^{-6}/(256\times10^{-6})=0.78125$$

(3) 利用式(5-56)计算新系统分配给各分系统的故障率(见表 5-8 第 4 列)。

油箱的故障率：$\lambda_{N1}=\lambda_{P1}\times\lambda_{NS}/\lambda_{PS}=3.0\times10^{-6}\times0.78125\approx2.3\times10^{-6}(h^{-1})$

拉紧装置的故障率：$\lambda_{N2}=\lambda_{P2}\times\lambda_{NS}/\lambda_{PS}=1.0\times10^{-6}\times0.78125\approx0.78\times10^{-6}(h^{-1})$

……

启动器的故障率：$\lambda_{N10}=\lambda_{P10}\times\lambda_{NS}/\lambda_{PS}=67.0\times10^{-6}\times0.78125\approx52.0\times10^{-6}(h^{-1})$

(4) 验算

$$\lambda_{NST}=\sum_{i=1}^{10}\lambda_{Ni}=199.26\times10^{-6}(h^{-1})<\lambda_{NS}$$

式中，λ_{NST}为各分系统的故障率取表 5-8 中的 λ_{Ni}时，新设计系统的故障率。

表 5-8 某液压系统各分系统的故障率

序号	分系统名称	$\lambda_{Pi}/10^{-6}h^{-1}$	$\lambda_{Ni}/10^{-6}h^{-1}$
1	油箱	3.0	2.3
2	拉紧装置	1.0	0.78
3	油泵	75.0	59.0
4	电动机	46.0	36.0
5	止回阀	30.0	23.0
6	安全阀	26.0	20.0
7	油滤	4.0	3.1
8	联轴节	1.0	0.78

续表

序号	分系统名称	$\lambda_{Pi}/10^{-6}h^{-1}$	$\lambda_{Ni}/10^{-6}h^{-1}$
9	导管	3.0	2.3
10	启动器	67.0	52.0
总计(系统)		256	199.26

2. 评分分配法

评分分配法的特点是根据人们的经验按照几种因素进行评分，根据评分的情况给每个分系统分配可靠性指标。根据产品的实际情况，主要考虑以下四种因素，即复杂度、技术发展水平、环境条件及功能要求。每种因素的分数在 1~10 分之间。

复杂度：根据组成分系统的零件数量以及它们组装的难易程度来评分，最简单的评 1 分，最复杂的评 10 分。

技术发展水平：根据分系统目前的技术水平和成熟程度来评分，水平最低的评 10 分，水平最高的评 1 分。

环境条件：根据分系统所处的环境条件来评分，分系统经受极其恶劣而严酷的环境条件的评 10 分，环境条件最好的评 1 分。

功能要求：根据分系统功能要求和任务时间评分，功能要求多、任务时间长的评 10 分，单一功能、短时工作的评 1 分。

分配给每个分系统的失效率 λ_i 为

$$\lambda_i = C_i \times \lambda_S \tag{5-58}$$

式中，C_i 为第 i 个分系统的评分系数；λ_S 为规定的系统失效率指标。

$$C_i = \omega_i / \omega \tag{5-59}$$

式中，ω_i 为第 i 个分系统的评分系数；ω 为系统的评分数。

$$\omega_i = \prod_{i=1}^{4} r_{ij} \tag{5-60}$$

式中，r_{ij}为第 i 个分系统第 j 个因素的评分数，$j=1$ 代表复杂度，$j=2$ 代表技术发展水平，$j=3$ 代表环境条件，$j=4$ 代表功能要求。

$$\omega = \sum_{i=1}^{n} \omega_i \tag{5-61}$$

式中，i 为分系统数。

3. AGREE 分配法

AGREE 分配法由美国电子设备可靠性顾问委员会(AGREE)提出，是一种比较完善的综合方法。因为考虑了系统的各单元或各分系统(子系统)的复杂度、重要度、工作时间以及它们与系统之间的失效关系，故又称为“按单元的复杂度及重要度的分配法”，适用于各单元工作期间的失效率为常数的串联系统。

单元或分系统的复杂度定义为单元中所含的重要零件、组件(其失效会引起单元失效)的数目 $N_i(i=1, 2, \cdots, n)$ 与系统中重要零件、组件的总数 N 之比，即第 i 个单元的复杂度为

$$\frac{N_i}{N}=\frac{N_i}{\sum N_i} \qquad i=1, 2, \cdots, n \tag{5-62}$$

单元或分系统的重要度定义为该单元失效而引起系统失效的概率。

按照 AGREE 分配法，系统中第 i 个单元分配的失效率 λ_i 和分配的可靠度 $R_i(t)$ 分别为

$$\lambda_i=\frac{N_i[-\ln R_S(T)]}{NE_i t_i} \qquad i=1, 2, \cdots, n \tag{5-63}$$

$$R_i(t_i)=1-\frac{1-[R_S(T)]^{N_i/N}}{E_i} \qquad i=1, 2, \cdots, n \tag{5-64}$$

式中，N_i 为单元 i 的重要零件、组件数；$R_S(T)$ 为系统工作时间 T 时的可靠度；N 为系统的重要零件、组件总数，$N=\sum N_i$；E_i 为单元 i 的重要度；t_i 为 T 时间内单元 i 的工作时间($0<t_i<T$)。

例 5-6 一个四单元的串联系统，要求在连续工作 48h 期间内系统的可靠度为 0.96。而单元 1、单元 2 的重要度为 $E_1=E_2=1$；单元 3 的工作时间为 10h，重要度 $E_3=0.90$；单元 4 的工作时间为 12h，重要度 $E_4=0.85$。问应怎样分配它们的可靠度？已知它们的零件、组件数分别为 10 个、20 个、40 个、50 个。

解：系统的重要零件、组件总数为

$$N=\sum_{i=1}^{4} N_i=10+20+40+50=120(\text{个})$$

按式(5-63)可得各单元的容许失效率为

$$\lambda_1=\frac{10\times(-\ln 0.96)}{120\times 1\times 48}=0.00007(\text{h}^{-1})$$

$$\lambda_2=\frac{20\times(-\ln 0.96)}{120\times 1\times 48}=0.00014(\text{h}^{-1})$$

$$\lambda_3=\frac{40\times(-\ln 0.96)}{120\times 0.9\times 10}=0.00151(\text{h}^{-1})$$

$$\lambda_4=\frac{50\times(-\ln 0.96)}{120\times 0.85\times 12}=0.00167(\text{h}^{-1})$$

按式(5-64)可得分配给各单元的可靠度为

$$R_1(48)=1-\frac{1-0.96^{10/120}}{1}=0.96^{0.0833}=0.99660$$

$$R_2(48)=1-\frac{1-0.96^{20/120}}{1}=0.99322$$

$$R_3(10)=1-\frac{1-0.96^{40/120}}{0.90}=0.98498$$

$$R_4(12)=1-\frac{1-0.96^{50/120}}{0.85}=0.98016$$

系统可靠度为

$$R_S=0.99660\times0.99322\times0.98498\times0.98016=0.95563$$

此值比规定的系统可靠度略低，是由于公式的近似性质以及单元3、单元4的重要度小于1。

由上列各单元的可靠度值亦可看出：单元的零件数愈少以及结构愈简单，则分配的可靠度就愈高；反之，则分配的可靠度就愈低。这种分配结果显然是合理的。

4. 等分配法

等分配法是一种最简单的分配方法，它是将系统的各部分等同看待。

1）串联系统可靠度分配

当系统中 n 个分系统具有近似的复杂程度、重要性以及制造成本时，则可用等分配法分配系统各分系统的可靠度。这种分配法的另一出发点是考虑到串联系统的可靠度往往取决于系统中最弱的分系统，因此对其他分系统分配以高的可靠度无实际意义。

设系统由 n 个分系统串联组成，若给定系统的可靠度指标为 R_S，按等分配法，各分系统的可靠度指标为 R_i，则

$$R_S=\prod_{i=1}^{n}R_i=R_i^{\ n}$$

因此，各分系统应分配的可靠度指标 R_i 为

$$R_i=(R_S)^{1/n}\qquad i=1,\ 2,\ \cdots,\ n \tag{5-65}$$

2）并联系统可靠度分配

当系统的可靠度指标要求很高(如 $R_S>0.99$)，而选用已有的子系统不能满足要求时，则可选用 n 个相同子系统的并联系统，这时子系统的可靠度 R_i 可大幅

低于系统的可靠度 R_S。

$$R_S=1-(1-R_i)^n$$

故各分系统应分配的可靠度指标 R_i 为

$$R_i=1-(1-R_S)^{1/n} \qquad i=1,\ 2,\ \cdots,\ n \tag{5-66}$$

3）混联系统可靠度分配

利用等分配法对混联系统进行分配时，先将各并联分系统化简为“等效的串联分系统”，然后按等分配法给各同级串联分系统分配可靠度指标。根据等效串联分系统分得的可靠度指标，按等分配法分配各同级并联分系统的可靠度指标。

例如，对于图 5-15(a)所示的混联系统做两步简化后，则可先从最后的等效串联系统[图 5-15(c)]开始按等分配法对各分系统分配可靠度。即

$$R_1=R_{S_{234}}=R_S^{\ 1/2}$$

再由图 5-15(b)分得

$$R_2=R_{S_{34}}=1-(1-R_{S_{234}})^{1/2}$$

最后，再求图 5-15(a)中的 R_3 及 R_4

$$R_3=R_4=R_{S_{34}}^{\ 1/2}$$

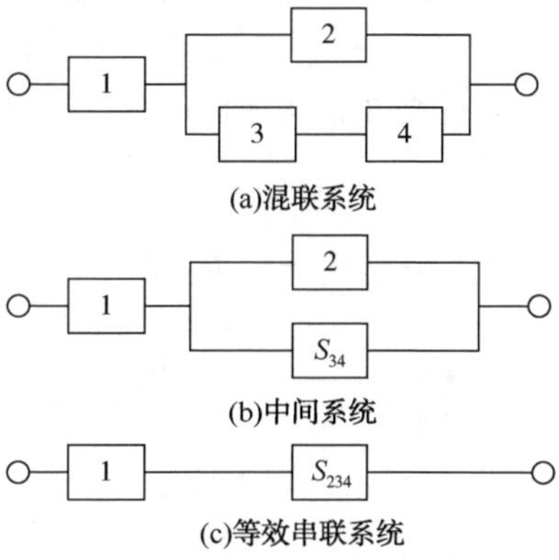

图 5-15　混联系统可靠性分配

5. 最少工作量算法

最少工作量算法的基本思路是，在提高整个系统的可靠度时，可靠度越低的分系统，其可靠度改善起来就越容易，而可靠度高的分系统，再要进一步地提高可靠度，可能困难就更大一些，这种方法可使在满足系统可靠度指标时，所花费的总工作量或费用减到最少。

当串联系统的可靠度指标大于系统可靠度预计值时，必须提高系统可靠度以满足所给的指标。但是，采取平均提高各分系统可靠度指标的办法，对每一个分系统都要做改善可靠性的工作，这是不现实也是不合理的。一般来说，改善低可靠度系统比较容易，因此我们把大于可靠度预计值的指标分配给低可靠度的单元，使低可靠度的那些单元提高到某一可靠度水平。其具体做法是，首先根据各分系统可靠度预计值大小，由低到高依次进行排列并编号，即 $\hat{R}_1 \leqslant \hat{R}_2 \leqslant \hat{R}_3 \leqslant \cdots \leqslant \hat{R}_n$，然后将可靠度较低的系统都提高到 R_0，也就是使 R_1，R_2，R_3，…，R_k 都等于 R_0，而 R_{k+1}，…，R_n 仍然不变，其中 $k=1,\ 2,\ \cdots,\ n-1$，如图 5-16 所示。

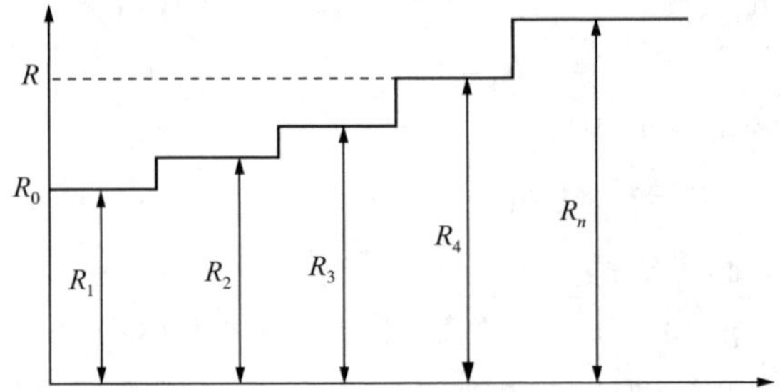

图 5-16　各分系统按可靠度大小依次排列图

系统可靠度预计值为

$$\hat{R}_S=\hat{R}_1\cdot\hat{R}_2\cdot\cdots\cdot\hat{R}_n$$

当要求可靠度指标 $R_S>\hat{R}_S$ 时，我们令 $\hat{R}_1=\hat{R}_2=\cdots=\hat{R}_k=R_0$，则

$$R_S=R_0^k\cdot\hat{R}_{k+1}\cdot\cdots\cdot\hat{R}_n=R_0^k\cdot\prod_{j=k+1}^{n}\hat{R}_j$$

$$R_0=\left(\frac{R_S}{\prod\limits_{j=k+1}^{n}\hat{R}_j}\right)^{\frac{1}{k}} \tag{5-67}$$

此时，各分系统的可靠度为 $R_1'=R_2'=\cdots=R_k'=R_0$，而大于 R_0 的 $\hat{R}_{k+1}$，$\hat{R}_{k+2}$，…，$\hat{R}_n$ 仍然不变。为了求得 k 值，我们根据式(5-67)依次计算：

$k=1$ 时，$R_0=R_1'$；

$k=2$ 时，$R_0=R_1'=R_2'$；

$k=3$ 时，$R_0=R_1'=R_2'=R_3'$；

……

$k=n-1$ 时，$R_0=R_1'=R_2'=\cdots=R_{n-1}'$。

最少工作量算法分配方法多用于串联系统，并联系统也可以用，但求 k 值比较复杂。这种方法比平均提高分系统可靠度分配方法有了很大改进，但它是以低可靠度的分系统具有较高改进潜力为基础的。如果情况不像我们预想的那样，如有的分系统虽然可靠度较低，但在当前的技术水平条件下要提高它的可靠度是很困难的，还是提高其他可靠度较高的分系统要省力得多，这时在分配可靠度时，就要把这些特殊的分系统抽掉，把它们与高可靠度的分系统放在一起，然后再按上述方法提高那些可靠度相对比较低的分系统，以满足系统的可靠度指标。有时，也可根据改进可能性的大小，把分系统(或元件)分成三类，第一类为可立即改进的单元，第二类为改进可能性比较小的单元，第三类为不改进的单元。可靠度的提高，主要由第一单元来完成。

6. 动态规划分配法

动态规划(Dynamic Programming)分配法求解最优解的思路完全不同于求函数极值的微分法和求泛函极值的变分法，它是将多个变量的决策问题分解为只包含一个变量的一系列子问题，通过解这一系列子问题而求得此多变量的最优解。这样，n 个变量的决策问题就被构造成一个顺序求解各个单独变量的 n 级序列决策问题。由于动态规划是利用一种递推关系依次作出最优决策，构成一种最优策略，达到使整个过程取得最优，因此其计算逻辑较为简单，适用于电子计算机计算，它在可靠性工程中已得到了广泛的应用。

可以将上述动态规划的最优策略表达如下：

若系统可靠度 R 是费用 x 的函数，并且可以分解为

$$R(x)=f_1(x_1)+f_2(x_2)+\cdots+f_n(x_n) \tag{5-68}$$

则在费用 x 为

$$x=x_1+x_2+\cdots+x_n \tag{5-69}$$

的条件下使系统可靠度 $R(x)$ 为最大的问题，就称为动态规划。式中的费用 $x_i(i=1,\ 2,\ \cdots,\ n)$ 是任意正数；n 为整数。

因为 $R(x)$ 的最大值取决于 x 和 n，所以可用 $\varphi_n(x)$ 表达，则

$$\varphi_n(x)=\max_{x\in\Omega}R(x_1,\ x_2,\ \cdots,\ x_n) \tag{5-70}$$

式中，Ω 为满足式(5-70)解的集合。

如果在第 n 次活动中由分配到的费用 x 的量 $x_n(0\leqslant x_n\leqslant x)$ 所得到的效益为 $f_n(x_n)$，则由 x 的其余部分 $x-x_n$ 所能得到的效益最大值由式(5-70)可知，应为 $\varphi_{n-1}(x-x_n)$，这样，在第 n 次活动中分到的费用 x_n 及在其余活动中分到的费用 $x-x_n$ 所带来的总效益为

$$f_n(x_n)+\varphi_{n-1}(x-x_n)$$

因为求使这一总效益为最大的 x_n 与使 $\varphi_n(x)$ 为最大有关，所以有

$$\varphi_n(x)=\max_{0\leqslant x_n\leqslant x}\left[f_n(x_n)+\varphi_{n-1}(x-x_n)\right] \tag{5-71}$$

也就是说，虽然要对 $i=1,\ 2,\ \cdots,\ n$ 共 n 个进行分配，但没有必要同时对所有组合进行研究；在 $\varphi_{n-1}(x-x_n)$ 已为最优分配之后考虑总体效益，只需要注意 x_n 的值即可。另外，对 x_n 的选择所得到的可靠度分配，不仅应保证总体的效益最大，也必须使费用 $x-x_n$ 所带来的效益最大。这种方法也通常被称为最优性原理。

现通过下面的例题来进一步阐明动态规划分配法的用法。

例 5-7 由子系统 A、B、C、D 组成的串联系统，各子系统的成本费用和工作 2000h 的预计可靠度值如表 5-9 所示。要使此系统工作 2000h 的可靠度指标 $R_{Sd} \geqslant 0.99$，而成本费用又要尽量少，问各子系统应有多大的储备度？

表 5-9 各子系统的预计可靠度值与成本

子系统 \ 项目	可靠度 R_i	成本/万元	储备度	储备子系统的可靠度 R_i'
A	0.85	6	3	0.99663
B	0.75	4	4	0.99609
C	0.80	5	3	0.99200
D	0.70	3	4	0.99190

解： 这是一个以成本建立目标函数并取得最小值，以系统可靠度指标 $R_{Sd} \geqslant 0.99$ 为约束条件的最优化问题。若不附加储备件，则系统的预计可靠度 R_S 为

$$R_S = \prod_{i=1}^{4} R_i = 0.85 \times 0.75 \times 0.80 \times 0.70 = 0.357$$

它不符合系统可靠度指标的设计要求，因此应提高各子系统的可靠度指标使之在 0.99 以上。为此，应将各子系统改为由几个并联分支组成的储备系统。各子系统的最小储备度即并联分支数及储备子系统的可靠度 R_i'值也分别列入表 5-9 中。

为满足 $R_{Sd} \geqslant 0.99$ 且总成本最低，就要具体确定各子系统的最佳储备度。为此，首先应按式(5-69)给出的递推式进行计算，而且要先从两个单个子系统间，例如子系统 A 与子系统 B 间的组合算起，以求出 $\varphi_2(x-x_3)$。因为要求得 $\varphi_3(x)$ 就得先求出 $\varphi_2(x-x_3)$。子系统 A 与子系统 B 的储备度现分别取为 3～6 及 4～6，则共有 12 种组合，每种组合的成本和可靠度的计算结果列于表 5-10 中。

表 5-10 子系统 A 和子系统 B 不同储备组合下的成本与可靠度

子系统及储备度		子系统及储备度 \ 项目	子系统 B		
			4	5	6
子系统 A	3	成本/万元	34	38	42
		可靠度	0.99274	0.99566	0.99639
	4	成本/万元	40	44	48
		可靠度	0.99559	0.99852	0.99925

续表

子系统及储备度		子系统及储备度 / 项目	子系统 B		
			4	5	6
子系统 A	5	成本/万元	46	50	54
		可靠度	0. 99601	0. 99894	0. 99967
	6	成本/万元	52	56	60
		可靠度	0. 99608	0. 99901	0. 99974

若以可靠度为纵坐标，以成本为横坐标，将表 5-10 中的数据绘成线图，则如图 5-17所示。图中括号内的先后两个数字，分别表示子系统 A 与子系统 B 的储备度。如该图所示，由成本最低的组合(3，4)开始逐渐向成本高的组合移动时，如果成本升高而可靠度下降，则应舍弃这种设计组合，并将剩下的各组合点顺序用直线连接，即可得到图 5-17 中的折线，它就是函数 $\varphi_2(x-x_3)$，$x-x_3$ 是这一部分系统的成本，$\varphi_2(x-x_3)$是与此成本相对应的可靠度。

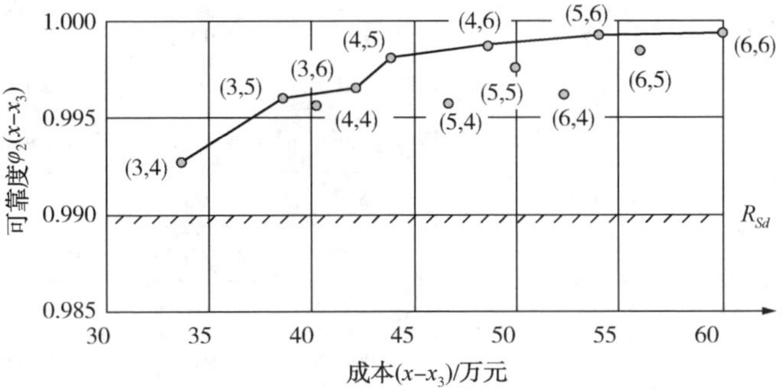

图 5-17　成本 $x-x_3$ 与可靠度 $\varphi_2(x-x_3)$ 线图

如图 5-17 所示，线图一定是越向右越上升，再者，可靠度低于 0. 99(系统的可靠度指标)的组合点也不可取(在本例题中没有)。取出折线上的各点数据列于表 5-11 中。

然后将表 5-11 中所列的子系统 A 与子系统 B 的 7 种组合方案与子系统 C 的 4 种储备度(3～6)方案相组合，可得 28 种方案，其成本及相应的可靠度列于表 5-12中。用上述相同的办法绘出成本 $x-x_4$ 与可靠度 $\varphi_3(x-x_4)$ 线图，如图 5-18所示。图中括号内的三个数，分别表示子系统 A、子系统 B、子系统 C 的储备度。同样，取出折线上的各点数据列于表 5-13 中。

表 5-11 子系统 A、子系统 B 初选组合的成本与可靠度

序号	储备度		可靠度	成本/万元
	A	B		
1	3	4	0.99274	34
2	3	5	0.99566	38
3	3	6	0.99639	42
4	4	5	0.99852	44
5	4	6	0.99925	48
6	5	6	0.99967	54
7	6	6	0.99974	60

表 5-12 子系统 A、子系统 B、子系统 C 不同组合时的成本与可靠度

子系统及储备度		子系统及储备度 / 项目	子系统 C			
			3	4	5	6
子系统 $A+B$	3，4	成本/万元	49	54	59	64
		可靠度	0.98480	0.99115	0.99242	0.99268
	3，5	成本/万元	53	58	63	68
		可靠度	0.98769	0.99406	0.99534	0.99559
	3，6	成本/万元	57	62	67	72
		可靠度	0.98842	0.99479	0.99607	0.99633
	4，5	成本/万元	59	64	69	74
		可靠度	0.99053	0.99692	0.99820	0.99845
	4，6	成本/万元	63	68	73	78
		可靠度	0.99126	0.99765	0.99893	0.99918
	5，6	成本/万元	69	74	79	84
		可靠度	0.99167	0.99807	0.99935	0.99960
	6，6	成本/万元	75	80	85	90
		可靠度	0.99174	0.99814	0.99942	0.99967

然后将表 5-13 中所列的子系统 A、子系统 B、子系统 C 的 12 种组合方案与子系统 D 的 3 种储备度(4~6)方案相组合，可得 36 种方案。即利用 $\varphi_3(x-x_4)$ 再求 $\varphi_4(x)$。最后算得的结果是：子系统 A、子系统 B、子系统 C、子系统 D 的储备度分别是 3、4、4、6。这时，系统的可靠度 $R_{Sd}=0.99043$；成本 $x=72$ 万元。

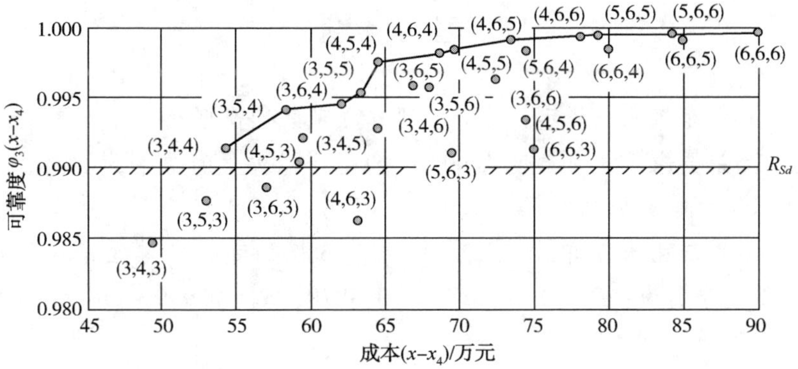

图 5-18　成本 $x-x_4$ 与可靠度 $\varphi_3(x-x_4)$

表 5-13　子系统 *A*、子系统 *B*、子系统 *C* 初选组合的成本和可靠度

序号	储备度			可靠度	成本/万元
	A	*B*	*C*		
1	3	4	4	0.99115	54
2	3	5	4	0.99406	58
3	3	6	4	0.99479	62
4	3	5	5	0.99534	63
5	4	5	4	0.99692	64
6	4	6	4	0.99765	68
7	4	5	5	0.99820	69
8	4	6	5	0.99893	73
9	4	6	6	0.99918	78
10	5	6	5	0.99935	79
11	5	6	6	0.99960	84
12	6	6	6	0.99967	90

由于每次计算皆将成本高而可靠度低的设计组合舍弃，使计算工作量大减，计算次数可减少 50%以上。特别是对于复杂系统的可靠度分配，由于采用动态规划分配法大幅减少了计算次数而能较快地获取最优分配方案。又由于计算中采用了递推法，计算逻辑简单，适于编写程序在计算机上计算。

习　题

5-1　什么是可靠性模型，为什么要建立可靠性模型？

5-2　如果要求系统可靠度为99%，设每个单元的可靠度为60%，需要多少单元并联工作才能满足要求？

5-3　某系统由五个单元组成，如题5-3图所示，各单元工作是相互独立的。其可靠度分别为：$R_1=0.9918$，$R_2=0.9879$，$R_3=0.9995$，$R_4=0.9796$，$R_5=0.9750$，求系统的可靠度。

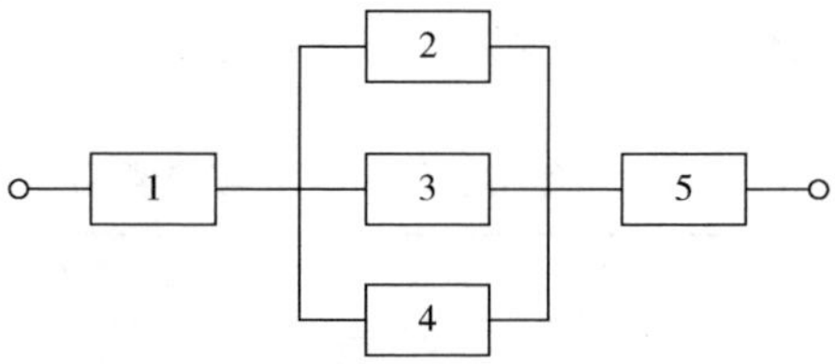

题5-3图

5-4　已知题5-4图中系统可靠性框图的各单元 $\lambda_{At}=0.025$，$\lambda_{Bt}=0.035$，$\lambda_{Ct}=0.064$，$\lambda_{Dt}=0.050$，$\lambda_{Et}=0.103$，$\lambda_{Ft}=0.044$，$\lambda_{Gt}=0.038$，$\lambda_{Ht}=0.071$，且遵守指数分布，试用上、下限法求系统的可靠度。

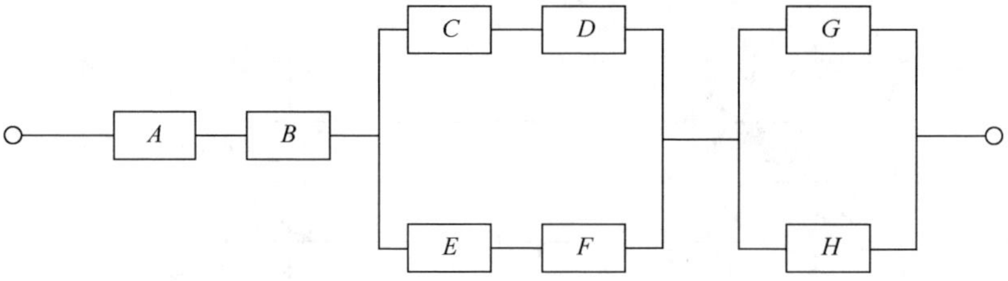

题5-4图

5-5　试以某产品为例，绘制工作原理图及其基本可靠性图、任务可靠性框图，并说明理由。

5-6　某网络系统如题5-6图所示。$R_1=0.96$，$R_2=0.92$，$R_3=0.95$，$R_4=0.8$，$R_5=R_6=0.90$，$R_7=0.85$，求系统可靠度。

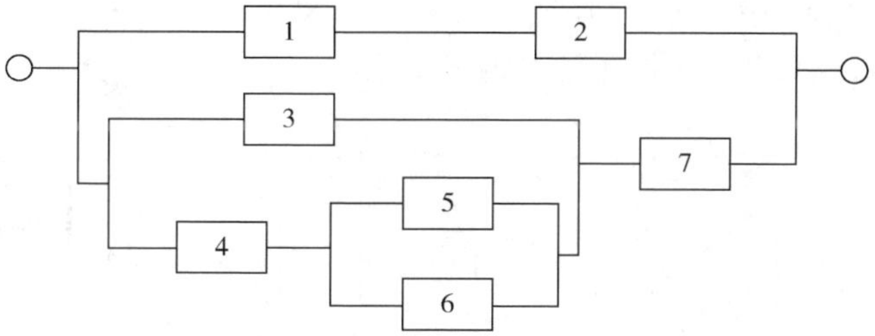

题 5-6 图

5-7 三台设备组成串联系统，采用等分配法，当系统可靠度 $R_S^*=0.9$ 时，各设备的可靠度应如何分配？如果其中一台设备的可靠度 $R_1=0.99$，其余设备的可靠度应是多少？

5-8 某一液压系统，其故障率 $\lambda_{PS}=237\times10^{-6}h^{-1}$，各分系统故障率见题 5-8 表。现设计一个新的液压系统，其组成与老系统相似，只是要求提高新系统的可靠性，要求新的液压系统故障率 $\lambda_{NS}=200\times10^{-6}h^{-1}$，试将这个指标分配给各分系统。

题 5-8 表

序号	分系统名称	$\lambda_{Pi}/10^{-6}h^{-1}$	序号	分系统名称	$\lambda_{Pi}/10^{-6}h^{-1}$
1	油箱	4.0	5	安全阀	25.0
2	液压泵	70.0	6	滤油器	8.0
3	电动机	40.0	7	启动器	60.0
4	止回阀	30.0			

5-9 如题 5-9 图所示，系统各单元工作相互独立，$R_1=R_2=R_3=0.7$，$R_4=R_5=0.8$，$R_6=R_7=R_8=0.9$。试用全概率公式法求系统的可靠性。

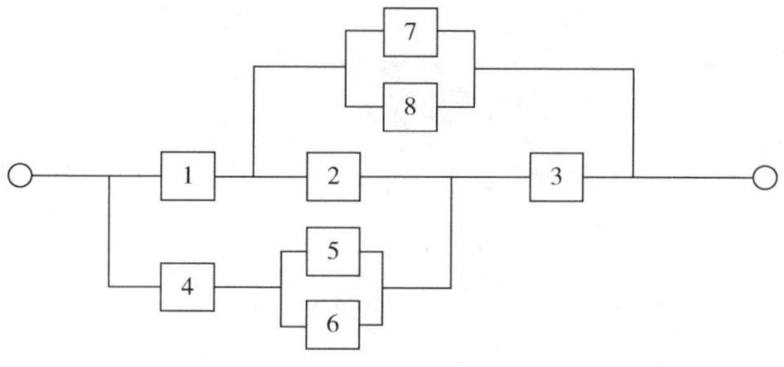

题 5-9 图

5-10　如题 5-10 图所示的系统可靠性模型中 $R_1=R_2=0.9$，$R_3=R_4=0.85$，$R_5=R_6=0.8$，$R_7=0.7$，试计算系统的可靠度。

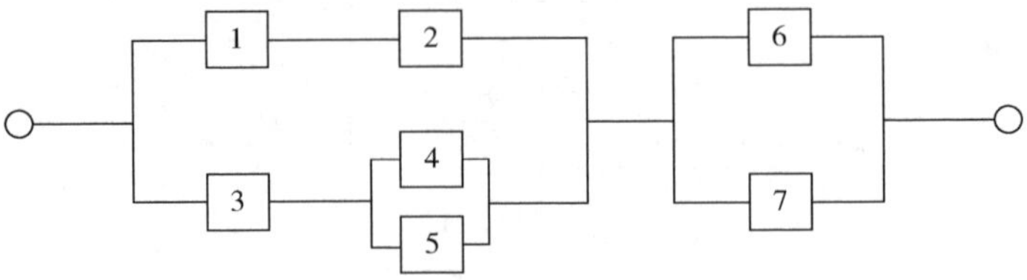

题 5-10 图

5-11　试述进行系统可靠性预计和分配的目的，并简述可靠性预计与可靠性分配的关系。

5-12　已知五个单元的可靠度分别为 $R_1=0.95$，$R_2=0.99$，$R_3=0.7$，$R_4=0.75$，$R_5=0.9$，试设计由以上五个单元组成的组合系统。要求：①各功能单元都必须用到且数量不限；②为了减少系统的质量与成本，单元数应尽可能少；③所设计系统可靠度大于 0.5；④给出几种方案并进行对比。

5-13　设系统由 A、B、C 三个分系统串联组成。已知各分系统可靠度 $R_A=0.9$，$R_B=0.8$，$R_C=0.85$。要求系统可靠度 $R_S^*=0.7$。试对三个分系统进行可靠度再分配。

5-14　一系统有功能上串联的 10 个部件，各部件相互独立且可靠度相同，如果指定此系统的可靠度为 0.9，问所需各部件的最小可靠度为多少？

5-15　一个串联系统由三个单元组成，各单元的预计失效率分别为 $\lambda_1=0.005\text{h}^{-1}$，$\lambda_2=0.003\text{h}^{-1}$，$\lambda_3=0.002\text{h}^{-1}$，要求工作 20h 时系统可靠度为 $R_{Sd}=0.98$，试分配各单元的可靠度值。

第6章 典型零件机械可靠性设计

6.1 概述

机械零件是组成机构和机器的最基本单元，机械系统的可靠性取决于全部组成零件的可靠性和它们的组成方式。在进行零件的可靠性设计时，并不是所有的零件都要设计得具有很高的可靠度，也不是所有的零件都要求有同样的可靠度指标。而是应当根据不同的情况，根据具体的设计要求和该零件在整个机械系统中的重要程度，提出不同的可靠度要求。据统计，在一架有3万多个零件的飞机上，经常发生故障的零件只有600多个，即只占2%左右，所以保证这部分零件的高可靠性对飞机的安全有重要意义。又如，对大型民用客机的可靠性要求应当高于对普通军用飞机的要求，因为大型民用客机的失事会造成巨大的人员伤亡和经济损失。一般情况下，需要先确定设备或系统的可靠度，再根据系统组成方式和系统内零件的重要性将可靠度指标分配到各子系统和组成零件上。

可靠度经验推荐用值见表6-1。

表6-1 可靠度经验推荐用值

故障性质	故障后果	可靠度推荐用值	应用举例
灾难性	导致设备严重损坏，造成重大人员伤亡或巨大经济损失	$0.99999 \leqslant R(t) < 1.0$	飞机、军事装备、医疗设备等
重大损失	造成重大人员伤亡或经济损失	$R(t) \geqslant 0.9999$	制动系统、起重机械、化工设备等
一般损失	造成一定程度损失，故障可以修复	$R(t) \geqslant 0.999$	工艺装备、通用机械等
不重要	后果影响不大	$R(t) \geqslant 0.99$	一般零件
允许故障	修理费用在正常范围之内	$R(t) < 0.9$	不重要零件

6.2 设计所需的部分数据和资料

在机械可靠性设计中，影响应力分布与强度分布的物理参数、几何参数等设计参数较多。机械可靠性设计者认为，所有这些参数都是随机变量，它们应当是经过多次试验测定的实际数据，并经过统计检验后得到的统计量。理想的情况是掌握它们的分布形式与参数。但关于这些设计参数的统计数据、分布形式等资料却很缺乏，尚待做大量的试验测定与统计积累。为了尽快推广可靠性设计这一现代设计方法，有时可做适当的假设、简化与处理。

1. 几何尺寸

机械应力一般是载荷和几何尺寸的函数，故应力的随机性不仅取决于载荷的随机性，也取决于几何尺寸的随机性。由于加工不能保证几何尺寸绝对准确，而只能将其限制在允许的范围内，故几何尺寸也是一个随机变量。表 6-2 列出了采用不同加工方法时尺寸的误差，可作为设计时的参考。必要时，可从承担加工的工厂索取具体数据。一般认为，尺寸服从正态分布。当误差对称于公称尺寸为 Δx 时，可取公称尺寸为均值 $\bar{x}$，按“3σ”原则取 $\Delta x/3$ 为标准差。当误差不对称于公称尺寸为 Δx 时，可根据公称尺寸和误差先求出最大值 x_{max} 和最小值 x_{min}，然后取：

$$\bar{x}=\frac{x_{max}+x_{min}}{2} \tag{6-1}$$

$$\sigma_x=\frac{x_{max}-x_{min}}{6}=\frac{\Delta x}{3} \tag{6-2}$$

式中，σ_x 为公称尺寸 x 的标准差。

一般有较严公差限制的尺寸误差对应力数值的影响甚微，常可假定为确定量而使计算大为简便。

表 6-2　采用不同加工方法时尺寸的误差

加工方法	误差(±)/mm		加工方法	误差(±)/mm	
	一般	可达		一般	可达
火焰切割	1.5	0.5	锯	0.50	0.125
冲压	0.25	0.025	车	0.125	0.025
拉拔	0.25	0.05	刨	0.25	0.025
冷轧	0.25	0.025	铣	0.125	0.025
挤压	0.5	0.05	滚切	0.125	0.025
金属模铸	0.75	0.25	拉	0.125	0.0125
压铸	0.25	0.05	磨	0.025	0.005
蜡模铸	/	0.05	研磨	0.005	0.0012
烧结金属	1.25	0.05	钻孔	0.25	0.05
烧结陶瓷	0.75	0.50	绞孔	0.05	0.0125

2. 材料的强度特性

试验表明，一些金属材料的强度特性基本可用正态分布来描述。表6-3给出了金属材料强度、特性的变异系数。设计时，用所设计产品的材料做成组试验，即可估计所需特性的均值和标准差或变异系数。若不做具体试验而利用手册或产品目录的数据时，目前我国钢材的抗拉强度和屈服强度数据多是只保证90%不小于下限值。若按表6-3取变异系数，则抗拉强度 δ_b 均值推荐用：

$$\bar{\delta}_b = 1.07\delta_b \tag{6-3}$$

屈服强度 δ_s 均值推荐用

$$\bar{\delta}_s = 1.1\delta_s \tag{6-4}$$

式中，δ_s 和 δ_b 是从手册或产品目录中查得的下限值。

如果从手册或产品目录等文献中查得的强度数据的条件不明确，则推荐用均值。

表6-3 金属材料强度、特性的变异系数

材料强度	变异系数	材料特性	变异系数
金属材料的抗拉强度	0.05	金属材料的断裂韧性	0.07
金属材料的屈服强度	0.07	钢的弹性模量	0.03
材料的疲劳强度	0.08	铸铁的弹性模量	0.04
零件的疲劳强度	0.10~0.15	铝合金的弹性模量	0.03
焊接构件的强度	0.10~0.15	钛合金的弹性模量	0.09

表6-4为我国某厂几种不同钢材统计得到的同炉钢的静强度数据。$\bar{\delta}_b$、σ_{δ_b}、C_{δ_b}分别为抗拉强度的均值、标准差及变异系数。$\bar{\delta}_s$、σ_{δ_s}和 C_{δ_s} 分别为屈服强度的均值、标准差和变异系数。

表6-4 几种国产钢材静强度的统计数据

材质	抗拉强度 δ_b			屈服强度 δ_s		
	$\bar{\delta}_b$/ N·mm^{-2}	σ_{δ_b}/ N·mm^{-2}	C_{δ_b}	$\bar{\delta}_s$/ N·mm^{-2}	σ_{δ_s}/ N·mm^{-2}	C_{δ_s}
钢35热轧	603	24.5	0.041	379	19.0	0.05
钢45热轧	676	23.5	0.035	408	15.7	0.039
钢38CrMoAI热轧	1064	47.9	0.045	952	56.3	0.059
钢9CrNiMo热轧	1113	35.9	0.032	1012	43.8	0.043

续表

材质	抗拉强度 δ_b			屈服强度 δ_s		
	$\bar{\delta}_b$/ N·mm^{-2}	σ_{δ_b}/ N·mm^{-2}	C_{δ_b}	$\bar{\delta}_s$/ N·mm^{-2}	σ_{δ_s}/ N·mm^{-2}	C_{δ_s}
钢 60Si2Mn 热轧	1510	56.5	0.037	1369	59.5	0.046
钢 18CrNiMA 热轧	1328	56.8	0.043	1034	58.8	0.057
钢 20CrNiMoA 热轧	1264	139.2	0.110	1055	128.4	0.122
钢 30CrNiMoA 热轧	1098	80.9	0.074	1027	79.7	0.078
钢 30CrMn2SiA 热轧	1184	47.0	0.040	1098	51.0	0.046
钢 40CrMiMoA 热轧	1088	41.8	0.039	989	44.6	0.045
钢 45CrNiMoVA 热轧	1563	31.9	0.020	1496	36.2	0.024

表 6-5 列出了几种国产钢铁的疲劳极限。$\bar{\delta}_{-1}$、$\sigma_{\delta_{-1}}$及 $C_{\delta_{-1}}$分别为由光滑试件得到的钢的疲劳极限的均值、标准差及变异系数值；$\bar{\delta}_{-1C}$、$\sigma_{\delta_{-1C}}$及 $C_{\delta_{-1C}}$分别为由缺口试件得到的钢的疲劳极限的均值、标准差及变异系数值。

表 6-5　几种国产钢铁的疲劳极限

材质	光滑试件			缺口试件		
	$\bar{\delta}_{-1}$/ N·mm^{-2}	$\sigma_{\delta_{-1}}$/ N·mm^{-2}	$C_{\delta_{-1}}$	$\bar{\delta}_{-1C}$/ N·mm^{-2}	$\sigma_{\delta_{-1C}}$/ N·mm^{-2}	$C_{\delta_{-1C}}$
钢 Q235-A 热轧	213.1	8.105	0.038	132.4	4.386	0.033
钢 20 正火	250.1	5.085	0.020	146.8	5.098	0.035
钢 35 正火	228.3	2.070	0.009	161.1	3.377	0.021
钢 45 正火	249.3	5.307	0.021	161.0	7.711	0.048
钢 45 调质	388.3	9.666	0.025	211.7	9.212	0.044
钢 45 电渣熔铸	432.9	14.320	0.033	281.7	10.400	0.037
钢 16Mn 热轧	280.8	8.443	0.030	169.9	3.854	0.023
钢 35CrMo 调质	431.5	13.869	0.032	248.4	10.891	0.044
钢 40Cr 调质	421.7	10.337	0.025	239.2	12.191	0.051
钢 40MnB 调质	436.2	19.806	0.045	279.7	10.607	0.038
钢 42CrMo 调质	503.9	12.367	0.025	313.1	7.158	0.023
钢 50CrV 淬火中温回火	746.5	32.003	0.043	477.7	16.511	0.035

续表

材质	光滑试件			缺口试件		
	$\bar{\delta}_{-1}$/ N · mm^{-2}	$\sigma_{\delta_{-1}}$/ N · mm^{-2}	$C_{\delta_{-1}}$	$\bar{\delta}_{-1C}$/ N · mm^{-2}	$\sigma_{\delta_{-1C}}$/ N · mm^{-2}	$C_{\delta_{-1C}}$
钢 60Si2Mn 淬火中温回火	563.6	23.936	0.042	389.0	8.007	0.021
钢 65Mn 淬火中温回火	708.2	31.527	0.045	483.3	16.506	0.034
钢 1Cr13 调质	374.2	12.993	0.035	221.6	9.664	0.044
钢 2Cr13 调质	374.0	13.803	0.037	208.7	10.533	0.051
球铁 QT40-17 退火 149HBS 楔形式样	202.5	7.479	0.037	158.8	4.773	0.030
球铁 QT40-17 退火 149HBS 梅花式样	233.9	6.757	0.029	164.8	7.379	0.045
球铁 QT60-2 正火 273HBS 楔形式样	290.0	5.821	0.020	169.5	9.330	0.055
球铁 QT60-2 正火 243HBS 梅花式样	251.1	9.664	0.038	154.2	7.803	0.051

疲劳强度试验比静强度试验麻烦得多，具体试验和统计方法可参考有关文献。初步设计或近似设计计算时推荐用：

$$\bar{\delta}_{-1}=(\delta_{-1}/\delta_{b})\ \bar{\delta}_{b} \tag{6-5}$$

式中，δ_{-1}/δ_{b} 为抗弯疲劳极限与抗拉强度极限的比值，可按表 6-6、表 6-7 选取。

表 6-6 钢铁材质的 δ_{-1}/δ_{b} 数值

材 质	δ_{-1}/δ_{b}
锻钢(正火或调质)	0.45
铸钢或淬火钢	0.40
灰铸铁	0.40
铁素体球墨铸铁	0.48
珠光体球墨铸铁	0.33

注：应力循环次数为钢 10^7 次。

表 6-7　各种材料的 δ_{-1}/δ_b 数值

材 质	δ_{-1}/δ_b	材 质	δ_{-1}/δ_b
商业纯铁	0. 57	蒙乃尔合金(Monel Cu-Ni)(退火)	0. 44
铸铁	0. 41	蒙乃尔合金(Monel Cu-Ni)(冷拔)	0. 42
球墨铸铁	0. 33	镍合金(Nimonic 80)	0. 31
低碳钢(碳 0. 15%)(退火)	0. 55	纯铝(退火)	0. 30
中碳钢(碳 0. 36%)(退火)	0. 46	纯铝(冷作)	0. 34
中碳钢(碳 0. 36%)(淬火、回火)	0. 46	铝-7%镁合金(退火)	0. 39
高碳钢(碳 0. 75%)(退火)	0. 38	铝-7%镁合金(冷作)	0. 43
高碳钢(碳 0. 75%)(淬火、回火)	0. 41	杜拉明铝合金(Duralumin 2034)(退火)	0. 48
2. 5%Ni 钢(淬火、回火)	0. 59	杜拉明铝合金(Duralumin 2034)(溶液处理，时效)	0. 29
Cr-Mo 钢(淬火、回火)	0. 49	铝-锌-镁合金(7075)(溶液处理，时效)	0. 27
Ni-Cr-Mo 钢(淬火、回火)	0. 40	纯镁(挤压)	0. 31
18Cr-8Ni 不锈钢(冷拔)	0. 59	铝-锌-镁合金(热处理)	0. 40
12%锰钢(淬火)	0. 41	铝-镁合金(热处理)	0. 36
纯钢(退火)	0. 29	商业纯钛(轧制)	0. 59
黄铜 60Cu-40Zn(退火)	0. 37	钛-4 铝-2. 5 锡合金(热处理)	0. 57
黄铜 70Cu-30Zn(退火)	0. 31	钛-6 铝-4 钒合金(热处理)	0. 53
黄铜 90Cu-10Zn(冷拔)	0. 29	钛-4 锰-4 铝合金(热处理)	0. 58
磷青铜(退火)	0. 31	纯铅(退火)	0. 15
铝青铜(铝 9. 5%)(退火)	0. 35	有机玻璃(聚甲基丙烯酸甲酯)	0. 35

注：应力循环次数：钢 10^7 次，非铁金属 10^8 次。

拉压、剪切疲劳强度与弯曲疲劳强度也基本成正比关系，其比值可参考表 6-8 选取。

表 6-8　抗压 δ_{-1l}、剪切疲劳强度 τ_{-1} 与弯曲疲劳强度 δ_{-1} 的比值

项目	钢	铸铁	铝合金和镁合金
δ_{-1l}/δ_{-1}	0. 85	0. 9	1
τ_{-1}/δ_{-1}	0. 57	0. 8	0. 55(锻)，0. 85(铸)

应该注意，不同工厂的生产条件和技术水平不同，不同国家的情况则更不一样，因此不应盲目搬用。设计重要的、对强度要求很严的产品，宜直接做具体试验，统计所需的均值、标准差等数据。当不做具体试验而参考类似产品的有关数据时，应当慎重考虑。

3. 正态分布随机变量的代数运算

如果影响零件工作应力的参数均为正态随机变量，则可以根据这些参数与应力的函数关系，把它们综合为仅含单一随机变量 z 的应力函数，并确定其分布。

如果各随机变量的变异系数都小于 0.1，且满足随机变量的多重性要求，则由中心极限定理可知，这个应力函数近似于正态分布。正态分布随机变量的代数运算公式列于表 6-9 中。

表 6-9　正态分布随机变量的代数运算公式

z 的代数运算公式	均值 μ_z	标准差 σ_z
$z=a$	a	0
$z=ax$	$a\mu_x$	$a\sigma_x$
$z=x+a$	μ_x+a	σ_x
$z=x\pm y$	$\mu_x\pm\mu_y$	$\sqrt{\sigma_x^2+\sigma_y^2}$ 或 $\sqrt{\sigma_x^2+\sigma_y^2\pm2\rho\sigma_x\sigma_y}$
$z=xy$	$\mu_x\mu_y$ 或 $\mu_x\mu_y+\rho\sigma_x\sigma_y$	$\sqrt{\mu_x^2\sigma_y^2+\mu_y^2\sigma_x^2+2\rho\mu_x\mu_y\sigma_x\sigma_y}$ 或 $\sqrt{(\mu_x^2\sigma_y^2+\mu_y^2\sigma_x^2-\sigma_x^2\sigma_y^2)(1+\rho^2)}$
$z=x/y$	μ_x/μ_y 或 $\dfrac{\mu_x}{\mu_y}+\dfrac{\mu_x\sigma_y^2}{\mu_y^3}(\dfrac{\sigma_y}{\mu_y}-\rho\dfrac{\sigma_x}{\mu_x})$	$\dfrac{1}{\mu_y}\left(\dfrac{\mu_x^2\sigma_y^2+\mu_y^2\sigma_x^2}{\mu_y^2+\sigma_y^2}\right)^{1/2}$ 或 $\dfrac{1}{\mu_y^2}\sqrt{\mu_x^2\sigma_y^2+\mu_y^2\sigma_x^2}$ 或 $\dfrac{\mu_x}{\mu_y}\left(\dfrac{\sigma_x^2}{\mu_x^2}+\dfrac{\sigma_y^2}{\mu_y^2}-2\rho\dfrac{\sigma_x\sigma_y}{\mu_x\mu_y}\right)^{1/2}$
$z=x^2$	μ_x^2 或 $\mu_x^2+\sigma_x^2$	$2\mu_x\sigma_x$ 或 $\sqrt{4\mu_x^2\sigma_x^2+2\sigma_x^4}$
$z=x^3$	μ_x^3 或 $\mu_x^3+3\sigma_x^2\mu_x$	$3\mu_x^2\sigma_x$ 或 $\sqrt{3\sigma_x^6+8\sigma_x^4\mu_x^2+5\sigma_x^2\mu_x^4}$
$z=x^n$	μ_x^n	$n\mu_x^{n-1}\sigma_x$
$z=\sqrt{x}$	$\left(\dfrac{1}{2}\sqrt{4\mu_x^2-2\sigma_x^2}\right)^{1/2}$	$\left(\mu_x-\dfrac{1}{2}\sqrt{4\mu_x^2-2\sigma_x^2}\right)^{1/2}$
$z=\sqrt{x^2+y^2}$	$\sqrt{\mu_x^2+\mu_y^2}$	$\left(\dfrac{\mu_x^2\sigma_y^2+\mu_y^2\sigma_x^2}{\mu_x^2+\sigma_y^2}\right)^{1/2}$

6.3　静强度的可靠性设计

不随时间变化或变化缓慢的应力称为静应力。当应力循环次数小于 10^3 时也近似作为静应力处理。因静强度不够而引起的失效形式主要是整体破断或过大的残余变形，前者是由应力超过强度极限所致，后者是由应力超过屈服极限所致。

1. 静强度的可靠性设计步骤

零件静强度的可靠性设计包括三个步骤：首先根据零件的受载情况，确定其最危险部位的工作应力（μ_S，σ_S）；其次根据零件的材料及热处理情况，由手册查出其强度的分布参数(μ_δ，σ_δ)；最后根据应力和强度的分布类型，代入相应的公式计算可靠度或确定结构参数等未知量。

2. 静强度的可靠性设计举例

例 6-1 要设计一拉杆，所承受的拉力 $P \sim N(\overline{P},\ \sigma_P^2)$，其中 $\overline{P}=40000\text{N}$，$\sigma_P=1200\text{N}$；取 45 钢为制造材料，其抗拉强度数据为均值 $\overline{\delta}_l=667\text{MPa}$，标准差 $\sigma_{\delta_l}=25.3\text{MPa}$，也服从正态分布。求拉杆的截面尺寸。

解：设拉杆取圆截面，其半径为 r，单位为 mm，求半径的均值 $\bar{r}$，标准差 σ_r。

选定可靠度为 $R=0.999$，查附表 1 得 $Z_R=3.09$。

列出应力表达式：

$$S=\frac{P}{A}=\frac{P}{\pi r^2}$$

式中，A 为拉杆的截面面积。

$$\overline{A}=\pi\bar{r}^2$$

式中，$\overline{A}$ 为 A 的均值。

取拉杆圆截面半径的公差为$\pm\Delta_r=\pm 0.015\bar{r}$，可求得

$$\sigma_r=\frac{\Delta_r}{3}=\frac{0.015}{3}\bar{r}=0.005\bar{r}$$

$$\sigma_A=2\pi\bar{r}\cdot\sigma_r=0.01\pi\bar{r}^2$$

则：

$$\overline{S}=\frac{\overline{P}}{\overline{A}}=\frac{\overline{P}}{\pi\bar{r}^2}=\frac{40000}{\pi\bar{r}^2}=12732.406\ \frac{1}{\bar{r}^2}$$

$$\sigma_S=\frac{1}{\overline{A}^2}\sqrt{\overline{P}\cdot\sigma_A^2+\overline{A}^2\cdot\sigma_P^2}=\frac{1}{\pi\bar{r}^2}\sqrt{(0.01)^2\overline{P}^2+\sigma_P^2}=402.634\ \frac{1}{\bar{r}^2}$$

将应力、强度及 $Z_R=3.09$ 代入联结方程：

$$Z_R=\frac{\overline{\delta}_l-\overline{S}}{\sqrt{\sigma_{\delta_l}^2+\sigma_S^2}}=\frac{667-12732.406/\bar{r}^2}{\sqrt{(25.3)^2+(402.643)^2/\bar{r}^4}}=3.09$$

$$\bar{r}^4-38.710\bar{r}^2+365.940=0$$

解得，$\bar{r}^2=22.301$ 和 $\bar{r}^2=16.410$ 或 $\bar{r}=4.722$ 和 $\bar{r}=4.050$

代入联结方程验算，取 $\bar{r}=4.722$，舍去 $\bar{r}=4.050$

$$\sigma_r=0.005\bar{r}=0.0236(\text{mm})$$

$$r=\bar{r}\pm\Delta r=4.772\pm3\sigma_r=4.722\pm0.0708(\text{mm})$$

因此，为保证拉杆的可靠度为 0.999，其半径应为 4.722mm±0.0708mm。

3. 讨论

下面从两方面对上例的结果作进一步的分析。

1）与常规设计比较

为方便比较，拉杆的材料不变，仍用圆截面，取安全系数 $n=3$，则有：

$$S=\frac{P}{A}=\frac{P}{\pi r^2}\leqslant[S]=\frac{\bar{S}}{n}=\frac{667}{3}=222.333(\text{MPa})$$

$$\frac{40000}{\pi r^2}\leqslant222.333,\quad r^2\geqslant\frac{40000}{\pi\times222.333}=57.267(\text{mm}^2)$$

得拉杆的圆截面的半径为 $r\geqslant7.586$mm。

显然，常规设计结果比可靠性设计结果大了许多。如果在常规设计中采用拉杆半径为 $r=4.722$mm，即可靠性设计结果，则其安全系数变为：

$$n\leqslant\frac{\bar{S}\pi r^2}{P}=\frac{667\times\pi\times(4.722)^2}{40000}=1.168$$

从常规设计来看是不敢采用的，而可靠性设计采用这一结果，其可靠度竟达 0.999，即拉杆损坏的概率仅有 0.1%。但从联结方程可以看出，要保证这么高的可靠度，必须使 $\bar{\delta}_l$、σ_{δ_l}、$\bar{S}$、σ_S 保持稳定不变，即可靠性设计的先进性是要以材料制造工艺的稳定性及对载荷测定的准确性为前提条件。

2）敏感度分析

在其他条件不变，而载荷与强度的标准差即 σ_S、σ_{δ_l} 均增大的情况下，通过具体计算就可以明显看出，由于载荷和强度的分散性增加，可靠度将迅速下降。因此，当载荷及强度的均值不变时，只有严格控制载荷和强度的分散性才能保证可靠性设计结果能更好地被应用。

6.4 轴的可靠性设计

轴是组成机器的主要零件之一。轴按所受的载荷分为传动轴（只承受扭矩）、心轴(只承受弯矩)、转轴(同时承受扭矩和弯矩)。对轴进行可靠性设计时，考虑载荷、强度条件、轴径尺寸的概率分布，在给定目标可靠性和两个参数分布的情况下，可求第三个参数分布；或者给定各参数分布，求解轴的可靠性。

6.4.1 心轴的可靠性设计

心轴只受弯矩作用，不受扭矩作用，应按弯曲强度进行设计。

设心轴承受的弯矩为$(\overline{M}, \sigma_M)$，抗弯截面模量为 W，则弯曲应力 S 为

$$(\mu_S, \sigma_S)=\frac{(\overline{M}, \sigma_M)}{W} \tag{6-6}$$

式中，σ_S、σ_M 分别为弯曲应力 S 和弯矩 M 的标准差。

对于实心圆截面轴，有

$$W=\frac{\pi}{32}d^3 \tag{6-7}$$

对于空心圆截面轴，有

$$W=\frac{\pi}{32}d^3\left[1-\left(\frac{d_0}{d}\right)^4\right] \tag{6-8}$$

式中，d 为轴的外直径，mm；d_0 为空心轴的内径，mm。

转动心轴的应力一般为对称循环变化；固定心轴的应力循环特性为$-1\leqslant r\leqslant 1$，视具体的受力情况而异。设计时，若缺少具体的实测数据，可近似地认为应力服从正态分布。

例 6-2 某车轴(图 6-1)两端各受均值载荷 $\overline{F}=110\text{kN}$，标准差 $\sigma_F=6.5\text{kN}$，车轴材料为 35 钢，抗拉强度 $\delta_b=540\text{MPa}$，疲劳极限 $\delta_{-1}=235\text{MPa}$。试计算截面 A—A 的疲劳强度可靠度。

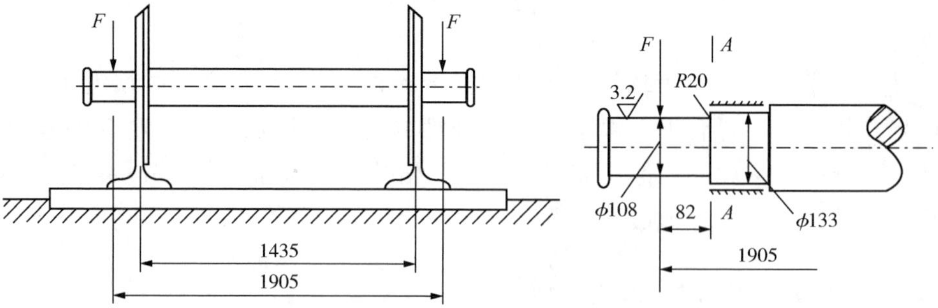

图 6-1　车轴受力图(单位：mm)

解：由图6-1可知，车轴转动时，载荷F的大小及方向不变，因此车轴的应力是对称循环变化的，循环特性$r=-1$。这是典型的转动心轴。

（1）计算截面$A—A$的工作应力。

截面$A—A$处的弯矩计算：

$$\overline{M}_A=\overline{F}\times 82=110\times 82=9020(\text{kN}\cdot\text{mm})$$

$$\sigma_{M_A}=\sigma_F\times 82=6.5\times 82=533(\text{kN}\cdot\text{mm})$$

弯曲应力计算：

$$\mu_{S_A}=\frac{\overline{M}_A}{W}=\frac{9020\times 10^3}{0.1\times 108^3}=71.60(\text{MPa})$$

$$\sigma_{S_A}=\frac{\sigma_{M_A}}{W}=\frac{533\times 10^3}{0.1\times 108^3}=4.23(\text{MPa})$$

$$C_{S_A}=\frac{\sigma_{S_A}}{\mu_{S_A}}=\frac{4.23}{71.6}=0.059$$

（2）计算车轴的疲劳强度。

已知车轴材料为35钢，抗拉强度$\delta_b=540\text{MPa}$，疲劳极限$\delta_{-1}=235\text{MPa}$，$D=133\text{mm}$，$d=108\text{mm}$，$r=20\text{mm}$，$r/d=1.23$。

疲劳极限δ_{-1}有关参数：$C_{\delta_{-1}}=0.078$。

有效应力集中系数K_S：$\overline{K}_S=1.34$，取$C_{K_S}=0.057$。

尺寸系数ε：$\overline{\varepsilon}_S=0.84$，$\sigma_{E_S}=0.094$，$C_{E_S}=0.11$。

表面质量系数β：车削表面，表面粗糙度为$Ra=3.2\mu\text{m}$，$\overline{\beta}=0.86$，$\sigma_\beta=0.0406$，则$C_\beta=\dfrac{0.0406}{0.86}=0.047$。

根据以上已知参数，可计算得疲劳强度δ_{-1}的均值$\mu_{\delta_{-1e}}$为

$$\mu_{\delta_{-1e}}=\frac{\delta_{-1}\overline{\varepsilon}_S\overline{\beta}}{\overline{K}_S}=\frac{235\times 0.84\times 0.86}{1.34}=126.69(\text{MPa})$$

变异系数$C_{\delta_{-1e}}$为

$$C_{\delta_{-1e}}=\sqrt{C_{\delta_{-1}}^2+C_{K_S}^2+C_{E_S}^2+C_\beta^2}=\sqrt{0.078^2+0.057^2+0.11^2+0.047^2}=0.154$$

标准差$\sigma_{\delta_{-1e}}$为

$$\sigma_{\delta_{-1e}}=C_{\delta_{-1e}}\mu_{\delta_{-1e}}=0.154\times 126.69=19.51(\text{MPa})$$

（3）计算截面$A—A$的可靠度。

将有关数据代入联结方程得

$$Z_R=\frac{n-1}{\sqrt{n^2C_x^2+C_y^2}}=\frac{n-1}{\sqrt{n^2C_{\delta_{-1}e}^2+C_{S_A}^2}}=\frac{1.77-1}{\sqrt{1.77^2\times0.154^2+0.059^2}}=2.76$$

查正态分布表，得到可靠度 $R(t)=0.997110$。计算表明车轴具有 99.71%的可靠度，即 1000 根车轴中大约有 3 根达不到要求。

6.4.2 传动轴的可靠性设计

传动轴只承受扭矩，不承受弯矩，或弯矩很小可忽略不计，因此应按扭转强度进行设计。

设传动轴传递的扭矩 T 为$(\bar{T},\ \sigma_T^2)$，则轴的扭转剪切应力 τ 的均值 μ_τ 及标准差 σ_τ 分别如下。

对于实心圆截面轴：

均值为

$$\mu_\tau=\frac{16\bar{T}}{\pi\bar{d}^3} \tag{6-9}$$

标准差为

$$\sigma_\tau=\frac{16\bar{T}}{\pi\bar{d}^3}\sqrt{\frac{\bar{T}^2\sigma_{d^3}^2+(\bar{d}^3)^2\sigma_T^2}{(\bar{d}^3)^2+(\sigma_{d^3})^2}} \tag{6-10}$$

式中，$\sigma_{d^3}=3\bar{d}^2\sigma_d$。

对于圆管轴(空心轴)：

均值为

$$\mu_\tau=\frac{16\bar{T}}{\pi\bar{d}^3\left[1-\left(\frac{d_0}{d}\right)^4\right]} \tag{6-11}$$

标准差为

$$\sigma_\tau=\frac{16\bar{T}}{\pi\bar{d}^3\left[1-\left(\frac{d_0}{d}\right)^4\right]}\sqrt{\frac{\bar{T}^2\sigma_{d^3}^2+(\bar{d}^3)^2\sigma_T^2}{(\bar{d}^3)^2+(\sigma_{d^3})^2}} \tag{6-12}$$

例 6-3 某汽车驱动桥全浮式半轴，其杆部直径 $d=50$mm，由 40Cr 钢调质处理制成，抗拉强度极限 $\delta_b=1000$MPa，屈服极限 $\delta_s=800$MPa，扭转疲劳极限 $\tau_{-1}=220$MPa，疲劳曲线参数：$m=6$，$N_0=6\times10^6$。全浮式半轴工作时不承受弯矩，仅承受扭转随机载荷。在汽车满载的情况下行驶 8km 测得的 T(N·m)值见表 6-10。若要求行驶里程为 160000km，试计算半轴寿命的可靠度。

表 6-10　某汽车驱动桥半轴的数据

序号 i	扭矩 T/N·m	扭应力 τ_i/MPa	τ_i 中间值/MPa	循环数 n_i	$\tau_i n_i$	$\tau_{ai}=\lvert\tau_i-\tau_m\rvert$	$n_i(\tau_i-\tau_m)^2$	$n_i(\tau_i-\tau_m)^6/10^{12}$
1	0~250	0~10	5	4	20	70	19600	0. 4705960
2	250~525	10~21	15. 5	10	155	59. 5	35402. 5	0. 4437126
3	525~800	21~32	26. 5	13	344. 5	48. 5	30579. 25	0. 1691974
4	800~1075	32~43	37. 5	56	2100	37. 5	78750	0. 1557312
5	1075~1350	43~54	48. 5	153	7420. 5	26. 5	107444. 25	0. 052986 7
6	1350~1625	54~65	59. 5	238	14161	15. 5	57179. 5	0. 0033004
7	1625~1900	65~76	70. 5	318	22419	4. 5	6439. 5	0. 0000026
8	1900~2175	76~87	81. 5	306	24939	6. 5	12928. 5	0. 0000231
9	2175~2450	87~98	92. 5	187	17297. 5	17. 5	57268. 75	0. 0053712
10	2450~2725	98~109	103. 5	105	10867. 5	28. 5	85286. 25	0. 0562676
11	2725~3000	109~120	114. 5	44	5038	39. 5	68651	0. 1671226
12	3000~3275	120~131	125. 5	29	3639. 5	50. 5	73957. 25	0. 4810013
13	3275~3550	131~142	136. 5	12	1638	61. 5	45387	0. 649279
14	3550~3 825	142~153	147. 5	6	885	72. 5	31537. 5	0. 8713232
15	3825~4100	153~164	158. 5	2	317	83. 5	13944. 5	0. 6778738
			$\Delta\tau_i=11$	Σn_i =1483	$\Sigma\tau_i n_i$ =111241. 5		$\Sigma n_i(\tau_i-\tau_m)^2$ =724355. 75	$\Sigma n_i(\tau_i-\tau_m)^6$ =4. 2037887×10^{12}

解： 通常半轴在花键处应力集中严重，因此应对花键进行验算。

(1) 试验数据的处理。

根据电测所得的半轴扭矩 T，可计算扭应力 τ_i，其计算结果及相应的循环次数 n_i 等也列入表 6-10 中。由表中有关数据可算得：

平均扭应力

$$\tau_m=\frac{\sum n_i\tau_i}{\sum n_i}=\frac{111241.5}{1483}=75.011\approx 75\ (\mathrm{MPa})$$

扭应力幅

$$\tau_{ai}=\tau_i-\tau_m=\tau_i-75(\mathrm{MPa})$$

最大扭应力

$$\tau_{i\max}=\frac{T_{\max}}{0.2d^3}=\frac{4100\times1000}{0.2\times50^3}=164(\mathrm{MPa})$$

最大扭应力幅

$$\tau_{\mathrm{a}\max}=\tau_{i\max}-\tau_{\mathrm{m}}=164-75=89(\mathrm{MPa})$$

标准差

$$\sigma_{\tau_{\mathrm{a}}}=\sqrt{\frac{\sum_{i=1}^{k}n_i(\tau_{\mathrm{a}i})^2}{n-1}}=\sqrt{\frac{\sum n_i(\tau_i-\tau_{\mathrm{m}})^2}{n-1}}=\sqrt{\frac{724355.75}{1482}}=22.1(\mathrm{MPa})$$

以 τ_i(MPa)为横坐标，以 n_i(循环次数)为纵坐标绘成直方图，可知 τ_i 基本服从正态分布。

(2) 相当扭应力幅的正态分布密度函数。

$$f(\tau_{\mathrm{a}i})=\frac{1}{\sigma_{\tau_{\mathrm{a}}}\sqrt{2\pi}}\exp\left[-\frac{(\tau_i-\tau_{\mathrm{m}})^2}{2\sigma_{\tau_{\mathrm{a}}}^2}\right]=\frac{1}{22.1\sqrt{2\pi}}\exp\left[-\frac{(\tau_i-75)^2}{2\times22.1^2}\right]$$
$$=0.01805\exp[-1.024(\tau_i-75)^2\times10^{-3}]$$

(3) 半轴花键的扭转疲劳极限 τ_{-1e}。

根据给定的半轴材料强度查相关资料，得矩形花键的扭转有效应力集中系数 $\overline{K}_\tau=2.70$，取 $C_{k_\tau}\approx0.06$；根据花键轴的内径约为 50mm，算得尺寸系数 $\varepsilon_\tau=0.91$，$\sigma_{\varepsilon_\tau}=0.085$，则 $C_{\varepsilon_\tau}=0.093$；花键经磨削，查得其表面加工质量系数 $\beta=0.91$，标准差 $\sigma_\beta=0.103$，则 $C_\beta=0.113$。考虑可能出现的微观结构不均匀性，同一批冶炼的 40Cr 钢的疲劳极限变差系数 $C_1=0.0245$；考虑配料比例、成分、冶炼温度等的随机性，不同批冶炼的 40Cr 钢的疲劳极限变差系数 $C_2\approx C_{\delta_{\mathrm{b}}}=0.050$，故 40Cr 钢疲劳极限的变差系数应取为 $C_{\tau_{-1}}=\sqrt{C_1^2+C_2^2}=\sqrt{0.0245^2+0.050^2}=0.056$。

半轴花键的扭转疲劳极限的均值及变差系数为

$$\mu_{\tau_{-1e}}=\frac{\mu_{\tau_{-1}}\overline{\varepsilon}_\tau\overline{\beta}}{\overline{K}_\tau}=\frac{220\times0.91\times0.91}{2.70}=67.47(\mathrm{MPa})$$

$$C_{\tau_{-1e}}=\sqrt{C_{\tau_{-1}}^2+C_{K_\tau}^2+C_{\varepsilon_\tau}^2+C_\beta^2}=\sqrt{0.056^2+0.06^2+0.093^2+0.113^2}=0.168$$

(4) 半轴的疲劳寿命预测。

计算时取疲劳循环基数 $N_0=6\times10^6$，幂指数 $m=6$，根据迈纳(Miner)理论估计疲劳寿命的公式有

$$N_L=\frac{1}{\sum_{i=1}^{k}\frac{\alpha_i}{N_i}}=\frac{1}{\sum_{i=1}^{k}\frac{n_i}{N_L}\left(\frac{1}{N_i}\right)}=\frac{N_0S_{-1e}^m}{\sum_{i=1}^{k}\frac{n_i}{N_L}S_i^m}=\frac{N_0\mu_{\tau_{-1e}}^m}{\sum_{i=1}^{k}\frac{n_i}{N_L}\tau_{\mathrm{a}i}^m}=\frac{6\times10^6\times(67.47)^6}{\frac{1}{1483}\times4.2038\times10^{12}}$$
$$=1.9967\times10^8$$

表 6-10 中数据是汽车满载行驶 8km 测得的，因此，每千米循环数为

$$\frac{\sum n_i}{8}=\frac{1483}{8}\approx 185.4\ (1/\mathrm{km})$$

以千米数表示的半轴的中位寿命为

$$L=\frac{1.9976\times 10^8}{185.4}=1.0775\times 10^6(\mathrm{km})$$

这时，可靠度 $R=0.50$。

（5）半轴的寿命分布函数。

半轴的疲劳寿命为对数正态分布，即对数疲劳寿命服从正态分布。因此，如果求得对数疲劳寿命的标准差 $\sigma_{\ln N}$，也就可以作出寿命分布函数。

对疲劳寿命的标准差可近似地取为

$$\sigma_{\ln N}\approx m\cdot \lg e\cdot\sqrt{C_{\delta_{-1e}}^2+C_{S_a}^2}=0.4343m\sqrt{C_{\delta_{-1e}}^2+C_{S_a}^2}$$

式中，$C_{\delta_{-1e}}$ 为零件疲劳极限的变差系数，在本题中已求得 $C_{\tau_{-1e}}=0.168$；C_{S_a} 为零件应力幅的变异系数，按试验资料，一般取 $C_{S_a}=0.2\sim0.3$，有时可达 0.5，在本题中已求得 $C_{S_a}=C_{\tau_a}=\frac{\sigma_{\tau_a}}{\tau_m}=\frac{22.1}{75}$；$m$ 为幂指数，本题给出 $m=6$。

因此，可得

$$\sigma_{\ln N}\approx 6\times 0.4343\times\sqrt{0.168^2+\left(\frac{22.1}{75}\right)^2}=0.8839$$

寿命分布函数为

$$\begin{aligned}\lg N_p&=\lg\overline{N}_L+z\sigma_{\ln N}=\lg(1.9967\times 10^8)+Z\times 0.8839\\&=8.3003+0.8839Z\end{aligned}$$

则

$$Z=\frac{\lg N_p-8.3003}{0.8839}$$

行驶 160000km 的总循环数为 $N_p=160000\times 185.4=29.664\times 10^6$，代入上式得正态分布的分数

$$Z=\frac{\lg(29.664\times 10^6)-8.3003}{0.8839}=\frac{7.4722-8.3003}{0.8839}=-0.9368$$

查标准正态分布数值表得可靠度 $R=0.8264$，即有 82.64% 的半轴可达到 160000km 的寿命。

6.4.3 转轴的可靠性设计

转轴在弯扭复合应力下工作，应根据第三或第四强度理论进行静强度和疲劳强度设计。转轴不仅需要满足静强度要求，还要满足疲劳强度要求和刚度要求。

1. 转轴的静强度可靠性设计

在进行轴的设计计算时，以少量出现的峰值载荷进行静强度计算。首先确定轴在运转过程中可能出现最大弯矩和扭矩的危险截面，分别求出相应的弯曲应力与扭转应力，其次根据变形能强度理论求弯扭合成应力。这些分析计算过程可利用常规设计方法得到。但在可靠性设计过程中则要将这些载荷都视为随机变量，确定其均值和标准差。然后根据工作应力和强度分布参数及连接方程设计出转轴的尺寸和允许的尺寸偏差或验证轴的可靠度。

例 6-4 试设计一齿轮轴，求可靠度 $R=0.999$ 时轴的直径。所述变量分布均为正态分布，已知参数如下：

轴计算截面上所受弯矩 M 为：$M=1.5\times10^{7}\text{N}\cdot\text{mm}\pm4.2\times10^{6}\text{N}\cdot\text{mm}$；

轴计算截面上所受扭矩 T 为：$T=1.2\times10^{7}\text{N}\cdot\text{mm}\pm36\times10^{4}\text{N}\cdot\text{mm}$；

材料强度 δ_b 的均值和标准差为：$(\mu_{\delta_b},\ \sigma_{\delta_b})=(93.5,\ 1.875)$ MPa。

按制造工艺，轴直径 d(单位为 mm)的公差为 $0.005\bar{d}$。

解： 假设轴上的弯矩和扭矩是相互独立的随机变量，轴直径的公差为 3 ×标准差(3σ)，即有：

直径 d 的标准差为

$$\sigma_d=\frac{0.005\bar{d}}{3}=0.00167\bar{d}$$

弯矩 M 的标准差为

$$\sigma_M=\frac{4.2\times10^{6}}{3}=1.4\times10^{6}(\text{N}\cdot\text{mm})$$

扭矩 T 的标准差为

$$\sigma_T=\frac{36\times10^{4}}{3}=12\times10^{4}(\text{N}\cdot\text{mm})$$

所以有：

弯矩 M

$$(\mu_M,\ \sigma_M)=(1.5\times10^7,\ 1.4\times10^6)(\mathrm{N\cdot mm})$$

扭矩 T

$$(\mu_T,\ \sigma_T)=(1.2\times10^7,\ 12\times10^4)(\mathrm{N\cdot mm})$$

抗弯截面模量 W 的均值

$$\mu_W=\frac{\pi}{32}\bar{d}^3=0.0982\bar{d}^3$$

抗弯截面模量 W 的标准差

$$\sigma_W=\frac{\pi}{32}(3\bar{d}^2\sigma_d)=\frac{\pi}{32}(3\bar{d}^2\times0.00167\bar{d})=0.00049\bar{d}^3$$

抗扭截面模量 W_T

$$W_T=2W$$

弯曲应力 S_W 为

$$S_W=\frac{M}{W}=\frac{(\mu_M,\ \sigma_M)}{(\mu_W,\ \sigma_W)}=\frac{(1.5\times10^7,\ 1.4\times10^6)}{(0.0982\bar{d}^3,\ 0.00049\bar{d}^3)}$$

弯曲应力的均值为

$$\mu_{S_W}=\frac{\mu_M}{\mu_W}=\frac{1.5\times10^7}{0.0982\bar{d}^3}=\frac{1.5275\times10^8}{\bar{d}^3}$$

弯曲应力的标准差为

$$\begin{aligned}\sigma_{S_W}&=\frac{1}{\mu_W^2}\sqrt{\mu_M^2\sigma_W^2+\mu_W^2\sigma_M^2}\\&=\frac{1}{(0.0982\bar{d}^3)^2}\times\sqrt{(1.5\times10^7)^2(0.00049\bar{d}^3)^2+(0.0982\bar{d}^3)^2(1.4\times10^6)^2}\\&=\frac{1.4277\times10^7}{\bar{d}^3}\end{aligned}$$

所以

$$(\mu_{S_W},\ \sigma_{S_W})=\left(\frac{1.5275\times10^8}{\bar{d}^3},\ \frac{1.4277\times10^7}{\bar{d}^3}\right)$$

扭转剪应力 τ 为

$$\tau=\frac{T}{W_T}=\frac{T}{2W}=\frac{(1.2\times10^7,\ 12\times10^4)}{(0.1964\bar{d}^3,\ 0.00098\bar{d}^3)}$$

扭转剪应力的均值为

$$\mu_{\tau}=\frac{\mu_{T}}{\mu_{W_T}}=\frac{1.2\times10^{7}}{0.1964\bar{d}^{3}}=\frac{6.1099796\times10^{7}}{\bar{d}^{3}}$$

扭转剪应力的标准差为

$$\begin{aligned}\sigma_{\tau}&=\frac{1}{\mu_{W_T}^{2}}\sqrt{\mu_{T}^{2}\sigma_{W_T}^{2}+\mu_{W_T}^{2}\sigma_{T}^{2}}\\&=\frac{1}{(0.1964\bar{d}^{3})^{2}}\times\sqrt{(1.2\times10^{7})^{2}(0.00098\bar{d}^{3})^{2}+(0.1964\bar{d}^{3})^{2}(12\times10^{4})^{2}}\\&=\frac{6.828385\times10^{5}}{\bar{d}^{3}}\end{aligned}$$

所以

$$(\mu_{\tau},\ \sigma_{\tau})=\left(\frac{6.1099796\times10^{7}}{\bar{d}^{3}},\ \frac{6.828385\times10^{5}}{\bar{d}^{3}}\right)$$

为了求合成应力 S，先求$(S_W^2+3\tau^2)$的正态分布参量。

对于 S_W^2 有

$$(\mu_{S_W^2},\ \sigma_{S_W^2})=\left[\left(\frac{1.5275\times10^{8}}{\bar{d}^{3}}\right)^{2},\ 2\left(\frac{1.5275\times10^{8}}{\bar{d}^{3}}\right)\left(\frac{1.4277\times10^{7}}{\bar{d}^{3}}\right)\right]$$

这里，$\sigma_{S_W^2}=2\mu_{S_W}\sigma_{S_W}=2\left(\frac{1.5275\times10^{8}}{\bar{d}^{3}}\right)\left(\frac{1.4277\times10^{7}}{\bar{d}^{3}}\right)$，得

$$(\mu_{S_W^2},\ \sigma_{S_W^2})=\left(\frac{2.3326\times10^{16}}{\bar{d}^{6}},\ \frac{4.3616\times10^{15}}{\bar{d}^{6}}\right)$$

$$\begin{aligned}3(\mu_{\tau}^{2},\ \sigma_{\tau}^{2})&=3\left[\left(\frac{6.1099796\times10^{7}}{\bar{d}^{3}}\right)^{2},\ 2\left(\frac{6.1099796\times10^{7}}{\bar{d}^{3}}\right)\left(\frac{6.828385\times10^{5}}{\bar{d}^{3}}\right)\right]\\&=\left(\frac{1.1199555\times10^{16}}{\bar{d}^{6}},\ \frac{2.5032776\times10^{14}}{\bar{d}^{6}}\right)\end{aligned}$$

则

$$\begin{aligned}S^{2}&=S_W^{2}+3\tau^{2}\\&=\left(\frac{2.3326\times10^{16}}{\bar{d}^{6}},\ \frac{4.3616\times10^{15}}{\bar{d}^{6}}\right)+\left(\frac{1.1199555\times10^{16}}{\bar{d}^{6}},\ \frac{2.5032776\times10^{14}}{\bar{d}^{6}}\right)\end{aligned}$$

S^2 的均值为

$$\mu_{S^2}=\frac{2.3326\times10^{16}}{\bar{d}^{6}}+\frac{1.1199555\times10^{16}}{\bar{d}^{6}}=\frac{3.4532155\times10^{16}}{\bar{d}^{6}}$$

S^2 的标准差为

$$\sigma_{S^2}=\sqrt{\left(\frac{4.3616\times10^{15}}{\bar{d}^{6}}\right)^2+\left(\frac{2.5032776\times10^{14}}{\bar{d}^{6}}\right)^2}=\frac{4.3687777\times10^{15}}{\bar{d}^{6}}$$

因 $S=(S^2)^{\frac{1}{2}}$，求其均值 μ_S 和标准差 σ_S 为

$$\mu_S=\left[\frac{1}{2}\sqrt{4\left(\frac{3.4532155\times10^{16}}{\bar{d}^{6}}\right)^2-2\left(\frac{4.3687777\times10^{15}}{\bar{d}^{6}}\right)^2}\right]^{\frac{1}{2}}$$

$$=\left(\frac{3.43937\times10^{16}}{\bar{d}^{6}}\right)^{\frac{1}{2}}=\frac{1.85455\times10^{8}}{\bar{d}^{3}}$$

$$\sigma_S=\left(\frac{3.4532155\times10^{16}}{\bar{d}^{6}}-\frac{3.43937\times10^{16}}{\bar{d}^{6}}\right)^{\frac{1}{2}}=\frac{1.17667\times10^{7}}{\bar{d}^{3}}$$

所以

$$(\mu_S,\ \sigma_S)=\left(\frac{1.85455\times10^{8}}{\bar{d}^{3}},\ \frac{1.17667\times10^{7}}{\bar{d}^{3}}\right)$$

代入联结方程

$$Z_R=\frac{\mu_{\delta_b}-\mu_S}{\sqrt{\sigma_{\delta_b}^2+\sigma_S^2}}$$

由附表 1 查得，当 $R=0.999$ 时，$Z_R=3.091$，代入连接方程 $Z_R=\dfrac{\mu_{\delta_b}-\mu_S}{\sqrt{\sigma_{\delta_b}^2+\sigma_S^2}}$

则

$$3.091=\frac{93.5-\dfrac{1.85455\times10^{8}}{\bar{d}^{3}}}{\sqrt{1.875^2+\left(\dfrac{1.17667\times10^{7}}{\bar{d}^{3}}\right)^2}}$$

展开后得方程式

$$8708.66\bar{d}^{6}-346.8\times10^{8}\bar{d}^{3}+3.307\times10^{16}=0$$

解得 $\bar{d}=133.89\text{mm}$。

直径 d 的标准差为

$$\sigma_d=0.00167\bar{d}=0.00167\times133.89=0.224(\text{mm})$$

直径的公差为

$$3\sigma_d=3\times0.224=0.672(\text{mm})$$

因此，采用轴的直径 $d=134.0\text{mm}\pm0.7\text{mm}$。

传统设计结果为

$$d\geqslant\sqrt[3]{\frac{M_e}{0.1\,[\delta_{-1}]_b}}=\sqrt[3]{\frac{\sqrt{M^2+(\alpha T)^2}}{0.1\,[\delta_{-1}]_b}}$$

$$=\sqrt[3]{\frac{\sqrt{(1.5\times10^7)^2+(0.6\times1.2\times10^7)^2}}{0.1\times93.5}}=143.59(\text{mm})$$

2. 转轴的疲劳强度可靠性设计

在进行转轴的疲劳强度可靠性设计时，通常是先作轴的结构图；计算轴上的作用力及支撑反力；绘弯矩、扭矩图；确定转轴在危险截面处的应力分布及强度分布；当给定可靠度 $R(t)$ 后，将有关数值代入联结方程求轴径。也可先按常规设计估算轴径，进行转轴的结构设计，计算危险截面的合成应力及疲劳极限的分布参量，代入联结方程求可靠度做可靠性预测。当缺少试验数据时，为了确定危险截面疲劳极限的分布参量，可采用近似方法绘制疲劳极限线图。

例 6-5 某减速器主动轴，传递功率 $P=13\text{kW}$，转速 $n=200\text{r/min}$，经传统设计，结构尺寸已定(如图 6-2 所示)，危险截面 N—N 的弯曲应力均值 $\mu_S=28.4\text{MPa}$，剪切应力均值 $\mu_\tau=7.6\text{MPa}$。轴的材料为 45 钢，强度极限均值 $\mu_{\delta_b}=637\text{MPa}$，疲劳极限均值 $\mu_{\delta_{-1}}=268\text{MPa}$。假设强度和应力均值为正态分布。如果设计要求的可靠度 $R(t)=0.999$，试校核该轴的可靠度。

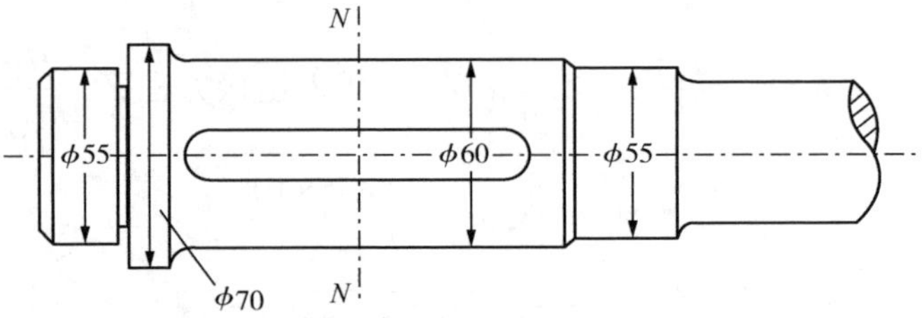

图 6-2 轴的结构尺寸(单位：mm)

解：(1)求工作应力的分布参数。

取材料疲劳极限的变异系数 $C_{\delta_{-1}}=0.08$，强度极限变异系数 $C_{\delta_b}=0.05$，假定弯曲应力的变异系数 $C_S=0.15$，剪应力的变异系数 $C_\tau=0.10$。因为标准差等于均值乘变异系数，故应力分布参数如下：

弯曲应力为

$$(\mu_S,\ \sigma_S)=(28.4,\ 4.26)(\text{MPa})$$

剪切应力为

$$(\mu_\tau,\ \sigma_\tau)=(7.6,\ 0.76)(\text{MPa})$$

应用第四强度理论，求弯扭合成应力，有

$$S_{\max}=\sqrt{S^2+3\tau^2}$$

由疲劳极限应力线图可知，其合成应力为

$$S_{\max}=\sqrt{S_a^2+S_m^2}$$

比较以上两式，可知应力幅 $S_a=S$，平均应力 $S_m=\sqrt{3}\tau$，即

$$S_a(\mu_{S_a},\ \sigma_{S_a})=S(\mu_S,\ \sigma_S)=S(28.4,\ 4.26)(\text{MPa})$$

$$S_m(\mu_{S_m},\ \sigma_{S_m})=\sqrt{3}\tau(\mu_\tau,\ \sigma_\tau)=\tau(13.16,\ 1.32)(\text{MPa})$$

工作应力的均值和标准差为

$$\mu_{S_{\max}}=\sqrt{\mu_{S_a}^2+\mu_{S_m}^2}=\sqrt{28.4^2+13.16^2}=31.30(\text{MPa})$$

$$\sigma_{S_{\max}}=\sqrt{\frac{\mu_{S_a}^2\sigma_{S_a}^2+\mu_{S_m}^2\sigma_{S_m}^2}{\mu_{S_a}^2+\mu_{S_m}^2}}=\sqrt{\frac{28.4^2\times4.26^2+13.16^2\times1.32^2}{28.4^2+13.16^2}}=3.90\ (\text{MPa})$$

（2）绘制分布状态的疲劳极限应力线图。

这里，绘制简化的 Goodman 线图作为设计的依据。零件疲劳强度为

$$\mu_{\delta_{-1e}}=\frac{\delta_{-1}\varepsilon_\sigma\beta}{k_\sigma}$$

根据轴的结构、尺寸和加工状况，查得有效应力集中系数 $\overline{K}_\sigma=2.62$，表面质量系数 $\overline{\beta}=0.92$，尺寸系数 $\overline{\varepsilon}=0.93$，则

$$\mu_{\delta_{-1e}}=\frac{268\times0.93\times0.92}{2.62}=87.52(\text{MPa})$$

零件疲劳极限的标准差为

$$\sigma_{\delta_{-1e}}=\mu_{\delta_{-1e}}C_{\delta_{-1}}=87.52\times0.08=7.00(\text{MPa})$$

零件强度极限的标准差为

$$\sigma_{\delta_b}=\mu_{\delta_b}C_{\delta_b}=637\times0.05=31.85(\text{MPa})$$

运用以上数据，取适当的比例，按“3σ 法则”作呈分布状的 Goodman 线图，如图 6-3所示。

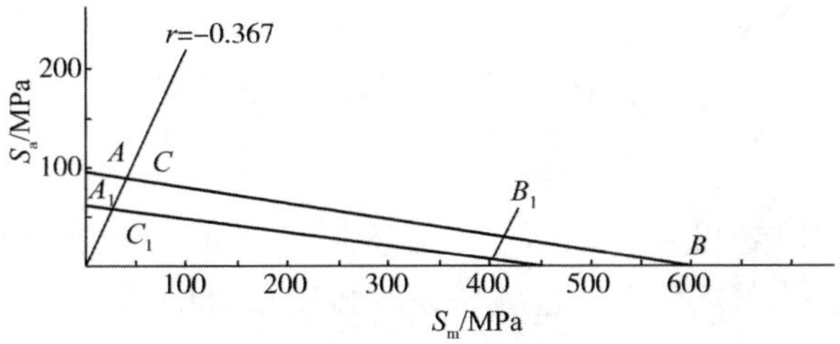

图 6-3　45 钢轴可靠性设计的 Goodman 线图

（3）确定工作应力的循环特性 r。

最大应力为

$$S_{max}=S_m+S_a=13.16+28.4=41.56(\text{MPa})$$

最小应力为

$$S_{min}=S_m-S_a=13.16-28.4=-15.24(\text{MPa})$$

应力循环特性为

$$r=\frac{S_{min}}{S_{max}}=\frac{-15.24}{41.56}=-0.367$$

$$\tan\theta=\frac{S_a}{S_m}=\frac{28.4}{13.16}=2.158$$

$$\theta=65.14°$$

（4）确定 $r=-0.367$ 的强度分布参数。

按 $\theta=65.14°$在图 6-3 上作 $r=-0.367$ 的直线与疲劳极限应力线 AB 和 A_1B_1 分别相交于 C 和 C_1 两点，C 点的坐标为(45.2，80.5)，C_1 点的坐标为(35.2，60.2)。

由“3σ 法则”可知，疲劳极限的应力幅和平均应力的标准差为

$$\sigma_{\delta_{ae}}=\frac{80.5-60.2}{3}=6.77(\text{MPa})$$

$$\sigma_{\delta_{me}}=\frac{45.2-35.2}{3}=3.33(\text{MPa})$$

$r=-0.367$ 的疲劳强度的均值和标准差为

$$\mu_{\delta_r}=\sqrt{\mu_{\delta_{ae}}^2+\mu_{\delta_{me}}^2}=\sqrt{80.5^2+45.2^2}=92.32\ (\text{MPa})$$

$$\sigma_{\delta_r}=\sqrt{\frac{\mu_{\delta_{ae}}^2\sigma_{\delta_{ae}}^2+\mu_{\delta_{me}}^2\sigma_{\delta_{me}}^2}{\mu_{\delta_{ae}}^2+\mu_{\delta_{me}}^2}}=\sqrt{\frac{80.5^2\times6.77^2+45.2^2\times3.33^2}{80.5^2+45.2^2}}=6.12(\text{MPa})$$

（5）校核轴的可靠度。

将以上求得的应力循环特性 $r=-0.367$ 的强度与应力的分布参数代入联结方程，求得可靠性指数为

$$Z_R=\frac{\mu_{\delta_r}-\mu_{S_{max}}}{\sqrt{\sigma_{\delta_r}^2+\sigma_{S_{max}}^2}}=\frac{92.32-31.30}{\sqrt{6.12^2+3.90^2}}=8.408$$

由标准正态分布数值表可知，当 $Z_R=8.408$ 时，轴的可靠度 $R>0.99999999$，这意味着传统设计的轴非常可靠。也就是说，传统设计的轴尺寸是较保守的。根据疲劳强度可靠度计算方法，可将原设计尺寸适当减小后，按照上述步骤再进行计算，直到轴的可靠度符合设计要求的可靠度 $R(t)=0.999$ 为止。

6.4.4 轴的刚度可靠性设计

轴在载荷作用下，将产生弯曲或扭转变形。若变形量超过允许的限度，就会影响轴上零件的正常工作，甚至会丧失机器应有的工作性能。例如，安装齿轮的轴，若弯曲刚度(或扭转刚度)不足而导致挠度(或扭转角)过大，将影响齿轮的正确啮合，使齿轮沿齿宽和齿高方向接触不良，造成载荷在齿面上严重分布不均。因此，在设计有刚度要求的轴时，必须进行刚度的校核计算。轴的弯曲刚度以挠度或偏转角来度量；扭转刚度以扭转角来度量。轴的刚度校核计算通常是计算出轴在受载时的变形量，并控制其不超过允许值。

1. 弯曲刚度可靠性设计

常规设计刚度条件为：

挠度： $y\leqslant[y]$

偏转角： $\theta\leqslant[\theta]$

式中，$[y]$为轴的允许挠度，mm；$[\theta]$为轴的允许偏转角，rad。轴的允许挠度和偏转角见表6-11。

表6-11　轴的允许挠度和偏转角

名称	允许挠度$[y]$/mm	名称	允许偏转角$[\theta]$/rad
一般用途的轴	$(0.0003\sim0.0005)l$	滑动轴承	0.001
刚度要求较严的轴	$0.0002l$	向心球轴承	0.005
感应电动机轴	0.1Δ	调心球轴承	0.05
安装齿轮的轴	$(0.01\sim0.03)m_n$	圆柱滚子轴承	0.0025
安装涡轮的轴	$(0.02\sim0.05)m_t$	圆锥滚子轴承	0.0016
		安装齿轮处轴的截面	0.01~0.002

注：l为轴的跨距，mm；Δ为电动机定子与转子间的气隙，mm；m_n为齿轮的法面模数，mm；m_t为涡轮的端面模数，mm。

在外载荷的作用下，轴产生弹性弯曲变形，如图6-4所示。变形后的轴线称为挠度曲线或弹性曲线。挠度y随截面位置x而变化的关系式$y=f(x)$称为挠度曲线方程。在轴的刚度的可靠性设计中，挠度曲线方程常表示为

$$y=f(F,\ l,\ a,\ E,\ I,\ x) \tag{6-13}$$

式中，E为材料的弹性模量；I为轴截面的惯性矩；x为计算截面到坐标原点的距离；其他如图6-4所示。

若式(6-13)中的各个参数为相互独立的随机变量，则轴的挠度y的均值及标准差为

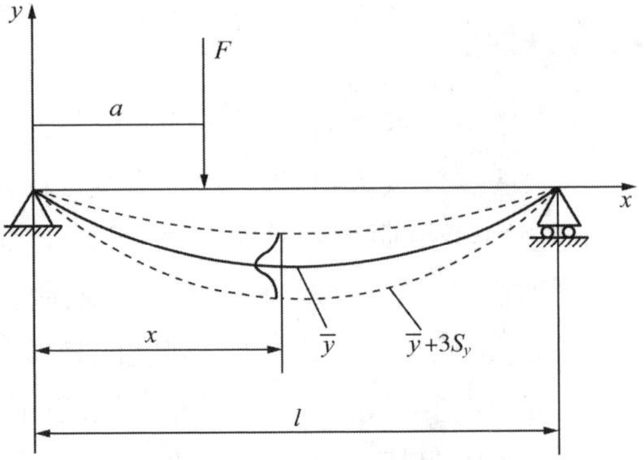

图 6-4　轴的刚度计算模型

$$\bar{y}=f(\bar{F},\ \bar{l},\ \bar{a},\ \bar{E},\ \bar{I},\ \bar{x})$$

$$\sigma_y=\sqrt{\left(\frac{\partial y}{\partial F}\right)^2\cdot\sigma_F^2+\left(\frac{\partial y}{\partial l}\right)^2\cdot\sigma_l^2+\left(\frac{\partial y}{\partial a}\right)^2\cdot\sigma_a^2+\left(\frac{\partial y}{\partial E}\right)^2\cdot\sigma_E^2+\left(\frac{\partial y}{\partial I}\right)^2\cdot\sigma_I^2+\left(\frac{\partial y}{\partial x}\right)^2\cdot\sigma_x^2}$$

由于式(6-13)中的各随机变量基本上均属于正态分布，故挠度 y 也近似于正态随机变量。这样，若已知挠度的许用值[y]、均值 $\bar{y}$ 及标准差 σ_y，则可利用联结方程求得在给定条件下轴的刚度的可靠度，即

$$Z_R=\frac{[y]-\bar{y}}{\sqrt{\sigma_y^2+0}}=\frac{[y]-\bar{y}}{\sigma_y}$$

对于一般转轴，当其两支撑点间的跨距为 l 时，取[y]=(0.0001~0.0005)l；对于齿轮轴，常取[y]=(0.01~0.03)m，其中 m 为齿轮模数。

参考上述方法，亦可计算截面的偏转角 θ 的可靠度。在一般情况下，由于轴截面的偏转角非常小，例如在汽车变速器设计中，其许用值仅为 0.02°，因此可近似地认为 θ 等于挠度曲线方程的一阶导数，即

$$\theta\approx\tan\theta=\frac{\mathrm{d}y}{\mathrm{d}x}=y'$$

2. 扭转刚度可靠性设计

轴的扭转变形用每米长的扭转角 φ 来表示。

常规设计刚度条件为扭转角

$$\varphi=57300\,\frac{T}{GI_p}\leqslant[\varphi] \tag{6-14}$$

式中，T 为轴所受的扭矩，N·mm；G 为轴材料的剪切弹性模量，MPa；I_p 为轴截面的极惯性矩，mm^4；[φ]为轴每米长的允许扭转角，°/m，与轴的使用场合有

关。对于一般传动轴，可取[φ] = 0.5 ~ 1°/m；对于精密传动轴，可取[φ] = 0.25~0.5°/m；对于精度要求不高的轴，[φ]可大于 1°/m。

在可靠性设计中，设式(6-14)中的各物理量为独立的随机变量，则扭转角 φ 的均值 $\overline{\varphi}$ 和标准差 σ_φ 分别为

$$\overline{\varphi}=57300\frac{\overline{T}}{\overline{G}\,\overline{I}_p}$$

$$\sigma_\varphi=\sqrt{\left(\frac{\partial\varphi}{\partial T}\right)\cdot\sigma_T^2+\left(\frac{\partial\varphi}{\partial G}\right)\cdot\sigma_G^2+\left(\frac{\partial\varphi}{\partial I_p}\right)\cdot\sigma_{I_p}^2}$$

式中，$\overline{G}$ 为轴材料剪切弹性模量的均值；$\overline{I}_p$ 为轴截面极惯性矩的均值。

因扭矩 T、应力 τ、材料的强度及扭转角均近似于正态分布，于是计算轴的刚度时，联结方程的形式为

$$Z_R=\frac{[\varphi]-\overline{\varphi}}{\sqrt{\sigma_{[\varphi]}^2+\sigma_\varphi^2}}=\frac{[\varphi]-\overline{\varphi}}{\sqrt{0+\sigma_\varphi^2}}=\frac{[\varphi]-\overline{\varphi}}{\sigma_\varphi}\tag{6-15}$$

式中，$\sigma_{[\varphi]}$ 为许用扭转角[φ]的标准差，计算时可取为 0。

如果已知[φ]、$\overline{\varphi}$、σ_φ，则可利用联结方程求得在给定条件下转轴扭转刚度的可靠度。

6.5 滚动轴承的可靠性设计

滚动轴承的主要失效形式为疲劳点蚀、磨损和塑性变形。滚动轴承的寿命将直接影响机械的性能。因而，在选择滚动轴承时，常以基本额定寿命作为计算标准。基本额定寿命即按一组轴承中 10%的轴承发生点蚀破坏，而 90%的轴承不发生点蚀破坏前的转数(以10^6r 为单位)或工作小时数作为轴承的寿命。

滚动轴承是最早具有可靠性指标的机械零件。现行的额定动载荷计算方法规定，在基本额定动载荷 C 的作用下，滚动轴承可以工作10^6r 而其中 90%不发生疲劳点蚀失效，这意味着其可靠度为 90%。

如果要求的可靠度为 90%，则可以按额定动载荷的计算方法计算 C，并据此选择轴承。如果要求的可靠度不为 90%，则应当计算出与目标可靠度 $R(t)$ 相应的可靠寿命或额定动载荷，并据此选择可靠度不为 90%的轴承。现在分两种情况加以讨论。

1. 滚动轴承的寿命与可靠度之间的关系

大量寿命试验和理论分析证实，滚动轴承的疲劳寿命服从威布尔分布，轴承寿命 t 的失效概率为

$$F(t)=1-\mathrm{e}^{-\left(\frac{t}{\eta}\right)^{\beta}}$$

式中，t 为轴承寿命；η 为尺度参数；β 为形状参数。

由 $F(t)=1-R(t)$，可得与 t 对应的可靠度为

$$R(t)=\mathrm{e}^{-\left(\frac{t}{\eta}\right)^{\beta}} \tag{6-16}$$

式(6-16)可改写为

$$t=\eta\left[-\ln R(t)\right]^{\frac{1}{\beta}} \tag{6-17}$$

当 $R(t)=0.90$ 时，轴承的寿命 $t=L_{10}$，L_{10} 表示失效概率为 10%的寿命，于是由式(6-17)可得

$$L_{10}=\eta\left[-\ln 0.90\right]^{\frac{1}{\beta}} \tag{6-18}$$

由式(6-17)和式(6-18)，整理可得

$$t=L_{10}\left[\frac{\ln R(t)}{\ln 0.90}\right]^{\frac{1}{\beta}} \tag{6-19}$$

式中，t 为与 $R(t)$ 相应的可靠寿命。

实践表明，式(6-19)的适用范围为 $0.40<R(t)<0.93$。

按轴承类型的不同，形状参数 β 的值如下：

球轴承：$\beta=10/9$；

滚子轴承：$\beta=3/2$；

圆锥滚子轴承：$\beta=4/3$。

β 也称为离散参数，大的 β 值对应于较小的离散寿命。

样本中所列的基本额定动载荷是在不破坏概率(可靠度)为 90%时的数据。实际上，不同的工作环境要求不同的可靠度，例如航空、航天工业通常要求“无失效”的轴承性能，即要求轴承寿命为 L_0。为了把样本中的基本额定动载荷值用于可靠度不等于 90%的情况，须引入寿命修正系数。

将式(6-19)简化为

$$t=\alpha L_{10} \tag{6-20}$$

式中，L_{10} 为可靠度为 90%(破坏概率为 10%)时的寿命，即基本额定寿命；α 为可靠度不为 90%时的额定寿命修正系数(寿命可靠性系数)，其值参见表 6-12。

$$\alpha=\left[\frac{\ln R(t)}{\ln 0.90}\right]^{\frac{1}{\beta}}$$

实际上遇到的问题，常常是给定目标可靠度下的可靠寿命，需要确定其对应的额定寿命 L_{10}，然后据此在目录中选用轴承。

由式(6-20)可得

$$L_{10}=\frac{t}{\alpha} \tag{6-21}$$

表 6-12　滚动轴承寿命可靠性系数 α 值

可靠度 $R(t)/\%$	50	80	85	90	92	95	96	97	98	99
轴承寿命 L	L_{50}	L_{20}	L_{15}	L_{10}	L_8	L_5	L_4	L_3	L_2	L_1
球轴承	5.45	1.96	1.48	1.00	0.81	0.62	0.53	0.44	0.33	0.21
滚子轴承	3.51	1.65	1.34	1.00	0.86					
圆锥滚子轴承	4.11	1.75	1.38	1.00	0.84					

例 6-6　一只 209 号径向球轴承在某项应用中得出具有 0.90 可靠度的疲劳寿命为 100×10^6r。问如果具有 0.95 的可靠度，其疲劳寿命有多大？

解：由式(6-19)，可得

$$t=L_{10}\left(\frac{\ln 0.95}{\ln 0.90}\right)^{\frac{9}{10}}=100\times10^6\times0.523=52.3\times10^6(\mathrm{r})$$

例 6-7　用一对滚子轴承的轴，要求在系统可靠度为 0.98 时有 1000h 的可靠寿命，如已知轴的可靠度为 $R_1(t)=0.999$，求在选择这对轴承时应取的额定寿命值。

解：轴与一对轴承属于串联系统，系统的可靠度为

$$R_S(t)=R_1(t)[R_2(t)]^2$$

每个轴承的可靠度应为

$$R_2(t)=\left[\frac{R_S(t)}{R_1(t)}\right]^{\frac{1}{2}}=\left(\frac{0.98}{0.999}\right)^{\frac{1}{2}}=0.99$$

由表 6-12 查得 $\alpha=0.21$，故应取的额定寿命为

$$L_{10}=\frac{t}{a}=\frac{1000}{0.21}=4762(\mathrm{h})$$

可见，选择一只可靠度为 0.90、寿命为 4762h 的轴承，如果用于要求可靠度为 0.99 的场合，其当量寿命仅为 1000h。所以，不应随便提高目标可靠度的要求。

2. 滚动轴承的额定动载荷与可靠度之间的关系

根据疲劳寿命曲线推导出的轴承额定动载荷与寿命之间的关系为

$$L_{10}=\left(\frac{C}{P}\right)^{\varepsilon} \tag{6-22}$$

式中，C 为轴承额定动载荷，N；P 为当量动载荷，N；ε 为疲劳寿命系数，对于球轴承，$\varepsilon=3$，对于滚子和圆锥滚子轴承，$\varepsilon=10/3$。

考虑到不同的可靠度及不同的材料和润滑条件，式(6-22)可表示为

$$t=\alpha bc\left(\frac{C}{P}\right)^{\varepsilon} \tag{6-23}$$

式中，α 为寿命可靠性系数，见表 6-12；b 为材料系数，对于普通轴承钢，$b=1$；c 为润滑系数，一般条件下，$c=1$。

取 $b=c=1$，则式(6-23)可改写为

$$C=a^{-\frac{1}{\varepsilon}}Pt^{\frac{1}{\varepsilon}}=KPt^{\frac{1}{\varepsilon}} \tag{6-24}$$

式中，K 为额定动载荷可靠性系数，参见表 6-13。

$$K=a^{-\frac{1}{\varepsilon}}=\left[\frac{\ln 0.90}{\ln R(t)}\right]^{\frac{1}{\beta\varepsilon}} \tag{6-25}$$

对于球轴承，$\frac{1}{\beta\varepsilon}=\frac{3}{10}$；对于滚子轴承，$\frac{1}{\beta\varepsilon}=\frac{1}{5}$；对于圆锥滚子轴承，$\frac{1}{\beta\varepsilon}=\frac{9}{40}$。

表 6-13　滚动轴承额定动载荷可靠性系数 *K* 值

可靠度 $R(t)$/%	50	80	85	90	92	95	96	97	98	99
轴承寿命 L	L_{50}	L_{20}	L_{15}	L_{10}	L_8	L_5	L_4	L_3	L_2	L_1
球轴承	0.5683	0.7984	0.8787	1.00	1.073	1.155	1.209	1.282	1.391	1.60
滚子轴承	0.6861	0.8606	0.9170	1.00	1.048					
圆锥滚子轴承	0.6545	0.8446	0.9071	1.00	1.054					

当已知目标可靠度下的轴承寿命后，即可由式(6-24)确定相应的额定动载荷 C 值，然后据此选择轴承。

例 6-8　有一深沟球轴承，$d=35$mm，受径向压力 $F_r=6000$N 作用，转速 $n=400$r/min，要求可靠度 $R(t)=0.95$，工作寿命 $t=5000$h，试选择此轴承。

解：根据式(6-24)，轴承的额定动载荷

$$C=KP\left(\frac{60nt}{10^6}\right)^{\frac{1}{\varepsilon}}=1.155\times6000\times\left(\frac{60\times400\times5000}{10^6}\right)^{\frac{1}{3}}=34182(\text{N})$$

故可以选择 6307 轴承。

如只要求可靠度 $R(t)=0.90$，工作寿命 $t=L_{10}=5000$h，则

$$C=P\left(\frac{60nt}{10^6}\right)^{\frac{1}{\varepsilon}}=6000\times\left(\frac{60\times400\times5000}{10^6}\right)^{\frac{1}{3}}=29594(\text{N})$$

故只选择 6207 轴承即可。

如果只有 6207 轴承可用，而又要求可靠度为 0.95，便需要降低可以允许的径向力 F_r，由

$$C=KP\left(\frac{60nt}{10^6}\right)^{\frac{1}{\varepsilon}}=1.155\times P\times\left(\frac{60\times400\times5000}{10^6}\right)^{\frac{1}{3}}=25500(\mathrm{N})$$

可得

$$P=\frac{25500}{1.155\times\left(\frac{60\times400\times5000}{10^6}\right)^{\frac{1}{3}}}=4476(\mathrm{N})$$

习　题

6-1　设计一齿轮轴，已知其传递扭矩 $T=12000\mathrm{N}\cdot\mathrm{mm}$，$\sigma_T=9000\mathrm{N}\cdot\mathrm{mm}$，危险截面弯矩 $M=14000\mathrm{N}\cdot\mathrm{mm}$，$\sigma_M=1200\mathrm{N}\cdot\mathrm{mm}$，材料强度 $\mu_{\delta_b}=800\mathrm{MPa}$，$\sigma_{\delta_b}=80\mathrm{MPa}$；要求可靠度 $R(t)=0.999$。求危险截面的尺寸(已知上述各量的分布均为正态分布)。

6-2　一个一端固定另一端受扭的轴，半径 $r=(12\pm0.1)\mathrm{mm}$，要求可靠度为 0.99，已知作用扭矩 $T=(1000\pm120)\mathrm{N}\cdot\mathrm{m}$，许用扭转应力 $S=(420\pm48)\mathrm{MPa}$，试问轴的设计是否符合可靠度要求？

6-3　已知 6208 轴承的额定寿命 $L_{10}=19830\mathrm{h}$，试计算：①轴承使用 $L=30000\mathrm{h}$ 时的可靠度；②轴承使用 $L=10000\mathrm{h}$ 时的可靠度；③若要求 $R(t)=0.999$，则该轴承的使用寿命是多少？

6-4　一圆柱滚子轴承，要求在可靠度为 0.99 时，在径向载荷 $F_r=8000\mathrm{N}$ 作用下工作循环次数达 $100\times10^6\mathrm{r}$，求此轴承应具有的基本额定动载荷 C。

第7章 可靠性试验

7.1 概述

可靠性试验是指为了分析、验证与定量评价产品的可靠性指标而进行的各种试验。通过可靠性试验，统计处理试验结果，可以获得产品在各种环境下工作时真实的可靠性指标，如可靠度 $R(t)$、失效概率 $F(t)$、平均寿命 θ、失效率 λ 等，为使用、生产、设计提供可靠性数据。同时，还可以揭示产品在材料选择、制造工艺、设计等方面存在的问题，通过对受试产品的失效分析，找出薄弱环节和原因，采取相应的措施，可达到提高产品可靠性的目的。所以，可靠性试验是研究产品可靠性的一个基本环节，也是机械产品可靠性预测的基础。

按照试验性质，可靠性试验可分为寿命试验、环境试验和现场使用试验等。

1. 寿命试验

寿命试验是为了证实受试的产品在某种规定条件(工作、使用、储存等)下的寿命而进行的试验，是可靠性试验的主要内容。一般来说，可靠性试验往往是指寿命试验，它是评价、分析产品寿命特征的试验，一般是在实验室里模拟实际使用工况并进行试验。虽然具有一定的近似性，但试验条件稳定，容易获得良好的试验结果，可以获得产品的寿命特征、失效规律，计算出产品的平均寿命和失效率等可靠性指标，用来作为可靠性设计、可靠性预测、改进产品质量的依据。因此，它是可靠性设计的基础工作。

2. 环境试验

环境试验是指在额定的负载条件下，考虑各种环境条件，如温度、湿度、振动、冲击、含沙量、电磁、辐射、腐蚀介质等对产品可靠性的影响，然后确定产品可靠性指标的一种试验方法。

汽车在热带、寒带、雪地、高原、沙漠、含尘量大、腐蚀介质、多雨潮湿等地区的试验，都属于环境试验。环境条件也可是人造的，如在试验场增设盐水池等进行汽车及其零件的耐腐蚀试验等。

3. 现场使用试验

现场使用试验是指在使用现场对产品工作可靠性进行的测量、试验。试验条件就是实际产品的使用条件，它比较符合产品真实使用状况。在一般试验中，要填写设备履历表，包括使用环境条件、使用工作时间、维修保养记录、发生故障记录与故障原因分析等。然后通过统计分析，就可以得到产品的失效率、平均寿命与有效度等可靠性指标，同时找出失效原因，采取改进措施，提高产品的可靠性。

可靠性试验的方法和试验的规模由试验的对象及要求来决定。对于机械和电子产品主要进行寿命试验。

7.2 寿命试验设计

7.2.1 寿命试验的目的

寿命试验用来评价分析产品的寿命特征。它是可靠性试验的一个重要项目，概括起来寿命试验的目的有以下三点。

1. 获得产品的各项可靠性指标

通过寿命试验可以获得产品的可靠性指标，如失效率、失效概率、可靠度、平均寿命、寿命方差等，用来评价产品的质量。

2. 弄清产品的寿命分布

通过寿命试验找出产品的寿命分布，这对设计和应用都有重要意义。如轴承的寿命符合威布尔分布，电子元件的寿命一般符合对数正态分布和威布尔分布，合金钢的高温持久寿命则符合对数正态分布，由大量电子元件组成的系统则符合指数分布等。

3. 研究产品失效机理

通过寿命试验可以找到产品失效的原因，并在此基础上建立产品失效的物理或数学模型，弄清楚其失效机理，并能用模型进行可靠性研究和理论预测工作。

7.2.2 寿命试验的分类

1. 按寿命试验的性质分类

1）储存寿命试验

产品在规定的环境条件下进行非工作状态的存放试验称为储存试验。存放的条件可以是室温、高温或者潮湿环境等。它的目的是了解产品在特定的环境条件下储存的可靠度。产品在制造出来后，有时需要在仓库内储存一段时间。为了掌握产品在储存期内参数变化的规律，观测它能否保持原有的可靠性指标，测定产品实际有效的储存期，就需要进行储存试验。

由于在储存期间产品处于非工作状态，失效率较低，通常要选取较多的样品作较长时间的试验，才能对产品的可靠性作出比较确切的预测与评价。

2）工作寿命试验

产品在规定的条件下带负荷的试验称为工作寿命试验。其又分为静态试验和动态试验两种。

静态试验就是加额定载荷的寿命试验，通过静态试验，可以了解产品在额定载荷下工作的可靠性。不过此项试验难以反映产品在实际工作状态下的可靠性。

动态试验是模拟产品实际工作状态的试验。由于这种试验与产品的实际工作状态非常接近，所以它的准确度比静态试验高，但动态试验设备比较复杂，且费用较高。

3）加速寿命试验

由于目前产品的可靠性水平迅速提高，工作寿命会很长，为了缩短试验周期，节约费用，快速对产品的可靠性作出评价，就要做加速寿命试验。

加速寿命试验就是在既不改变产品的失效机理又不增加新的失效因素的前提下，提高试验应力，加速产品的失效过程，促使产品在短期内大量失效。根据试验中应力施加的方式，加速寿命试验可分为：恒定应力加速寿命试验、步进应力加速寿命试验、序进应力加速寿命试验、变应力加速寿命试验等。根据试验结果，可以预测正常应力的产品寿命。

2. 按寿命试验的进行方式分类

1）完全寿命试验

完全寿命试验是指进行到投试样本全部失效为止的试验。一般机械零件的常规疲劳试验就是这种试验。投入的时间和费用较多。

2）截尾寿命试验

截尾试验又叫不完全寿命试验，指截尾寿命试验达到规定的失效数或达到规定的试验时间就停止的试验。它又可以分为两种：

（1）定数截尾寿命试验。指试验进行到规定的失效数 r 时停止，即 r 和 n 是常数，而失效时间 t_0 是随机变量。

（2）定时截尾寿命试验。指试验进行到规定时间 t_0 时停止，即 n 和 t_0 是定值，而 r 是随机变量。但在规定的时间 t_0 内，要保证产品有足够的失效数 r。

采用截尾寿命试验的原因很明显，如果试验到全部样本 n 都失效，需要相当长的时间。若按截尾规定的方法试验，同样也可以了解产品的可靠性水平，同时节约了时间和费用。但是，这种试验得到的是一组不完全的寿命数据，因而不能用一般的估计方法求得可靠性指标，而必须采用另外的统计分析方法求得。

截尾寿命试验按照试验中是否替换失效样本又可分为有替换试验和无替换试验两种情况：

（1）有替换试验。试验过程中每发生一个样本失效，就换上一个新的样本继续试验，这样可充分利用试验台，并且试验自始至终保持样本数 n 不变。

（2）无替换试验。试验过程中样本失效后，将失效的样本取下以后不再补充，该试验台即停止工作。

综上所述，可以把截尾寿命试验细分为以下四种类型：

无替换定时截尾寿命试验，记作[n，无，t_0]；

有替换定时截尾寿命试验，记作[n，有，t_0]；

无替换定数截尾寿命试验，记作[n，无，r]；

有替换定数截尾寿命试验，记作[n，有，r]。

在截尾寿命试验中，估计值的精度是试验截止数 r 的函数，而不是投试样本数 n 的函数。如投放 r 个产品直至全部失效与投放 n 个产品当有 r 个产品($n>r$)失效时停止，这两种情况将给出相同的估计精度。虽然截尾寿命试验要多用试验台数，但可以节省试验时间，如有 14 个样本投入试验，当第 7 个失效后就停止试验，和 7 个样本投入试验，到全部失效给出相同的估计精度，但前者所需的试验时间只有后者所需时间的 25.4%，即试验台数虽增加了一倍，但时间却只需原来的 1/4。

截尾寿命试验一般主要用于电子产品，也用于滚动轴承的寿命试验，一般机械产品的可靠性试验则很少采用。

7.2.3 寿命试验方案设计

可靠性寿命试验方案应根据被试产品的性质和试验目的来设计。但无论试验是否加速，有无替换，定数还是定时截尾，一般均应包括下列基本内容。

1. 明确试验对象

寿命试验的样本必须在经过严格的质量检验和例行试验的合格品中抽取。

2. 确定试验条件

要根据试验目的确定施加哪种应力条件。若了解产品的储存寿命，需要施加一定的环境应力；若了解产品的工作寿命，需要施加一定的环境应力和负载应力。试验条件要严格控制，以保证试验结果的有效性。

3. 拟定失效标准

失效标准是判断产品失效的技术指标。一个产品往往有好几项技术指标，在寿命试验中，通常规定某一项或某几项指标超出了标准就判为失效。

4. 选定测试周期

在没有自动记录失效设备的场合下，要合理选择测试周期，周期太密会增加工作量，太疏又会失掉一些有用的信息。一般的原则是使每个测试周期内测得的失效样本数比较接近，并且要有足够的测试次数。

当产品寿命为指数分布时，累积失效分布函数为

$$F(t)=1-e^{-t/T} \tag{7-1}$$

式中，T 为平均寿命；t 为失效时间随机变量。

根据式(7-1)，则测试时间 $t_i(i=1, 2, 3, \cdots)$ 可按式(7-2)得出：

$$t_i=T\ln\frac{1}{1-F(t_i)} \tag{7-2}$$

式中，$F(t_i)$ 可按等间隔取值，如 3%，6%，9%，…。对于预计累积失效概率较低时就停止的试验，$F(t_i)$ 的间隔可取密些，反之则取疏些。实际安排测试时间时，对平均寿命 T 及其分布往往不了解，这时 T 可估计得略小些，以便使开始的测试点前移，然后可根据实际情况适当调整。

5. 确定投试样本数

投试样本数的确定既要考虑到保证统计分析的正确性，又要考虑到试验的经济性，同时还要为试验设备条件所容许。另外，投试样本数还与产品种类和价值有关。一般来说，对于复杂的大型机械产品，因生产数量少，价格高，投试量应少些。大批量生产的简单产品价格便宜，可以多投试一些。投试样本数 n 可按秩的估计法由式(7-3)和式(7-4)算出：

当 $n>20$ 时，用秩的计算公式

$$n=\frac{r}{F(t)} \tag{7-3}$$

当 $n\leqslant 20$ 时，用秩的计算公式

$$n=\frac{r}{F(t)}-1 \tag{7-4}$$

式中，r 为结束试验时的失效个数；$F(t)$ 为结束试验时的失效概率。

例 7-1 已知某种产品寿命服从指数分布，估计它的平均寿命约为 3000h，希望 1000h 左右的试验中，能观测到 $r=10$ 个失效，试问应投试多少样本？

解： 首先计算 $T=3000\text{h}$，$t=1000\text{h}$ 时的失效概率，因产品寿命服从指数分布，由指数分布失效概率计算式(7-1)得

$$F(t)=1-e^{-t/T}=1-e^{\left(-\frac{1000}{3000}\right)}=0.2835$$

估计 $n>20$，用式(7-3)代入 $r=10$，$F(t)=0.2835$，算出投试样本数

$$n=\frac{r}{F(t)}=\frac{10}{0.2835}\approx 35.27$$

取 $n=36$。

从上面的计算结果可以看出投试样本数 n、失效数 r 和测试时间 t 三者关系，要在规定的时间 t 内观察到较多的失效数 r，则应增加投试样本数 n。若要求观测到的失效数 r 不变，如能增加投试样品数 n，则可以缩短时间。

6. 确定试验截止时间

试验截止时间与投试样本数 n 及希望达到的失效数 r 有关。当产品的寿命为指数分布时，试验中累积失效概率 $F(t)\approx r/n$（%）达到某规定值就截止试验，将 $F(t)\approx r/n$ 代入式(7-2)，就可求得试验截止时间，即试验时间约为

$$t_0=T\ln\frac{n}{n-r} \tag{7-5}$$

粗略估计产品在该试验条件下的平均寿命 T 后，就可求得试验截止时间。

同理，当产品的寿命为其他分布时，对定数截尾寿命试验，在已知 n 与 r 后可按式(7-3)或式(7-4)求出失效概率 $F(t)$ 的值，按不同分布函数 $F(t)$ 的类型可反解出达到 $F(t)$ 就停止的时间 t_0。

7.3 寿命试验结果统计分析及参数估计

7.3.1 一般分布完全寿命试验的数据处理

对 n 个随机抽取的样本进行寿命试验，直到全部样本失效为止，这样的试验称为完全寿命试验。

n 个随机样本的寿命是 n 个独立同分布的随机变量。将全部样本失效时间从小到大顺序排列，其顺序统计量为

$$t_1\leqslant t_2\leqslant\cdots\leqslant t_n$$

根据伯努利(Bernoulli)大数定律，若一事件在 n 次试验中出现 r 次，则有

$$P\left\{\lim_{n\to\infty}\frac{r}{n}=p\right\}=1 \tag{7-6}$$

再根据格里汶科(Glivenko)定理，若样本量 n 不断增大，当 $n\to\infty$，经验分布函数 $F_n(t)$ 收敛于真实分布函数 $F_0(t)$。$F_n(t)$ 是一个阶梯形单调非降函数。

$$F_n(t)=\begin{cases}0 & t<t_1\\ r/n & t_r\leqslant t<t_{r+1}\\ 1 & t\geqslant t_n\end{cases} \tag{7-7}$$

1. 未知分布的试验数据处理

1）当 $n>20$ 时

把顺序排列的样本失效时间 $0\leqslant t_1\leqslant t_2\leqslant\cdots\leqslant t_n$ 的时间区间 $[0, t_n]$ 等分(或不等分)成 m 组，为了保证精度，m 一般不小于 8。然后统计各时间区间末端时刻的累积失效数 $n_{\mathrm{f}}(t)$ 及剩余的未失效数 $n_{\mathrm{s}}(t)$。必定有

$$n_{\mathrm{f}}(t)+n_{\mathrm{s}}(t)=n \tag{7-8}$$

其他可靠性指标可按如下相应公式计算：

可靠度

$$R(t)\approx\frac{n_{\mathrm{s}}(t)}{n} \tag{7-9}$$

累积失效概率(不可靠度)

$$F(t)\approx\frac{n_{\mathrm{f}}(t)}{n} \tag{7-10}$$

失效概率密度

$$f(t)\approx\frac{\Delta n_{\mathrm{f}}(t)}{n\cdot\Delta t} \tag{7-11}$$

式中

$$\Delta n_{\mathrm{f}}(t)=n_{\mathrm{f}}(t+\Delta t)-n_{\mathrm{f}}(t)$$

失效率

$$\lambda(t)\approx\frac{\Delta n_{\mathrm{f}}(t)}{n_{\mathrm{s}}(t)\cdot\Delta t}=\frac{\Delta n_{\mathrm{f}}(t)}{n\cdot\Delta t}\cdot\frac{n}{n_{\mathrm{s}}(t)}=\frac{f(t)}{R(t)} \tag{7-12}$$

平均寿命

$$T=\frac{1}{n}\sum_{i=1}^{m}t_i\cdot\Delta n_{\mathrm{f}i} \tag{7-13}$$

式中，t_i 为第 i 组时间区间的中值；$\Delta n_{\mathrm{f}i}$ 为落到第 i 组中的失效数，称为频数。

2）当 $n \leqslant 20$ 时

因为样本数据比较少，所以不分组而采用逐个计算法，对于每一个 t_i 算出相应的累积失效概率 $F(t_i)$。因 n 不大，运用格里汶科定理会引起较大误差，这时采用按平均秩或中位秩来计算 $F(t_i)$：

按平均秩

$$F(t_i) \approx \frac{n_f(t_i)}{n+1} \tag{7-14}$$

按中位秩

$$F(t_i) \approx \frac{n_f(t_i)-0.3}{n+0.4} \tag{7-15}$$

或直接采用中位秩表，表中第一行表示样本容量 n，左起第一列是顺序统计量的序号 i。表中的中位秩可作为累积失效概率 $F(t_i)$ 的估计值 $\hat{F}(t_i)$。例如，当 $n=18$，$i=6$时，查得 $\hat{F}(t_i)=30.97\%$。

2. 已知分布的试验数据处理

如果样本寿命(母体)的分布已知而某些参数未知，则可根据样本数据对母体的分布参数作出估计，这样利用分布模型则可求出各种可靠性指标，如可靠度 $R(t)$、失效概率 $F(t)$、平均寿命 θ、失效率 $\lambda(t)$ 等。

7.3.2 指数分布截尾寿命试验及参数的点估计

指数分布截尾寿命试验及参数的点估计如下。

1. 按失效时间的统计分析

一般产品在偶然失效期的寿命接近指数分布。设投试样本数为 n，在试验结束时有 r 个样本失效，并且失效时间分别为 t_1，t_2，…，t_r。现分别讨论 4 种截尾寿命试验平均寿命 T 和失效率 λ 的点估计。

1）$[n，无，t_0]$ 截尾寿命试验

对无替换定时截尾寿命试验，当 n 个样本到规定试验时间 t_0 时停止试验，有 r 个失效（r 是随机的），得到顺序统计量为 $t_1 \leqslant t_2 \leqslant \cdots \leqslant t_r$；如图 7-1所示。则 n 个样本总的试验时间为

$$t[n，无，t_0] = \sum_{i=1}^{r} t_i + (n-r)t_0 \tag{7-16}$$

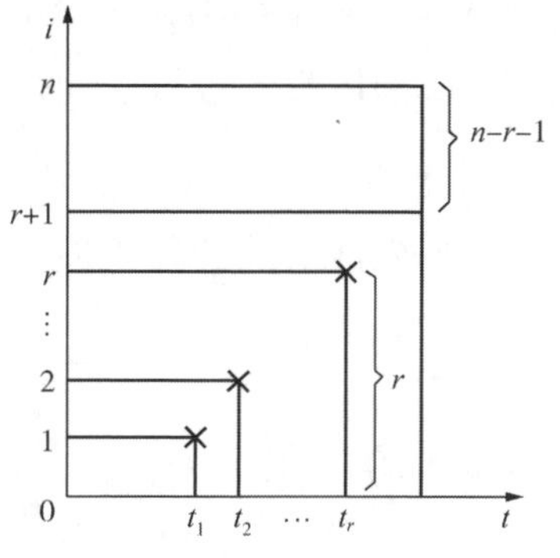

图 7-1 $[n，无，t_0]$试验示意图

这时平均寿命 T 的估计值为

$$\hat{T}=\frac{t[n,\text{无},t_0]}{r}=\frac{1}{r}\left[\sum_{i=1}^{r}t_i+(n-r)t_0\right] \tag{7-17}$$

失效率 λ 的估计值为

$$\hat{\lambda}=\frac{1}{\hat{T}}=\frac{r}{\sum_{i=1}^{r}t_i+(n-r)t_0} \tag{7-18}$$

2）$[n,\text{有},t_0]$截尾寿命试验

对有替换定时截尾寿命试验，当 n 个样本同时进行试验，若有样本发生失效立即更换，一直试验到规定时间 t_0 时停止，此时发生 r 个样本失效，此时投入样本总数为 $n+r$，如图 7-2 所示。则 n 个样本总的试验时间为

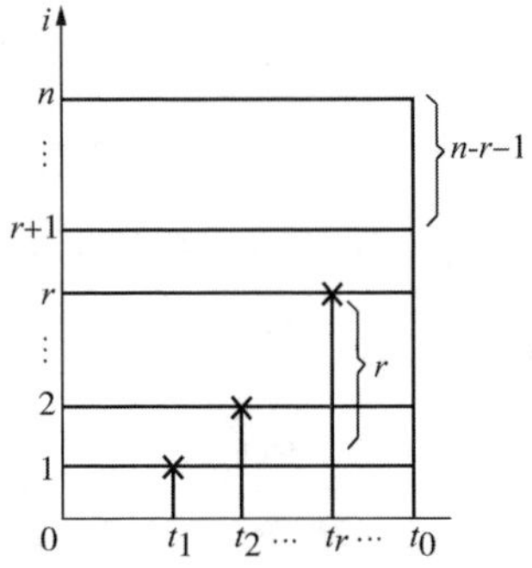

图 7-2　$[n,\text{有},t_0]$试验示意图

$$t[n,\text{有},t_0]=nt_0 \tag{7-19}$$

这时平均寿命 T 的估计值为

$$\hat{T}=\frac{t[n,\text{有},t_0]}{r}=\frac{nt_0}{r} \tag{7-20}$$

失效率 λ 的估计值为

$$\hat{\lambda}=\frac{1}{\hat{T}}=\frac{r}{nt_0} \tag{7-21}$$

3）$[n,\text{无},r]$截尾寿命试验

对无替换定数截尾寿命试验，当 n 个样本到规定的失效数 r 时停止试验，得到顺序统计量为 $t_1\leqslant t_2\leqslant\cdots\leqslant t_r$，剩下的 $n-r$ 个样本未失效，如图 7-3 所示。则 n 个样本总的试验时间为

$$t[n,\text{无},r]=\sum_{i=1}^{r}t_i+(n-r)t_r \tag{7-22}$$

这时平均寿命 T 的估计值为

$$\hat{T}=\frac{t[n,\text{无},r]}{r}=\frac{1}{r}\left[\sum_{i=1}^{r}t_i+(n-r)t_r\right] \tag{7-23}$$

失效率 λ 的估计值为

$$\hat{\lambda}=\frac{1}{\hat{T}}=\frac{r}{\sum_{i=1}^{r}t_i+(n-r)t_r} \tag{7-24}$$

4）[n，有，r]截尾寿命试验

对有替换定数截尾寿命试验，当 n 个样本同时进行试验，若有样本发生失效立即更换，一直试验到预先规定的失效数 r 时停止，此时投入样本总数为 $n+r$，如图 7-4 所示。则 n 个样本总的试验时间为

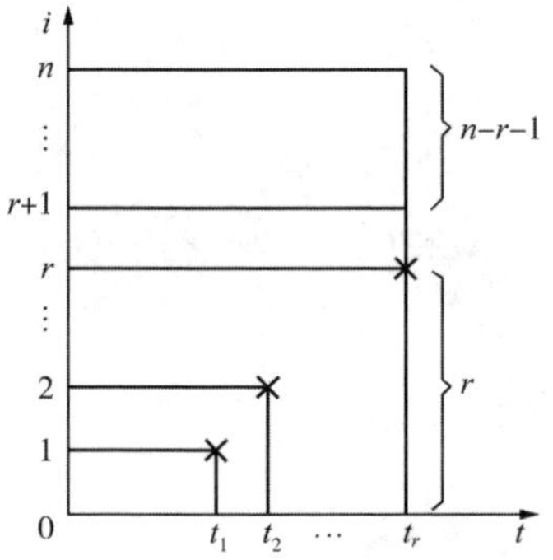

图 7-3 [n，无，r]试验示意图

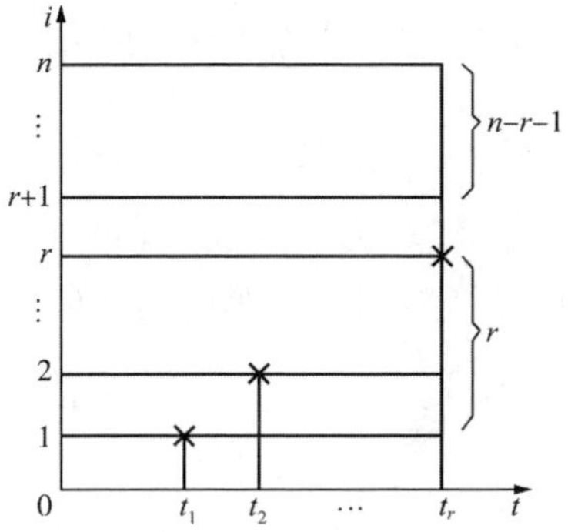

图 7-4 [n，有，r]试验示意图

$$t[n，有，t_r]=nt_r \tag{7-25}$$

这时平均寿命 T 的估计值为

$$\hat{T}=\frac{t[n，有，r]}{r}=\frac{nt_r}{r} \tag{7-26}$$

失效率 λ 的估计值为

$$\hat{\lambda}=\frac{1}{\hat{T}}=\frac{r}{nt_r} \tag{7-27}$$

若投试样本实际试验时间的总和用 t_{Σ} 表示，失效样本数为 r，则上述四种截尾寿命试验的平均寿命 T 的估计值可统一表示为

$$\hat{T}=\frac{总试验时间}{失效样本数}=\frac{t_{\Sigma}}{r} \tag{7-28}$$

失效率的估计值可统一表示为

$$\hat{\lambda}=\frac{1}{\hat{T}}=\frac{r}{t_{\Sigma}} \tag{7-29}$$

式中，t_{Σ} 可根据不同类型的截尾寿命试验，分别按式(7-16)、式(7-19)、式(7-22)、式(7-25)计算。

可靠度 $R(t)$ 的估计值为

$$\hat{R}(t)=\mathrm{e}^{-\hat{\lambda}t}=\exp\left(-\frac{t}{\hat{T}}\right) \tag{7-30}$$

例 7-2 已知某产品寿命分布为指数分布，在无替换定数截尾寿命试验时，规定 $n=20$，$r=8$，测得 8 个失效时间为：$t_1=35\text{h}$，$t_2=65\text{h}$，$t_3=100\text{h}$，$t_4=150\text{h}$，$t_5=185\text{h}$，$t_6=220\text{h}$，$t_7=257\text{h}$，$t_8=300\text{h}$；求平均寿命 T，失效率 λ 及 $t=50\text{h}$ 时的可靠度估计值 $\hat{R}(t=50)$。

解：按式(7-22)计算总试验时间

$$t[n,\text{无},r]=\sum_{i=1}^{r}t_i+(n-r)t_r$$
$$=(35+65+100+150+185+220+257+300)+(20-8)\times300=4912(\text{h})$$

按式(7-23)计算平均寿命 T 的估计值

$$\hat{T}=\frac{t[n,\text{无},r]}{r}=\frac{4912}{8}=614(\text{h})$$

失效率 λ 为

$$\hat{\lambda}=\frac{1}{\hat{T}}=1.629\times10^{-3}(\text{h}^{-1})$$

按式(7-30)估算可靠度

$$\hat{R}(t=50)=\text{e}^{-\hat{\lambda}t}=\exp\left(-\frac{t}{\hat{T}}\right)=\exp\left(-\frac{50}{614}\right)=0.92179$$

2. 按失效数 r 的统计分析

在产品寿命试验中，有时只有到试验结束后才知道样本是否失效，所以不知道每个样本的具体失效时间，只是知道试验时间 t 后，n 个样本有 r 个失效了。这时当 n 足够大时($n>50$)，可以用式(7-31)近似估计计算。

估算可靠度的近似公式

$$\hat{R}(t)=\exp\left(-\frac{t}{\hat{T}}\right)\approx\frac{n-r}{n} \tag{7-31}$$

对式(7-31)两边取对数后变换可得到平均寿命 T 的近似估计式

$$\hat{T}=\frac{t}{\ln(n)-\ln(n-r)} \tag{7-32}$$

7.3.3 正态分布寿命试验及参数的点估计

如果已知总体为正态分布，对 n 个样本进行相同试验条件的完全寿命试验，其失效时间分别为 t_1，t_2，…，t_n，则总体数学期望 μ(平均寿命 T)与标准差 σ 的估计值分别为

$$\hat{\mu} = \hat{T} = \frac{1}{n}\sum_{i=1}^{n} t_i \tag{7-33}$$

$$\hat{\sigma} = \sqrt{\frac{1}{n-1}\sum_{i=1}^{n}(t_i - \hat{\mu})^2} \tag{7-34}$$

例 7-3 已知某种弹簧寿命服从正态分布，抽取 10 个样本，在同一应力水平下进行试验，得出其循环寿命为：360 千周、180 千周、210 千周、390 千周、280 千周、240 千周、420 千周、260 千周、340 千周、320 千周，计算其数学期望(平均寿命)与标准差的估计值。

解：利用式(7-33) 计算数学期望(平均寿命 T)的估计值为

$$\begin{aligned}\hat{\mu} &= \hat{T} = \frac{1}{n}\sum_{i=1}^{n} t_i \\ &= (360+180+210+390+280+240+420+260+340+320)\times\frac{1}{10} \\ &= 300(\text{千周})\end{aligned}$$

用式(7-34)计算标准差的估计值

$$\begin{aligned}\hat{\sigma} &= \sqrt{\frac{1}{n-1}\sum_{i=1}^{n}(t_i - \hat{\mu})^2} \\ &= \left\{\frac{1}{10-1}[(360-300)^2+(180-300)^2+(210-300)^2+(390-300)^2+(280-300)^2 \right. \\ &\quad \left. +(240-300)^2+(420-300)^2+(260-300)^2+(340-300)^2+(320-300)^2]\right\}^{\frac{1}{2}} \\ &= 79.022(\text{千周})\end{aligned}$$

7.3.4 威布尔分布寿命试验及参数的点估计

如果已知总体为两参数的威布尔分布(位置参数为零)，对 n 个样本进行相同试验条件的完全寿命试验，其失效时间分别为 t_1，t_2，…，t_n，其形状参数 β 与尺度参数 η(此时特征寿命)用式(7-35)、式(7-36)估计为

$$\hat{\beta} = \frac{\sigma_n}{2.30258\sigma_{\lg t}} \tag{7-35}$$

$$\lg\hat{\eta} = \overline{\lg t} + \frac{y_n}{2.30258\hat{\beta}} \tag{7-36}$$

式中，σ_n、y_n 为与样本 n 有关的系数，见表 7-1；$\overline{\lg t}$为对数均值：$\overline{\lg t} = \frac{1}{n}\sum_{i=1}^{n}\lg t_i$；

$\sigma_{\lg t}$为对数标准差：$\sigma_{\lg t} = \sqrt{\frac{n}{n-1}[\overline{(\lg t)^2} - \overline{(\lg t)}^2]}$，其中，$\overline{(\lg t)^2} = \frac{1}{n}\sum_{i=1}^{n}(\lg t_i)^2$。

表 7-1　系数 σ_n、y_n 值

n	σ_n	y_n	n	σ_n	y_n	n	σ_n	y_n
8	0.9043	0.4843	17	1.0411	0.5181	26	1.0961	0.5320
9	0.9288	0.4902	18	1.0496	0.5202	27	1.1004	0.5332
10	0.9497	0.4952	19	1.0566	0.5220	28	1.1047	0.5343
11	0.9676	0.4996	20	1.0628	0.5236	29	1.1086	0.5353
12	0.9983	0.5035	21	1.0696	0.5252	30	1.1124	0.5362
13	0.9972	0.5070	22	1.0754	0.5268	40	1.1413	0.5436
14	1.0095	0.5100	23	1.0811	0.5283	50	1.1607	0.5485
15	1.0206	0.5128	24	1.0864	0.5296	60	1.1747	0.5521
16	1.0316	0.5157	25	1.0915	0.5309			

例 7-4　滚动轴承在等幅变应力作用下，其接触疲劳寿命近似服从二参数威布尔分布。投入 25 个滚动轴承进行疲劳寿命试验，测得其失效时间分别为：162h、173h、181h、197h、213h、220h、237h、263h、280h、302h、330h、350h、382h、428h、458h、530h、555h、596h、658h、696h、750h、844h、890h、936h 和 987h。试估计其威布尔分布的形状参数与尺度参数。

解：(1)计算对数均值与对数标准差。

$$\overline{\lg t} = \frac{1}{n}\sum_{i=1}^{n}\lg t_i = \frac{1}{25}(\lg 162 + \lg 173 + \cdots + \lg 987) = 2.5980$$

$$\overline{(\lg t)^2} = \frac{1}{25}[(\lg 162)^2 + (\lg 173)^2 + \cdots + (\lg 987)^2] = 6.8113$$

$$\sigma_{\lg t} = \sqrt{\frac{n}{n-1}(\overline{(\lg t)^2} - (\overline{\lg t})^2]} = \sqrt{\frac{25}{25-1}(6.8113 - 2.5980^2)} = 0.2535$$

(2) 查出 σ_n、y_n 值。对于样本 $n=25$，查表 7-1 得：$\sigma_n=1.0915$，$y_n=0.5309$。

(3) 计算形状系数与尺度参数的估计值。

由式(7-35)估计形状参数

$$\hat{\beta} = \frac{\sigma_n}{2.30258\sigma_{\lg t}} = \frac{1.0915}{2.30258\times 0.2535} = 1.86995 \approx 1.87$$

由式(7-36)估计尺度参数

$$\lg\hat{\eta} = \overline{\lg t} + \frac{y_n}{2.30258\hat{\beta}} = 2.5980 + \frac{0.5309}{2.30258\times 1.87} = 2.7213$$

所以 $\hat{\eta} = 10^{2.7213} = 526.38(\mathrm{h})$。

7.4 加速寿命试验

无论完全寿命试验还是截尾寿命试验，都是在正常试验条件下进行的寿命试验，称为常规可靠性试验方法。对于高可靠性的产品，如果采用常规可靠性试验方法来估计产品的可靠性寿命特征，往往需要耗费很长的时间，甚至来不及做完寿命试验，该产品就会因为性能落后而被淘汰。所以，作为寿命试验的一种，加速寿命试验受到人们的关注。

7.4.1 加速寿命试验的原理与类型

加速寿命试验就是在保持原有失效机理和不增加新的失效因素的前提下，提高试验应力，强化试验条件，使受试样本加速失效，缩短试验时间，以便在较短时间内预测或估计产品在正常工作条件下的可靠性或寿命指标。加速寿命试验假设受试产品在短时间、高应力作用下表现出来的特性与产品在长时间、低应力作用下表现出来的特性是一致的。

1. 制定加速可靠性试验方法遵循的基本原则

（1）故障机理要与实际使用或常规试验保持一致。这是加速试验最重要的原则。如实际使用或常规试验中齿轮是齿面剥落，而加速试验中却是轮齿弯曲疲劳折断，这是不正确的。

（2）故障分布规律要大致相同。这需要满足两个条件：一是同一种故障模式的分布规律要大体相近。二是从整个系统来看，各子系统、各部件及零件所发生故障模式的比例、前后次序也要尽量相近。

（3）要有一定的加速系数，否则就失去了加速试验的意义。加速系数定义为正常应力作用下的寿命 L_0 与加大应力下元件的寿命 L 之比，即

$$\tau=\frac{L_0}{L}>1 \tag{7-37}$$

一般，加速系数可达 5~20。

2. 加速寿命试验分类

加速寿命试验根据应力施加的方法，分为恒定应力、步进应力、序进应力和变应力四种加速寿命试验。

1）恒定应力加速寿命试验

将 n 个样本试件分成 h 组样本，每组样本固定在一个应力水平下做寿命试验，如

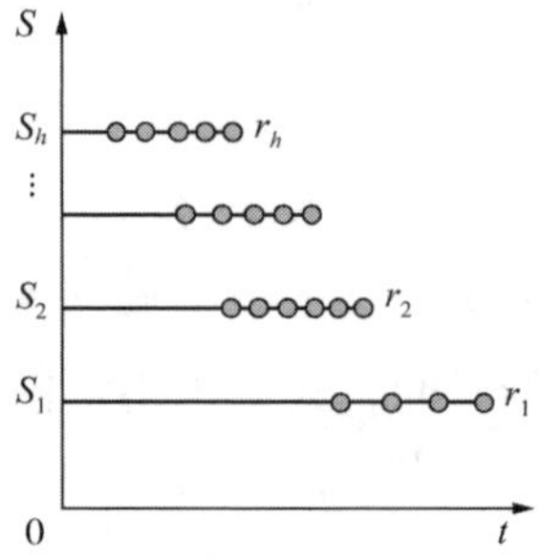

图 7-5　恒定应力加速寿命试验

第一组固定在应力水平 S_1 上，以此类推，第 h 组固定在应力水平 S_h 上做寿命试验。设 S_0 为正常应力，则应取 $S_h>S_{h-1}>\cdots>S_0$，所选用的最高应力水平应保证失效机理不变，最低应力水平要高于正常工作条件下的应力水平。试验做到各组样本均有一定数量的试件发生失效为止(图 7-5)。这种方法较成熟，它的试验因素单一，数据容易处理，外推精度较高，故常用。但需要大量的试验样本和试验时间。

2）步进应力加速寿命试验

试验开始在应力水平 $S_1(S_1>S_0)$ 下 n 个样本全部参加试验，t_1 时刻把应力水平提高到 S_2，t_2 时刻再把应力水平提高到 S_3，依次加大应力，应力大小以阶梯形式逐步升高，并且规定各步加载的时间，一直做到一定数量的样本失效为止(图 7-6)。它以积累损伤失效物理模型为理论依据，一般假定前面低一级试验对本级试验的影响可以忽略不计，实际上往往不可忽略，所以试验的预计精度较低，并且施加应力与实际应力有一定的距离。但试验周期短，试件少，通常用在工艺对比、筛选摸底定型分析场合。

3）序进应力加速寿命试验

对样本数为 n 的试件施加应力的方式是随时间等速直线上升($S=S_0+at$)或按一定规律[$S=f(t)$]变化(图 7-7)。可看成是步进应力的每级应力差很小的极限情况。优点是需要的试件更少，试验周期更短。但进行这种试验需要专门的程序控制，且施加应力与实际应力同样有一定的距离，一般很少使用。

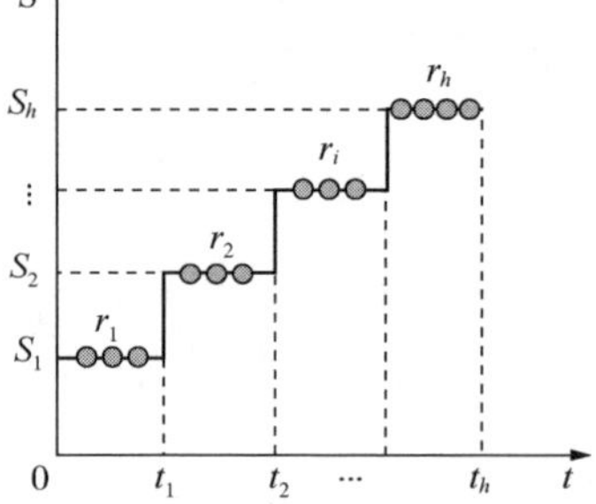

图 7-6　步进应力加速寿命试验

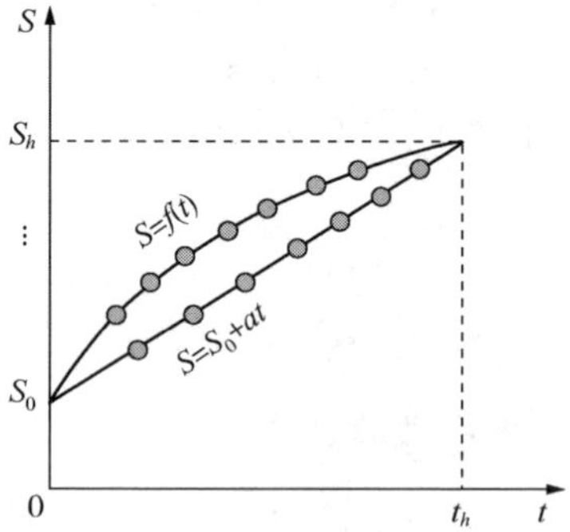

图 7-7　序进应力加速寿命试验

4）变应力加速寿命试验

对样本容量为 n 的试件施加的应力是任意变动的应力载荷谱，因为产品实际承受的应力常是变应力，所以可以直接采用实际应力-时间载荷谱试验，使产品寿命估计更贴近实际情况，并且可减少样本量。所以是加速寿命试验的方向。

7.4.2 恒定应力加速寿命试验设计

1. 加速应力的选择

任何产品的失效都有其失效机理，不同的应力对失效机理的影响不同，因此应根据失效机理来选择加速应力（种类）。当有多种失效机理起作用时，则应选择对产品失效影响最显著的那种应力作为加速应力。通常电子元件选择温度作为加速应力，机械部件一般选择交变载荷作为加速应力。

2. 加速应力水平和应力级数的选择

设加速应力水平取 h 个 $|S_1|<|S_2|<\cdots<|S_h|$，h 不得少于 4 个。其中，最低应力水平 $|S_1|$ 应选择既高于又接近实际工作时的应力水平，这样可提高依据试验结果推算正常应力水平下的寿命特征的准确性；但 $|S_1|$ 又不能太接近正常条件的应力，否则将影响节省试验时间的效果。最高应力水平 $|S_h|$ 应在不改变产品失效机理的前提下尽量取得高一些，以达到最佳的加速效果；但选择最高应力水平时还要考虑试验时的测试条件和能力，避免因为失效过快引起测试困难。应力水平之间常取等间隔分配，即

$$\Delta=\frac{S_h-S_1}{h-1} \tag{7-38}$$

以温度为加速应力时，各应力间隔可按它们的倒数成等间隔的原则选取，即

$$\Delta=\left(\frac{1}{T_1}-\frac{1}{T_h}\right)/(h-1) \tag{7-39}$$

以电应力为加速应力时，各应力间隔可按它们的对数成等间隔的原则选取，即

$$\Delta=\frac{\ln S_h-\ln S_1}{h-1} \tag{7-40}$$

3. 试验样本容量的选取和分组

整个恒定应力加速寿命试验由 h 个应力水平组成，假定应力水平 S_i 下投入 n_i 个试验样本，则整个恒定应力加速寿命试验投入的样本容量为

$$N=\sum_{i=1}^{h} n_i$$

在选取样本 N 时，必须在同一批合格产品中随机选取，然后随机地分为 h 份，各应力水平下试验样品数 n_i 可以相等，也可以不相等，但都不应少于 5 个。一般 n_1 与 n_h 数目多些，以保证这两个应力水平下寿命试验的精度。

4. 测试周期的确定

在寿命试验中最好有自动检测设备，这样能准确地得到各试样的失效时间。如果在费用和技术上有困难，就需要对试样作周期性的定时检测，测试周期越短，次数越多，得到的失效时间就越准确，但工作量加大，成本增加，且可能有的周期内会没有失效试样。另外，为了不使失效样本过于集中在几个测试周期内，最好使一个周期内都有一两个样本失效，所以测试时间间隔一般不等，测试时间的确定与产品的寿命分布和筛选情况有关。当产品的寿命为指数分布时，按式(7-2)确定，且使每个测试周期内测到的失效试样数比较接近。对经过严格筛选的产品，开始测试时间选的可长些，以后逐渐缩短，然后又逐渐加长；对筛选不好的产品，开始测试时间要短，然后逐渐加长。

5. 试验停止时间的确定

如果某类产品是初次做加速寿命试验，由于对产品失效分布不了解，因此最好进行完全寿命试验，即做到样本全部失效为止。如果确实做不到全部失效，则要求较高应力水平的寿命试验做到全部失效，对低应力水平下的样本可做截尾寿命试验。

如果试验前已知产品寿命分布类型，为了缩短试验时间和节约试验费用，对每组样本常采用截尾寿命试验。根据数理统计要求，一般要求每组试验的截尾数 r_i 占该组投试样本数 n_i 的 50%以上，如达不到，至少也要达到 30%以上，且截尾数 $r_i \geqslant 5(i=1, 2, \cdots, h)$，否则影响统计分析精度。

7.4.3 加速寿命曲线与方程

根据恒定应力加速试验取得的数据，即各级应力水平 $S_i(i=1, 2, \cdots, h)$ 下试验样品的失效时间 $t_{i1} \leqslant t_{i2} \leqslant \cdots \leqslant t_{ir}(i=1, 2, \cdots, h)$，绘制出加速寿命曲线(图 7-8)，它反映了寿命与应力水平的关系，利用回归法用数学方程式表示出来就是加速寿命方程，可用于推算正常应力条件下的寿命特征。

通常，对于机械产品，都以机械应力作为加速应力进行恒定应力加速寿命试验。这时，其加速寿命曲线如图 7-9 所示，加速寿命方程为

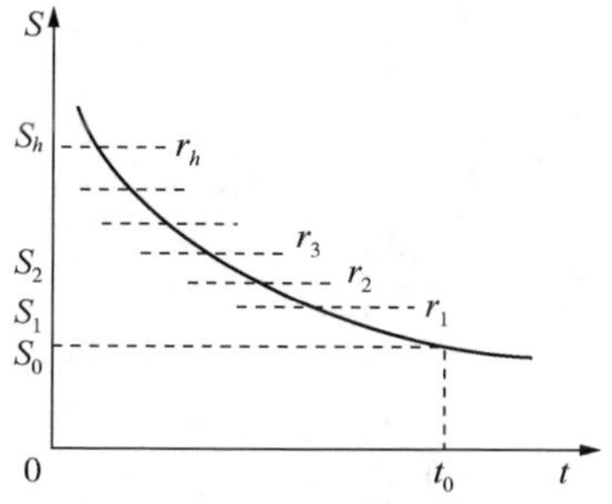

图 7-8　加速寿命曲线

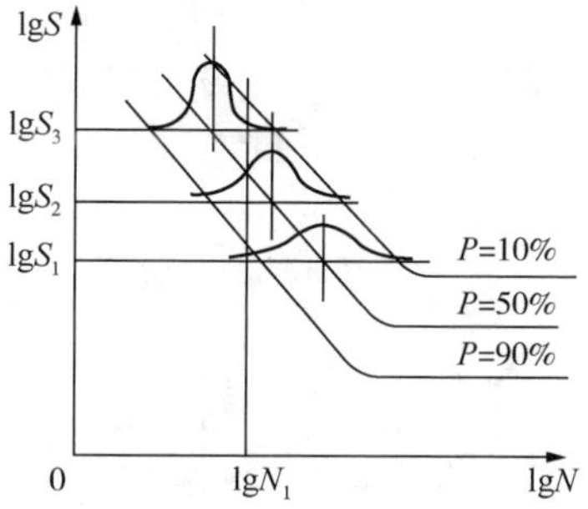

图 7-9　机械应力下的加速寿命曲线

$$N_i = N_j \left(\frac{S_j}{S_i}\right)^m \tag{7-41}$$

式中，N_j、S_j 为曲线上的某已知点；N_i 为已知应力水平 S_i 相对应的待求的循环次数。

通过加速寿命试验得到数据后，可利用上述方法获得加速寿命曲线和方程，然后可外推出正常应力条件下产品的寿命特征数据。

7.4.4　影响加速寿命试验三个因素之间的关系

从以上分析可知，影响加速寿命试验效果的主要因素有环境应力、样本容量及试验时间，下面分析三者间的关系。

1. 试验时间与环境应力的关系

前文已述，产品在使用过程中影响其性能和寿命的任何工作条件，如载荷、温度、速度、振动、腐蚀等，我们统称为环境应力，即广义应力，也简称应力。

图 7-10 为机械零件的 S-N 疲劳曲线（应力与寿命关系曲线）。通过它就可以预测在规定的试验加速时间内应选择的应力水平，或在规定的应力水平下所需试验的时间。显然，提高应力水平，可减少应力循环次数，也即缩短试验时间。根据 S-N 疲劳曲线确定应力水平，可以保证失效机理不变。

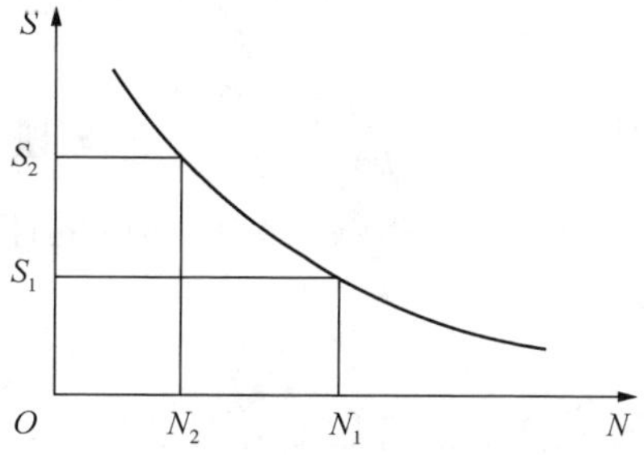

图 7-10　机械零件的 S-N 疲劳曲线

另外，要对试验的两个机械零件在加速条件下进行寿命比较，这两个零件的曲线必须相似，如图 7-11 所示。否则不能进行比较，如图 7-12 所示。因为试验在加速条件下会得到与实际运行相反的结论。

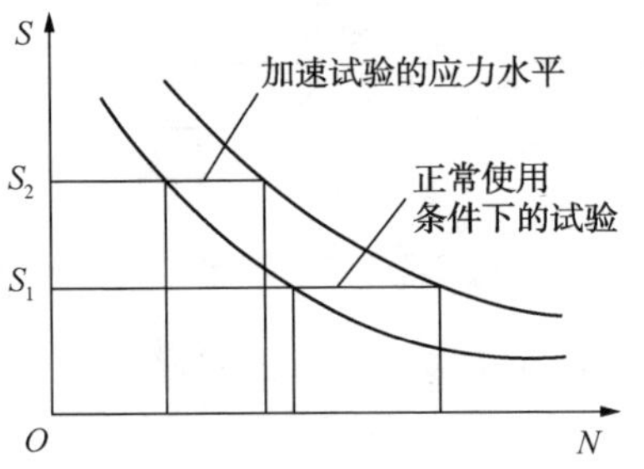

图 7-11　两个零件 S-N 疲劳曲线相似

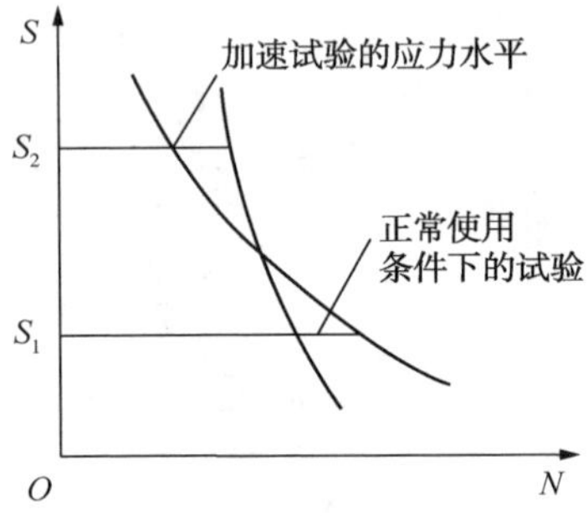

图 7-12　两个零件 S-N 疲劳曲线不相似

2. 样本容量与环境应力的关系

对于结构复杂且价格昂贵的产品，宜采用小样本，主要靠加大环境应力来达到加速的目的。反之，结构简单，价格低廉且生产量大的产品，就可以增加样本容量 n 来达到加速试验的目的。

在进行试验时，为了获得产品的可靠数据，需要对产品的可靠度提出置信度的要求。这就需要研究置信度 γ、可靠度 R 与样本容量 n 的关系。

设产品的失效概率为 p，可靠度为 R(也是无故障运行概率 q)，则 $p+q=1$。若随机抽取容量为 n 的样本，按预定的目标进行试验，发现多于 r 个产品不合格，这批产品将被拒收；反之，只有 r 件或少于 r 件的不合格品，则这批产品将被接收。

n 件样本试验中恰好有 k 件失效的概率，可由二项分布近似求得

$$P_n(k)=C_n^k p^k q^{n-k} \tag{7-42}$$

式中，$C_n^k=\dfrac{n!}{(n-k)!\ k!}$。

当失效产品数 k 为 $0\sim r$ 中的任一整数时，产品被接受，可接受概率为

$$P_n(k\leqslant r)=\sum_{k=0}^{r} C_n^k p^k q^{n-k} \tag{7-43}$$

若要求产品的可靠度 R 具有置信度 γ，那么接受概率应满足 $P_n(k\leqslant r)=1-\gamma$，于是式(7-43)可改写为

$$1-\gamma=\sum_{k=0}^{r} C_n^k p^k q^{n-k} \tag{7-44}$$

$$\gamma = 1 - \sum_{k=0}^{r} C_n^k p^k q^{n-k} \tag{7-45}$$

它表示受试产品不大于 r 个失效时的产品置信度 γ、可靠度 R(无故障运行概率 q)与样本容量 n 的关系。

如果受试产品无失效发生，即 $k=0$，则有

$$\gamma = 1-q^n = 1-R^n \tag{7-46}$$

表示受试产品无失效时的置信度 γ、可靠度 R 与样本容量 n 的关系。

一般情况下，环境应力接近正态分布，所以可以用上面公式确定试验应力、样本容量 n 及置信度 γ 之间的关系。

1) 试验无失效发生的情况

设一个产品在试验载荷 W_0 时的失效概率为

$$P = F(W \leqslant W_0) = \int_{-\infty}^{W_0} \frac{1}{\sigma_W \sqrt{2\pi}} \exp\left[-\frac{(W-\mu_W)^2}{2\sigma_W^2}\right] dW \tag{7-47}$$

式中，W_0 为试验载荷；μ_W 为导致失效的平均载荷；σ_W 为载荷标准差。

令 $Z=\dfrac{W-\mu_W}{\sigma_W}$，则式(7-47)转化为标准正态分布

$$P = F(W \leqslant W_0) = \int_{-\infty}^{W_0} \frac{1}{\sqrt{2\pi}} \exp\left(-\frac{Z^2}{2}\right) dZ = \Phi\left(\frac{W_0-\mu_W}{\sigma_W}\right)$$

将 P 代入式(7-46)，可以得到 n 个受试产品无失效时产品可靠度 R 的置信度

$$\gamma = 1-R^n = 1-(1-P)^n = 1-\left[1-\Phi\left(\frac{W_0-\mu_W}{\sigma_W}\right)\right]^n \tag{7-48}$$

可见，在给定置信度 γ 的条件下，利用式(7-48)就可以确定受试产品失效时的样本容量 n 与载荷的定量关系。

例 7-5 设计一机械零件，要它能承受平均载荷 $\mu_W=15000$N。因此，对其进行可靠性试验：

(1) 样本容量取 $n=6$，要求置信度为 90%，在试验过程中零件不发生失效。如果载荷呈正态分布，标准差 $\sigma_W=0.1\mu_W=1500$N，那么试验载荷应为多少？

(2) 若样本容量取 $n=1$，则相同条件下试验载荷应为多少？

解：(1)要求试验中不发生失效，置信度为 90%，则可由式(7-48)把已知数据 $n=6$，$\mu_W=15000$N，$\sigma_W=0.1\mu_W=1500$N 代入得到

$$\gamma = 1-\left[1-\Phi\left(\frac{W_0-\mu_W}{\sigma_W}\right)\right]^n$$

$$0.9=1-\left[1-\Phi\left(\frac{W_0-15000}{1500}\right)\right]^6$$

$$\Phi\left(\frac{W_0-15000}{1500}\right)=0.3187$$

查标准正态分布数值表，得 $Z=-0.4714$，由此得到

$$\frac{W_0-15000}{1500}=-0.4714$$

所以

$$W_0=15000-0.4714\times1500=14292.9(\mathrm{N})$$

所以需要加的载荷 $W_0=14292.9\mathrm{N}$。说明被试的 6 个零件如果能承受 14292.9N 的载荷而不发生失效，我们就有 90% 的把握说这批零件可以承受平均载荷为 15000N 而不失效。

（2）试件 $n=1$，其他条件同(1)。由式(7-48)得

$$0.9=1-\left[1-\Phi\left(\frac{W_0-15000}{1500}\right)\right]$$

$$\Phi\left(\frac{W_0-15000}{1500}\right)=0.9$$

查标准正态分布数值表，得 $Z=1.2817$，由此得到

$$\frac{W_0-15000}{1500}=1.2817$$

所以

$$W_0=15000+1.2817\times1500=16922.55(\mathrm{N})$$

即试件应在载荷 $W_0=16922.55\mathrm{N}$ 下试验不发生失效，才能有 90%的把握相信这批零件可以承受 15000N 的平均载荷。

可见，要得到同样的结论，试件数越少，所加的试验载荷就越大。

2）试验中有失效发生的情况

如果在试验中，有产品出现失效，则只要将产品在试验载荷 W_0 时的失效概率 p 代入式(7-45)，就可以求得 n 个受试产品当出现 r 个失效时的置信度 γ。

例 7-6 例 7-5 中，若 6 个样本在试验载荷 $W_0=14292.9\mathrm{N}$ 下有一个失效，求实现平均设计载荷为 $\mu_W=15000\mathrm{N}$ 的可能性(置信度)有多大?

解：一个零件的失效概率为

$$P=\Phi\left(\frac{W_0-\mu_W}{\sigma_W}\right)=\Phi\left(\frac{14292.9-15000}{1500}\right)=\Phi(-0.4714)$$

查得 $P=0.3187$。然后把 $n=6$、失效数 $r=1$ 代入式(7-45)得

$$\begin{aligned}\gamma &= 1-\sum_{k=0}^{r} C_n^k p^k q^{n-k} = 1-\sum_{k=0}^{1} C_6^k p^k q^{6-k} \\ &= 1-C_6^0 0.3187^0(1-0.3187)^{6-0}-C_6^1 0.3187^1(1-0.3187)^{6-1} \\ &= 0.6193\end{aligned}$$

即实际平均载荷超过设计平均载荷 $\mu_W=15000\text{N}$ 的可能性(置信度)为 61.93%。

3. 样本容量与试验时间的关系

在进行寿命试验时，经常需要在样本容量和试验时间之间进行协调。若产品复杂，价格昂贵，就可以采用小样本进行试验，用延长试验时间的方式来加快试验。当然，通过增大应力也可以缩短试验时间。如果产品简单，价格低廉，就采用大样本来缩短试验时间。在一般情况下，复杂系统采用小样本试验，简单元件采用大样本试验。

1）对于复杂系统

对于复杂系统，组成元件数很多，其寿命基本上属于指数分布，下面讨论两种情况。

（1）无失效发生的情况。

对于一台样机试验至时间 t_0，其失效概率和可靠度分别为

$$P_F=P(t_0)=1-\exp\left(-\frac{t_0}{T}\right),\ R=1-P_F=\exp\left(-\frac{t_0}{T}\right)$$

式中，t_0 为试验时间；T 为平均失效时间(平均寿命)。

若 n 台样机进行相同时间 t_0 的独立试验，并且无失效发生，则由式(7-48)可得

$$\gamma=1-R^n=1-(1-P)^n=1-\left\{1-\left[1-\exp\left(-\frac{t_0}{T}\right)\right]\right\}^n=1-\exp\left(-\frac{nt_0}{T}\right) \quad (7\text{-}49)$$

如果 n 次独立试验时间长度不同，且无失效发生，则置信度为

$$\gamma=1-\exp\left(-\frac{t_1+t_2+\cdots+t_n}{T}\right) \quad (7\text{-}50)$$

例 7-7 对新设计的齿轮减速器进行加速寿命试验。减速器的设计寿命为 1500h，只有一台样机可供试验。如果要求设计寿命 1500h 的置信度是 95%，那么减速器在不发生失效的情况下，需要试验多长时间？

解： 已知样机数 $n=1$，平均寿命 $T=1500\text{h}$，置信度 $\gamma=95\%$。

由式(7-49)可得

$$\gamma=1-\exp\left(-\frac{nt_0}{T}\right)$$

将已知条件代入可得

$$0.95=1-\exp\left(-\frac{1\times t_0}{1500}\right)$$

所以

$$t_0=2.9957\times1500\approx4494(\mathrm{h})$$

即一台减速器需运行 4494h 不发生失效，才能有 95%的把握说该减速器具有 1500h 的平均寿命。

可见，当样本容量 $n=1$ 时，寿命试验的时间很长。如果适当增加样本容量，可以明显地缩短试验时间。现假设 $n=6$，则试验时间为

$$t_0=\frac{4494}{6}=749(\mathrm{h})$$

可见，试验时间是原来的 1/6。因此，必须在样本容量与试验时间之间权衡得失。

(2) 有失效发生的情况。

如果从总体中随机抽取一个系统进行试验，由于随机的原因，系统发生失效。经修理后，该系统继续投入试验，功能上仍和新的系统一样，而且修理并不改变整个系统的失效机理。因为指数分布的失效是随机失效，修理过的系统也仍然受到随机失效因素的控制，即系统的失效率是常数。可见，在系统试验中，对一台经过 k 次修理的样机的试验，相当于 $k+1$ 台样机，其中 k 台样机已失效，还有一台样机在继续试验。

设投入试验的样机为 n 台，修理了 k 次，则由式(7-45)可求得试验的置信度为

$$\gamma=1-\sum_{r_i=0}^{k}\frac{N!}{r_i!\ (n-r_i)!}\left[1-\exp\left(-\frac{t_0}{T}\right)\right]^{r_i}\left[\exp\left(-\frac{t_0}{T}\right)\right]^{N-r_i} \tag{7-51}$$

式中，N 为统计样本量，$N=n+k$；t_0 为试验时间；T 为平均失效时间，即平均寿命；r_i 为失效样机数目，$i=1, 2, \cdots, k$。

例 7-8 对两台齿轮箱进行寿命试验，其中一台在 1750h 前发生失效，经修理后继续试验，随后两台齿轮箱不再发生失效。若每台齿轮箱总共试验了 3450h，求齿轮箱的平均寿命 $T=1500\mathrm{h}$ 的置信度。

解：修理次数 $k=1$，样机数 $n=2$，所以统计样本量 $N=n+k=2+1=3$。试验时

间 $t_0=3450\text{h}$，$T=1500\text{h}$，将以上已知数据代入式(7-51)得

$$\begin{aligned}\gamma &= 1-\sum_{r_i=0}^{k}\frac{N!}{r_i!\ (n-r_i)!}\left[1-\exp\left(-\frac{t_0}{T}\right)\right]^{r_i}\left[\exp\left(-\frac{t_0}{T}\right)\right]^{N-r_i}\\ &=1-\frac{3!}{0!\ (3-0)!}\left[1-\exp\left(-\frac{3450}{1500}\right)\right]^{0}\left[\exp\left(-\frac{3450}{1500}\right)\right]^{3-0}\\ &\quad-\frac{3!}{1!\ (3-1)!}\left[1-\exp\left(-\frac{3450}{1500}\right)\right]^{1}\left[\exp\left(-\frac{3450}{1500}\right)\right]^{3-1}\\ &=0.9719\end{aligned}$$

即两台(一台经过修理和一台未修过)齿轮箱都要试验到3450h，且不再发生失效，才可能以97.19%的置信度说明齿轮箱具有1500h的平均寿命。

2）对于元件

如果被试验元件(零件或部件)的寿命分布服从指数分布，可以用前述系统的方法进行计算。如果被试验元件的失效是时间的函数，一般用威布尔分布来描述其寿命分布。

(1) 无失效发生的情况。

对于两参数威布尔分布，其平均寿命(数学期望)为

$$T=\eta\Gamma\left(1+\frac{1}{\beta}\right) \tag{7-52}$$

式中，β 为形状参数；η 为尺度参数，对两参数威布尔分布，因位置参数为零，所以尺度参数即特征寿命；$\Gamma\left(1+\frac{1}{\beta}\right)$ 为 Γ 函数，可查 Γ 函数表。

如果试验时间为 t_0，则元件的失效概率按两参数威布尔分布为

$$P_F=P(t_0)=1-\exp\left[-\left(\frac{t_0}{\eta}\right)^{\beta}\right] \tag{7-53}$$

对 n 个元件进行独立试验不发生失效时，其置信度 γ 为

$$\gamma=1-(1-P_F)^n \tag{7-54}$$

把式(7-53)代入式(7-54)，得置信度 γ 为

$$\gamma=1-\exp\left[-n\left(\frac{t_0}{\eta}\right)^{\beta}\right] \tag{7-55}$$

例7-9 一种新的表面处理方法用于齿轮，如果使其平均寿命能达到1000h就可以被采用。现在用四个样本进行寿命试验，四个样本都运转了1200h而没有发生失效。根据经验得知为两参数威布尔分布，其形状参数 $\beta=2$。计算平均寿命 $T=1000\text{h}$ 的置信度。

解：由题知，样本数 $n=4$，试验时间 $t_0=1200\text{h}$，无失效发生，平均寿命 $T=1000\text{h}$，位置参数是零，形状参数 $\beta=2$，按式(7-52)求出尺度参数

$$\eta=\frac{T}{\Gamma\left(1+\frac{1}{\beta}\right)}=\frac{1000}{\Gamma\left(1+\frac{1}{2}\right)}$$

$\Gamma\left(1+\frac{1}{2}\right)=\Gamma(1.5)$，查 Γ 函数表得

$$\Gamma(1.5)=0.88623$$

则

$$\eta=\frac{1000}{\Gamma\left(1+\frac{1}{2}\right)}=\frac{1000}{0.88623}=1128(\text{h})$$

把以上数据代入式(7-55)得

$$\gamma=1-\exp\left[-n\left(\frac{t_0}{\eta}\right)^{\beta}\right]=1-\exp\left[-4\left(\frac{1200}{1128}\right)^{2}\right]=0.9892$$

平均寿命 $T=1000\text{h}$ 的置信度为98.92%。

(2) 有失效发生的情况。

在试验过程中有失效发生时，其置信度按式(7-56)计算：

$$\gamma=1-\sum_{r_i=0}^{k}\frac{N!}{r_i!\,(n-r_i)!}\left\{1-\exp\left[-\left(\frac{t_0}{\eta}\right)^{\beta}\right]\right\}^{r_i}\left\{\exp\left[-\left(\frac{t_0}{\eta}\right)^{\beta}\right]\right\}^{N-r_i} \tag{7-56}$$

式中，k 为修理次数；N 为统计样本量，$N=n+k$（n 为样本数）；t_0 为试验时间；r_i 为失效样本数，$r=1, 2, \cdots, k$。

如果形状参数 $\beta=1$，$\eta=T$，则式(7-56)与式(7-51)相同。因为指数分布是威布尔分布的特例。

例7-10 一种新设计的机器寿命服从威布尔分布，形状参数 $\beta=2$，位置参数等于零，尺度参数(特征寿命) $\eta=4000\text{h}$。现在对5台机器进行寿命试验，每台试验时间 $t_0=5000\text{h}$，试验中有两台发生了失效，经修理后再继续试验。求平均寿命及其置信度。

解：由式(7-52)求出平均寿命

$$T=\eta\Gamma\left(1+\frac{1}{\beta}\right)=4000\Gamma\left(1+\frac{1}{2}\right)=4000\Gamma(1.5)$$

同前查 Γ 函数表得

$$\Gamma(1.5)=0.88623$$

$$T=4000\times 0.88623=3545(\text{h})$$

因样机 $n=5$，修理次数 $k=2$，统计样本容量为 $N=5+2=7$。将这些数据代入式(7-56)得

$$\begin{aligned}\gamma &= 1-\sum_{r_i=0}^{k}\frac{N!}{r_i!\ (n-r_i)!}\left\{1-\exp\left[-\left(\frac{t_0}{\eta}\right)^{\beta}\right]\right\}^{r_i}\left\{\exp\left[-\left(\frac{t_0}{\eta}\right)^{\beta}\right]\right\}^{N-r_i}\\ &= 1-\frac{7!}{0!\ (7-0)!}\left\{1-\exp\left[-\left(\frac{5000}{4000}\right)^{2}\right]\right\}^{0}\left\{\exp\left[-\left(\frac{5000}{4000}\right)^{2}\right]\right\}^{7-0}\\ &\quad -\frac{7!}{1!\ (7-1)!}[1-\exp(-1.25^2)]^1[\exp(-1.25^2)]^{7-1}\\ &\quad -\frac{7!}{2!\ (7-2)!}[1-\exp(-1.25^2)]^2[\exp(-1.25^2)]^{7-2}\\ &= 0.9942\end{aligned}$$

即该机器平均寿命 $T=3545\text{h}$ 的置信度为 99.42%。

习　　题

7-1　为查明一批零件的寿命，试验 10 个样本到 4000h 时 6 个失效，它们的失效时间分别为 780h、1124h、1853h、2456h、2651h、3948h，试估算这批零件的平均寿命。如果试验到第四个失效时就停止，则这时平均寿命估计值又是多少？

7-2　对两台变速箱进行加速寿命试验，其中一台因为滚动轴承失效而停机，更换轴承后继续试验，每台变速箱运转了 2000h 就停止试验，再没有发生故障。求变速箱的平均寿命 $T=1000\text{h}$ 的置信度。

7-3　生产一批新型滚动轴承，现抽取 5 个样本进行加速寿命试验，试验时间 $t_0=3000\text{h}$，试验中，有一个轴承因点蚀失效后更换一个新样本，继续试验再无失效发生，据经验估计，寿命服从两参数威布尔分布，形状参数 $\beta=2$，尺度参数 $\eta=2000\text{h}$，求平均寿命和置信度。

7-4　设计一个能承受平均载荷 $\mu_W=6000\text{N}$ 的零件。如果抽取 5 个进行试验，试验载荷是 8000N，载荷呈正态分布，标准差 $\sigma_W=0.1\mu_W$。当有一个试件发生失效时，求零件实现承受平均载荷 $\mu_W=6000\text{N}$ 的置信度。

7-5　设某产品寿命服从指数分布，现抽取 20 件进行无替换寿命试验。已知在 3000h 以内只有 1 件失效，问该产品在置信度 0.9 之下，θ 与 $R(50)$ 的单侧下限是多少？

第8章 ANSYS机械可靠性分析

在对机械结构的可靠性进行分析时，只有那些比较简单或经过大量简化后的问题才能采用前面介绍的解析方法计算。对于复杂的机械结构进行可靠性分析，目前采用最为普遍和有效的方法是数值分析方法。

8.1 ANSYS中的可靠性数值分析方法

在ANSYS中，有可靠性设计(Prob Design)模块，可以用来对机械结构进行可靠性分析，基于ANSYS的结构可靠性分析采用数值模拟方法，其中包括了两类数值求解方法：蒙特卡罗法(Monte Carlo Simulation)和响应面法(Response Surface Methods)。蒙特卡罗法是一种对问题中的随机变量进行大量抽样试验的数值模拟方法。在ANSYS中，蒙特卡罗法又分为蒙特卡罗直接法和拉丁超立方法，后者由于避免了重复抽样，效率要比前者高。响应面法是近些年发展起来的一种数值模拟方法，其基本原理是通过一系列的确定性的试验拟合一个响应面(函数)来模拟问题的真实极限状态曲面(函数)，然后再通过如蒙特卡罗法这样的方法调用这个模拟函数来计算结构的可靠度。在ANSYS中，响应面法依据拟合响应面时抽样的方式又分为中心复合设计法和矩阵设计法。

蒙特卡罗法适用面广，只要建模准确，模拟次数足够多，所得结果就是可信的。因此，如果不考虑计算时间，为了得到较为可信的结果，应该首先采用此法。但对于比较复杂的结构可靠性分析，由于变量多，或又如采用有限元分析并考虑可靠性的优化问题，有大量的结构重分析在内，这时计算时间就是不得不考虑的问题。响应面法的优点是比蒙特卡罗法需要更少的模拟时间，结果又能满足一定的精度要求，但其不足之处在于模拟次数取决于输入变量的个数，并在一些问题中受到限制。

8.2 ANSYS可靠性分析内容和步骤

ANSYS机械结构可靠性分析的类型包括：①已知随机变量的分布，求解结果的随机分布情况；②已知随机变量的分布，求解机械结构的失效概率；③已知随机变量的分布和容许失效概率，求解机械结构机械性能的许用极限，如最大变形、最大应力等；④已知随机变量的分布，求解对输出结果和失效概率影响最大的变量；⑤其他。

ANSYS 对机械结构的可靠性分析包括三个步骤。

1. 创建分析文件

可以用纯文本编辑器编写所有的数值输入和机械结构所需的有限元分析的操作过程，语句要符合 ANSYS 中的语法规定，并将文件存在预定目录下。也可通过交互的方式，先完成机械结构均值的有限元分析，再以 ANSYS 生成的 LOG 文件为基础，删除多余的命令形成优化迭代所需要的分析文件并保存。

（1）在前处理 PREP7 建立参数化模型。

（2）求解。

（3）在后处理 POST1/POST26 中提取并定义随机变量和随机输出变量。

2. 进行可靠性分析

（1）指定分析文件名。选择菜单 Main Menu：Prob Design→Assign 命令。

（2）定义输入随机变量。选择菜单 Main Menu：Prob Design→Prob Definitns→Random Input 命令，定义随机输入变量的分布类型和分布参数，ANSYS 提供了 10 种分布函数。

（3）定义输出随机变量。选择菜单 Main Menu：Prob Design→Prob Definitns→Random Output 命令，定义随机输出变量的分布类型和分布参数。

（4）选择可靠性设计工具或方法。选择菜单 Main Menu：Prob Design→Monte Carlo Sims 或 Response。

（5）执行可靠性设计。选择菜单 Main Menu：Prob Design→Run→Run→Run Serial 或 Parallel 命令。

3. 观察可靠性分析结果

（1）列表显示设计变量大于或小于某极限值的概率。选择菜单 Main Menu：Prob Design→Prob Results→Statistics→Probabilities 命令。

（2）查看变量之间的关系。选择菜单 Main Menu：Prob Design→Prob Results→Trends→Scatter Plot 命令。

（3）图形显示累积分布函数。选择菜单 Main Menu：Prob Design→Prob Results→ Statistics→Cumulative DF 命令。

8.3 ANSYS机械可靠性分析范例

8.3.1 薄板的可靠性分析

1. 问题描述

单边固定的方板，其悬臂端的一角点处作用有垂直向下的集中力FORCE（图8-1），服从对数正态分布（ANSYS中的LOG1型），均值$\mu=100$N，标准差$\sigma=10$N；板的边长LENGTH为100mm，服从均匀分布，允差为±0.1mm；厚度THICKNESS为2mm，服从均匀分布，允差为±0.1mm；弹性模量YOUNG服从正态分布$N(200000\text{N/mm}^2, 10000\text{N/mm}^2)$；密度DENSITY为$7\times10^{-6}$kg/mm^3，服从均匀分布，允差为$\pm7\times10^{-5}$kg/mm^3。设板的最大垂直变形为DMAX，板内最大的相当应力为SMAX，要求对DMAX和SMAX进行可靠性分析，求DMAX<0.8mm的概率，以及失效概率为10%时DMAX的最大允许取值。

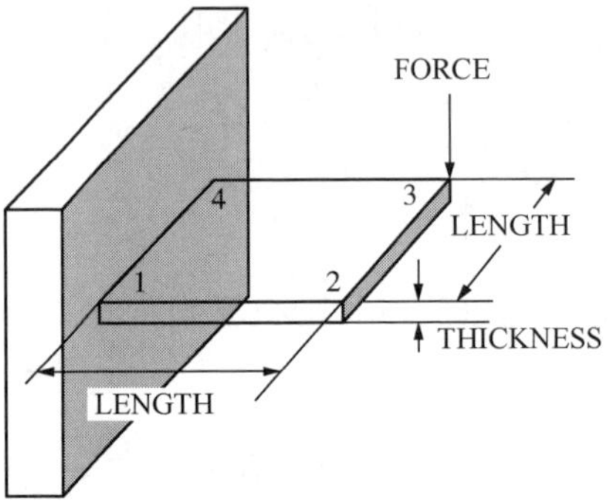

图8-1　方板的几何参数与受力示意图

2. 分析步骤

根据本题所给条件和要求分析，应将板的边长、厚度、材料弹性模量、密度和集中力作为可靠性分析中的输入设计变量，板的最大变形和相当应力作为结果变量。

1）通过交互方式形成分析文件

第1步：初始化设计变量。

采用各个参数的均值对设计变量进行赋值。

在ANSYS输入窗口输入下列语句：

```
LENGTH=100
YOUNG=200000
THICKNESS=2
FORCE=100
DENSITY=7e-6
```

第 2 步：定义材料属性。

在材料菜单中，输入材料的弹性模量数值为 YOUNG，泊松比为 0.3(非随机变量)，密度为 DENSITY。注意，所有参数的单位要统一。

第 3 步：定义单元类型。

本题要进行三维板的静力分析，因此选择 ANSYS 中的 SHELL63 板壳单元，该单元每个节点有 6 个自由度，分别是 3 个移动自由度和 3 个转动自由度。

第 4 步：定义单元几何属性。

对于选择的 SHELL63 类型的单元，在实常数输入中，输入其 4 个角点处的厚度均为 THICKNESS。

第 5 步：建立有限元模型。

由于本题中的结构非常简单，可通过生成关键点 1、2、3、4，然后形成几何面，自动划分网格(自由网格划分)来生成(建立)有限元模型。

第 6 步：施加位移约束和载荷。

根据板的支撑条件，可将板的 1~4 边所有方向的位移约束，在关键点 3 处的 Z 向施加-100 的集中力。

第 7 步：求解。

第 8 步：提取信息。

在后面的可靠性分析中，要用到每次分析的结果，所以这一步是非常关键的。本题中，已经将最大变形和最大相当应力作为结果变量，所以应该将这两个参数提取出来，作为变量。待每次结构分析完成后，这两个变量的均值作为当前结构的最大变形和最大相当应力，提供给可靠性分析使用。

在 ANSYS 输入窗口输入：

```
/POST1                            进入后处理器
NSORT, U, Z, 1, 1                 将节点沿 Z 轴方向的位移按绝对值大小排序
*GET, DMAX, SORT, 0, MAX          提取节点沿 Z 轴方向的最大位移
NSORT, S, EQV, 1, 1               将节点等效应力按绝对值大小排序
*GET, SMAX, SORT, 0, MAX          提取最大等效应力
```

2) 进行可靠性分析

第 1 步：建立命令流文件。

在应用菜单中选择 Utility Menu →File→Write DB File... 命令，将数据库中保存的命令流写入特定的文件中，生成命令流文件，文件名可以自定。如果打开这个文件，应该出现以下的命令流：

```
/PREP7
LENGTH=100
YOUNG=200000
THICKNESS=2
FORCE=100
DENSITY=7e-6
MP, EX, 1, YOUNG
MP, NUXY, 1, 0.3
MP, DENS, 1, DENSITY
ET, 1, SHELL63
R, 1, THICKNESS, THICKNESS, THICKNESS, THICKNESS
K, 1
K, 2, LENGTH, LENGTH
K, 3, LENGTH, LENGTH
K, 4, 0, LENGTH
A, 1, 2, 3, 4
LSEL, ALL
LESIZE, ALL,,, 16
AMESH, ALL
NSEL, S, LOC, X, 0.0, 0.0
D, ALL, ALL, 0.0
NSEL, S, LOC, X, LENGTH, LENGTH
NSEL, R, LOC, Y, LENGTH, LENGTH
F, ALL, FZ, -FORCE
FINISH
/SOLU
SOLVE
FINISH
/POST1
NSORT, U, Z, 1, 1
*GET, DMAX, SORT, 0, MAX
NSORT, S, EQV, 1, 1
*GET, SMAX, SORT, 0, MAX
FINISH
```

为减少不必要的计算量，可将打开的文件中多余的语句删除。

第2步：指定分析文件。

在主菜单中选择 Prob Design→Asign→Asign Deterministic Model File，指定上一步保存的文件名作为本题的结构分析命令流文件。如果不执行第1阶段的步骤，而是直接编辑好分析文件，存于硬盘目录中，则必须在进入可靠性分析指定分析文件前，先在应用菜单栏的“文件”下拉菜单中选择“Read Input From”项，将分析文件读入 ANSYS 中。

第3步：定义输入变量。

选择 Prob Design→Prob Definitns...，在随机变量输入窗口选择 LENGTH 作为输入变量，在“Distribution Type”下拉列表框选择“Uniform UNIF”作为分布类型，并在其 Low Boundary 和 Up Boundary 文本框中分别输入 LENGTH－0.1 和 LENGTH+0.1；类似地，输入的板厚 THICKNESS 为输入变量，选择 Uniform UNIF 作为分布类型，上、下边界值为 THCIKNESS +0.1 和 THICKNESS −0.1；密度 DENSITY 作为输入变量，选择 Uniform UNIF 为分布类型，上、下边界值为 DENSITY+7×10^{-5}和 DENSITY−7×10^{-5}；YOUNG 作为输入变量，选择正态分布类型，输入其均值 200000、标准差 10000；FORCE 作为输入变量，选择对数正态 LOG1 分布类型，输入其均值 100、标准差 10。

第4步：定义输出结果变量。

选择主菜单下的 Prob Design→Prob Definitns...，在随机变量输出窗口，选择参数文本框，再先后选择 DMAX 和 SMAX 作为输出结果变量。

第5步：定义分析方法。

此处选择蒙特卡罗法作为分析方法。选择主菜单 Prob Design→Prob Method，在窗口中选择 Monte Carlo Sims，在其 Sampling Method 选项中选 Latin Hypercube（拉丁超立方法），在其选项窗口的 Number of Simulations 文本框中输入 100 作为分析次数；在 Random Seed Option（随机种子选项）选项组中选择 Use 123457 init。

第6步：执行可靠性分析。

选择主菜单 Prob design→Run→Exec serial→Run Serial...，在其窗口输入运行标识，如“DD”，执行可靠性分析。

3）查看分析结果

（1）显示 DMAX<3.0 的概率。选择主菜单 Prob Design→Statistics→Probabilities...，在弹出的 Prob Design Variable 窗口中选择 DMAX，在 Limit Value 文本框中输入“3.0”，显示 DMAX<3.0 的概率。

（2）绘制 DMAX 的分布函数图。选择主菜单 Prob Design→Statistics→Cumulative DF…，在弹出的 Prob Design Variable 窗口中选择 DMAX，绘出 DMAX 的分布函数图。

（3）绘图显示影响 SMAX 取值的因素。选择主菜单 Prob Design→Trends→Sensibilities…，在弹出的 Select Results 窗口中选择 SMAX，在 Select Response Param 窗口中选择 SMAX 选项，绘出影响 SMAX 取值的因素。

（4）生成可靠性分析报告。选择主菜单 Prob Design→Report→Generate Report…，在弹出的窗口中的 Report File Name 文本框中输入分析报告的名称，生成可靠性分析报告。

8.3.2 悬臂梁的可靠性分析

1. 问题描述

长度 $L=2$m 的悬臂梁，自由端受正态分布的集中力 $F(50,\ 10)$（单位为 kN）的作用。弹性模量服从正态分布 $E(3.0\times10^7,\ 100000)$（单位为 kPa），泊松比 = 0.17。悬臂梁截面面积 $A=0.04\text{m}^2$，截面惯性矩 $I=0.0003\text{m}^4$，高度 $H=0.2$m。试对其进行可靠性分析。

2. 分析步骤

1）分析准备

（1）定义分析标题。选择菜单 Utility Menu：File→Change Title，在弹出的定义标题对话框中输入 Beam，单击 OK 按钮。

（2）定义建立模型的参数。选择菜单 Utility Menu：Parameters→Scalar Parameters 命令，在弹出的参数定义对话框的 Selection 文本框中输入 F = 50 并单击 Accept 按钮，输入 E = 3.0e7 并单击 Accept 按钮，单击 Close 按钮关闭对话框。

2）定义单元属性

（1）定义单元类型。选择菜单 Main Menu：Preprocessor→Element Type→Add/Edit/Delete 命令，在弹出的 Element Types 对话框中单击 Add 按钮，弹出 Library of Element Types 对话框，在左下拉列表框中选 Structural Beam，在右下拉列表框中选 2D elastic 3，单击 OK 按钮，再单击 Element Types 对话框上的 Close 按钮。

（2）定义实常数。选择菜单 Main Menu：Preprocessor→Real Constants→Add/Edit/Delete 命令，在弹出的 Real Constants 对话框中单击 Add 按钮，在弹出的

Element Type for Real Constants 对话框中，单击 OK 按钮，弹出 Real Constants for BEAM3 对话框，在 AREA 文本框中输入 0.04，在 IZZ 文本框中输入 0.0003，在 HEIGHT 文本框中输入 0.2，单击 OK 按钮，单击 Real Constants 对话框上的 Close 按钮。

（3）定义材料属性。选择菜单 Main Menu：Preprocessor→Material Props→Material Models 命令，打开 Define Material Model Behavior 窗口，在 Material Model Behavior 栏中分别双击 Structure，Linear，Elastic，Isotropic，在 EX 中输入 E；在 PRXY 中输入 0.17，单击 OK 按钮，选择菜单 Material→Exit 命令。

3）建立几何模型

（1）建立关键点。选择菜单 Main Menu：Preprocessor→Modeling→Create→Keypoints→ In Active CS 命令，在 Create Keypoints in Active CS 对话框中输入 1(0，0，0)，单击 Apply 按钮；输入 2(2，0，0)，单击 OK 按钮。

（2）建立线。选择菜单 Main Menu：Preprocessor→Modeling→Create→Lines→Straight Lines，在绘图区选两关键点，单击拾取对话框中的 OK 按钮。

4）建立有限元模型

（1）定义单元大小。选择菜单 Main Menu：Preprocessor→Meshing→Size Cntrls →Manual Size →Global→Size 命令，弹出 Global Element Sizes 对话框，在 NDIV 文本框中输入 10，单击 OK 按钮。

（2）划分网格。选择菜单 Main Menu：Preprocessor→Meshing→Mesh→Lines 命令，弹出 Mesh Lines 拾取对话框，在拾取对话框中单击 Pick All 按钮。

5）加载与求解

（1）定义分析类型。选择菜单 Main Menu：Solution→Analysis Type→New Analysis命令，选 Static 单选钮，单击 OK 按钮。

（2）施加约束。选择菜单 Main Menu：Solution→Define Loads→Apply→Structural →Displacement→On Nodes 命令，弹出 Apply U，ROT on N… 拾取对话框，在绘图区域中选左端点，在拾取对话框中单击 OK 按钮。弹出 Apply U，ROT on Nodes 对话框，选 All DOF，单击 OK 按钮。

（3）施加载荷。选择菜单 Main Menu：Solution→Define Loads→Apply→Structural →Force/Moment→On Nodes 命令，弹出 Apply F/M on Nodes 拾取对话框，在绘图区中选右端点，在拾取对话框中单击 OK 按钮。弹出 Apply F/M on Nodes 对话框，在 Lab 中选 FY，在 VALUE 中输入-F，单击 OK 按钮。

（4）求解。选择菜单 Main Menu：Solution→Solve→Current LS 命令，弹出一个信息窗口和一个对话框，确认信息无误后，选择菜单 File→Close 关闭信息窗口，单击对话框中的 OK 按钮，开始求解。求解结束后，弹出 Solution is done 对话框，单击 Close 按钮。

6）提取数据

（1）定义单元数据表。选择菜单 Main Menu：General Postproc→Element Table→Define Table 命令，弹出 Element Table Data 对话框，单击 Add 按钮，在 User Lable for Item 文本框中输入 SMIN_I，在 Results Data Item 中选 By Sequence Num，NMISC，在文本框中输入 NMISC，2，单击 Apply 按钮。在 User Lable for Item 文本框中输入 SMIN_J，在 Results Data Item 中选 By Sequence Num，NMISC，在文本框中输入 NMISC，4，单击 OK 按钮，单击 Element Table Data 对话框上的 Close 按钮。

（2）单元表应力 SMIN_I 数据排序。选择菜单 Main Menu：Genera Postproc→List Results→Sorted Listing→Sort Elems 命令，在 Sort Elements 对话框的 ORDER 中选 Descending Order，在 KABS 中激活 Yes，在 Item，Comp 中选 SMIN_I，单击 OK 按钮。

（3）提取应力 SMIN_I。选择菜单 Utility Menu：Parameters→Get Scalar Data 命令，在 Get Scalar Data 对话框中选 Results Data 和 Elem Table Data，单击 OK 按钮。在 Name of Parameter to be Defined 中输入 SMINI，在 Element Number N 中输入 1，在 Element Table Data to be Retrieve 中选 SMIN_I，单击 OK 按钮。

（4）单元表应力 SMIN_J 数据排序。选择菜单 Main Menu：General Postproc→List Results→Sorted Listing→Sort Elems 命令，在 Sort Elems 对话框的 ORDER 中选 Descending Order，在 KABS 中激活 Yes，在 Item，Comp 中选 SMIN_J，单击 OK 按钮。

（5）提取应力 SMIN_J。选择菜单 Uuility Menu：Parameters→Get Scalar Data 命令，在 Get Scalar Data 对话框中选 Results Data 和 Elem Table Data，单击 OK 按钮。在 Name of Parameter to be Defined 中输入 SMINJ，在 Element Number N 中输入 1，在 Element Table Data to be Retrieve 中选 SMIN_J，单击 OK 按钮。

（6）定义应力极值 SMIN。选择菜单 Utility Menu：Parameters→Scalar Parameters 命令，在 Scalar Parameters 对话框的 Selection 中输入 SMIN = ABS(SMINI) − ABS(SMINJ)，然后单击 Accept 按钮，单击 Close 按钮。

（7）生成分析文件。选择菜单 Utility Menu：File→Write DB Log File 命令，在

Write Database Log to 文本框中输入 Beam，单击 OK 按钮。

7）可靠性分析

（1）指定分析文件。选择菜单 Main Menu：Prob Design→Analysis File→Assign 命令，在对话框中选分析文件名 Beam. lgw，单击 OK 按钮。

（2）定义随机变量。选择菜单 Main Menu：Prob Design→Prob Definitns→Random Input 命令，弹出 Random Input Variables 对话框，单击 Add 按钮，在 Name 中选 E。在 TYPE 中选 Gauss GAUS，单击 OK 按钮。弹出 Quantify Gaussian Distribution 对话框，在 MEAN 文本框中输入 3. 0E7，在 SIGMA>0 文本框中输入 100000，单击 OK 按钮。同样，单击 Add 按钮，在 Name 中选 F，在 TYPE 中选 Gauss GAUS，单击 OK 按钮。在 MEAN 文本框中输入 50，在 SIGMA>0 文本框中输入 10，单击 OK 按钮。

（3）定义随机输出变量。选择菜单 Main Menu：Prob Design→Prob Definitns→Random Output 命令，弹出 Random Output Parameters 对话框，单击 Add 按钮，在 Name 中选 SMIN，单击 OK 按钮。

（4）指定可靠性分析方法。选择菜单 Main Menu：Prob Design→Prob Method→Mente Carlo Sims 命令，在弹出的对话框中选 Latin Hypercube 单选钮，单击 OK 按钮，在弹出的对话框中再单击 OK 按钮，接受默认数值。

（5）进行可靠性分析。选择菜单 Main Menu：Prob Design→Run→Exce Serial→Run Serial 命令，单击 OK 按钮。

8）观察结果

（1）显示应力极值小于限值的概率。选择菜单 Main Menu：Prob Design→Prob Results Statistics→Probabilities 命令，弹出对话框，在 Prob Design Variable 中选 SMIN，在 Relation Label 中选 Less Than，在 Limit Value 中输入 300，单击 OK 按钮，列出设计变量 SMIN 小于 300kPa 的概率，见图 8-2。

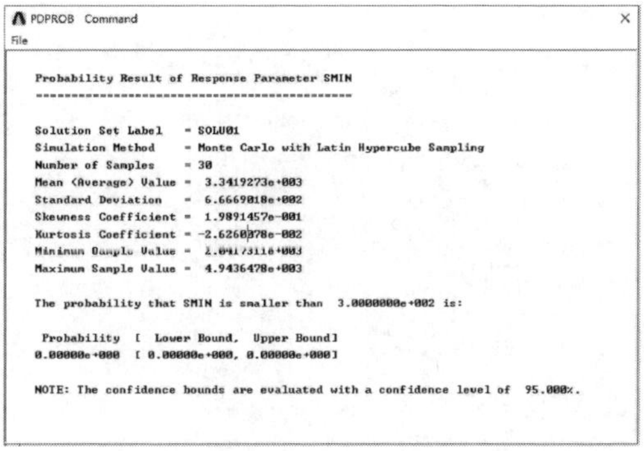

图 8-2 应力极值小于 300kPa 的概率

（2）显示累积分布函数。选择菜单 Main Menu：Prob Design→Prob Results→Statistics→Cumulative DF 命令，弹出对话框在 Prob Design Variable 中选 SMIN，单击 OK 按钮，显示累积分布函数图形，如图 8-3 所示。

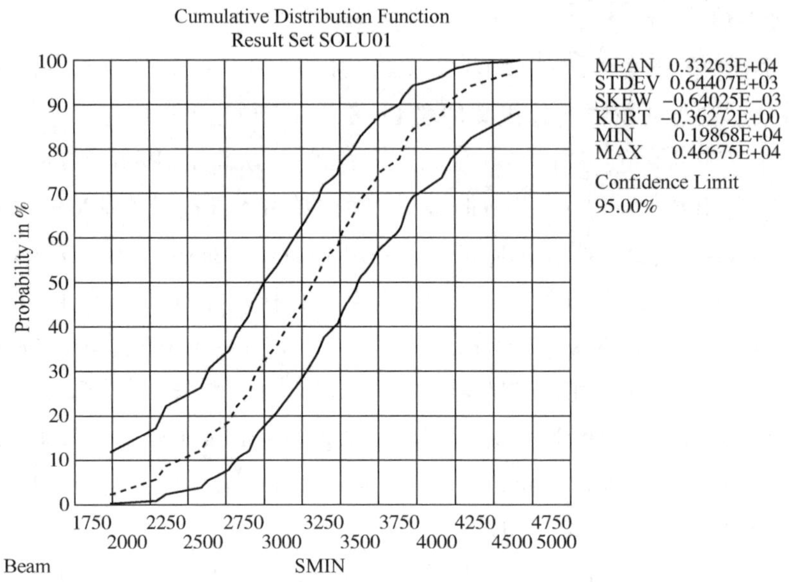

图 8-3　累积分布函数图形

3. 命令流文件

```
/TITLE,Beam                          ! 定义工作标题
*SET,F,50                            ! 定义模型参数
*SET,E,3.0e7
/PREP7                               ! 进入前处理器
ET,1,BEAM3                           ! 选择单元类型
R,1,0.04,0.0003,0.2                  ! 定实常数
MP,EX,1,E                            ! 定义材料属性
MP,PRXY,1,0.17
K,1,0,0,0,                           ! 建立关键点
K,2,2,0,0,
LSTR,1,2                             ! 建立线
ESIZE,0,10,                          ! 定义单元大小
LMESH,1                              ! 划分网格
```

FINISH	
/SOL	
ANTYPE,0	！定义分析类型
FLST,2,1,1,ORDE,1	
FITEM,2,1	
D,P51X,,,,,,ALL,,,,,	！施加约束
FLST,2,1,1,ORDE,1	
FITEM,2,2	
F,P51X,FY,-F	！施加载荷
SOLVE	！求解
FINISH	！退出求解器
/POST1	！进入通用后处理器
AVPRIN,0,,	
ETABLE,SMIN_I,NMISC,2	！定义单元数据表
AVPRIN,0,,	
ETABLE,SMIN_J,NMISC,4	
ESORT,ETAB,SMIN_I,0,1,,	！单元表应力数据排序
*GET,SMINI,ELEM,1,ETAB,SMIN_I	！提取应力
ESORT,ETAB,SMIN_J,0,1,,	！单元表应力数据排序
*GET,SMINJ,ELEM,1,ETAB,SMIN_J	！提取应力
*SET,SMIN,ABS(SMINI)-ABS(SMINJ)	！定义应力极值
LGWRITE,'Beam','lgw',E:'\Beam\',COMMENT	！生成分析文件
FINISH	
/PDS	
PDANL,'Beam','lgw',''	！指定分析文件
PDVAR,E,GAUS,3.0E7,100000,0,0	！定义随机变量
PDVAR,F,GAUS,50,10,0,0	
PDVAR,SMIN,RESP	！定义输出随机变量
PDMETH,MCS,LHS	！指定分析方法
PDLHS,30,1,RAND,,'ALL',,,,,CONT	
PDEXE,,SER,0,,0	
/PDS	
PDPROB,SOLU01,SMIN,LT,300',',0.95,	！显示应力值小于极值的概率
PDSENS,SOLU01,SMIN,BOTH,RANK,0.025,	！输出变量灵敏度显示
PDCDF,SOLU01,SMIN,EMP,0.95,100,	！绘制显示分布函数

8.3.3 高压球形容器强度可靠性分析

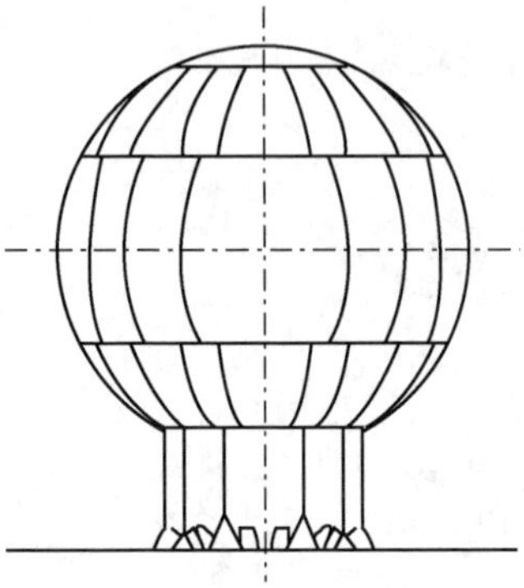

图 8-4 球形压力容器示意图

以一球形高压容器的可靠性分析为例，介绍在 ANSYS 中分析结构可靠性的方法和过程。

1. 问题描述

处于设计状态的球形压力容器如图 8-4 所示，其材料弹性模量为 2×10^5MPa，泊松比为 0.3。在其内壁承受均匀的内压，假定各项制造参数服从正态分布，见表 8-1，尺寸单位为 mm，容器工作压力及材料屈服强度单位为 MPa。试分析该压力容器的使用可靠性。

表 8-1 随机变量的概率分布类型及参数 mm

名称	变量符号	分布类型	参数 1(均值)	参数 2(标准差)
内径	D	正态分布	1000	5
壁厚	t	正态分布	70	0.35
工作压力	P	正态分布	28	4
屈服强度	S	正态分布	175	15

2. 分析说明

本例以球形压力容器的材料屈服极限、容器几何尺寸和载荷为随机变量，计算结构的可靠度。根据压力容器的强度理论，假设压力容器在使用过程中，不允许出现应力超过屈服强度的事件发生，如果应力超过屈服强度则认为失效，失效准则为：

$$\sigma_{\max} \geqslant \sigma_S$$

式中，$\sigma_{\max}$ 为压力容器在使用过程中出现的最大应力；σ_S 为材料的屈服强度。

极限状态函数为：

$$g(\boldsymbol{X}) = \sigma_S - \sigma_{\max} \tag{8-1}$$

$g(\boldsymbol{X}) \leqslant 0$ 为失效状态，其中 $\boldsymbol{X}$ 为式(8-1)中的所有不确定量组成的向量。

在本例中，求球形压力容器的可靠度就是求 $g(\boldsymbol{X}) > 0$ 的概率。

3. 分析步骤

1）建立工作文件名和工作标题

(1) 进入 ANSYS/Multiphysics 的程序界面后，选择菜单 Utility Menu：File→

Change Jobname，出现 Change Jobname 对话框。在[/FILNAM] Enter New Jobname 文本框中输入工作文件名称 Reliability，单击 OK 按钮关闭该对话框。

（2）选择菜单 Utility Menu：File→Change Title 命令，出现 Change Title 对话框，在文本框中输入 Reliability Design，单击 OK 按钮关闭该对话框。

（3）选择菜单 Utility Menu：Parameters→Scalar Parameters 命令，弹出 Scalar Parameters 对话框，在 Selection 文本框中按照表 8-2 所示数据输入各项参数，单击 Accept 按钮，如图 8-5 所示。完成全部参数输入后单击 Close 按钮关闭该对话框。

表 8-2　结构参数表

参量	参数说明	参量	参数说明
EX1 = 200000	材料的弹性模量	LOAD = 28	容器的内压均值
PRXY1 = 0.3	材料的泊松比	T1 = 18	罐体壁厚
D = 1000	容器的内径均值	YIES = 175	材料屈服极限均值
T = 70	容器的壁厚均值	Z = 0	初值极限状态

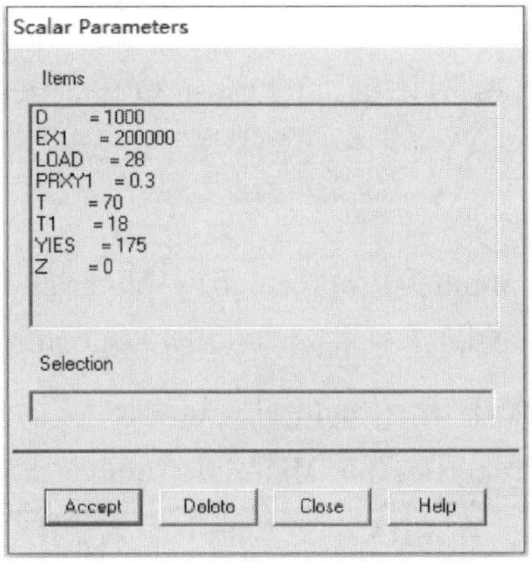

图 8-5　Scalar Parameters 对话框

2）定义单元类型

（1）选择菜单 Main Menu：Preprocessor→Element Type→Add/Edit/Delete 命令，出现 Element Types 对话框，单击 Add 按钮，出现 Library of Element Types 对话框，在 Library of Element Types 列表框选择 Structural Solid，Quad 8node 82，在 Element type reference number 文本框中输入 1（图 8-6），单击 OK 按钮关闭该对话框。

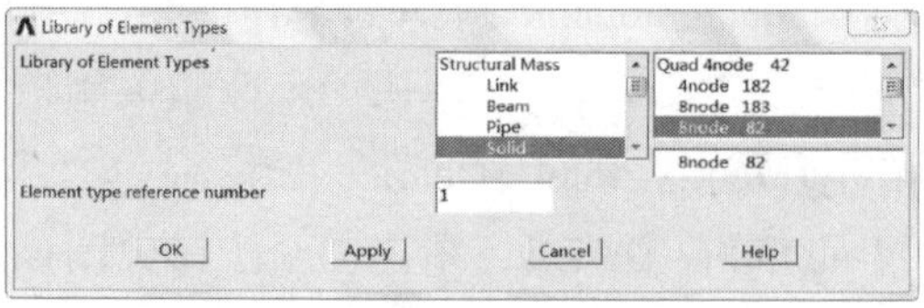

图 8-6　定义单元类型

（2）设置轴对称选项。在 Element Types 对话框中，单击 Options 按钮，弹出 PLANE82 element type options 对话框，在 Element behavior K3 下拉框中选择 Axi-symmetric，如图 8-7 所示，单击 OK 按钮关闭该对话框。

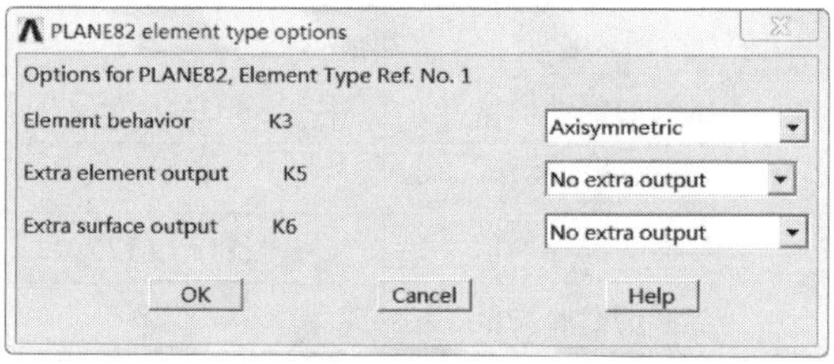

图 8-7　设置轴对称选项

（3）单击 Element Types 对话框上的 Close 按钮，关闭该对话框。

（4）单击工具栏上的 SAVE_DB 按钮存盘。

3）定义材料性能参数

（1）选择菜单 Main Menu：Preprocessor→Material Props→Material Models 命令，弹出 Define Material Model Behavior 对话框，如图 8-8 所示。在 Material Models Available 栏中依次单击 Structural、Linear、Elastic、Isotropic 选项，弹出 Linear Isotropic Material Properties for Material Number 1 对话框，如图 8-9 所示。在 EX 文本框中输入 EX1，在 PRXY 文本框中输入 PRXY1，单击 OK 按钮关闭该对话框。

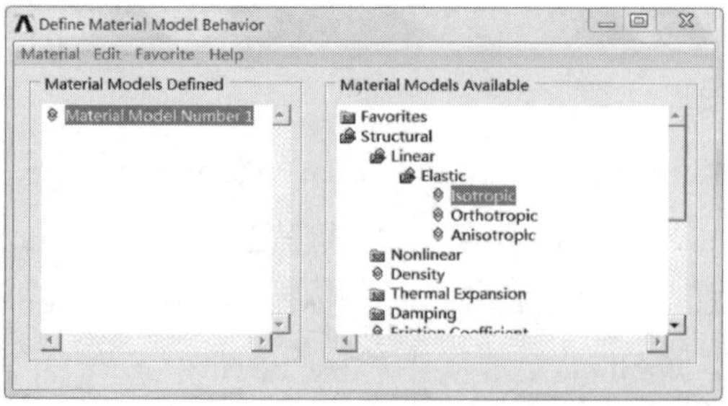

图 8-8　Define Material Model Behavior 对话框

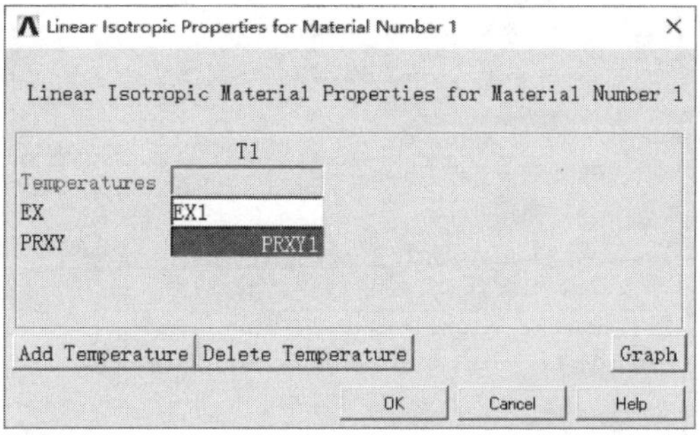

图 8-9 Linear Isotropic Material Properties for Material Number1 对话框

(2) 在 Define Material Model Behavior 对话框的左上角选择 Material→Exit 命令，关闭该对话框。

(3) 单击工具栏上的 SAVE_DB 按钮存盘。

4) 创建几何模型、划分网格

(1) 选择菜单 Main Menu：Preprocessor→Modeling→Create→Keypoints→In Active CS 命令，弹出如图 8-10 所示 Create Keypoints in Active Coordinate System 对话框，在 NPT 文本框内输入 1，单击 OK 按钮关闭该对话框。

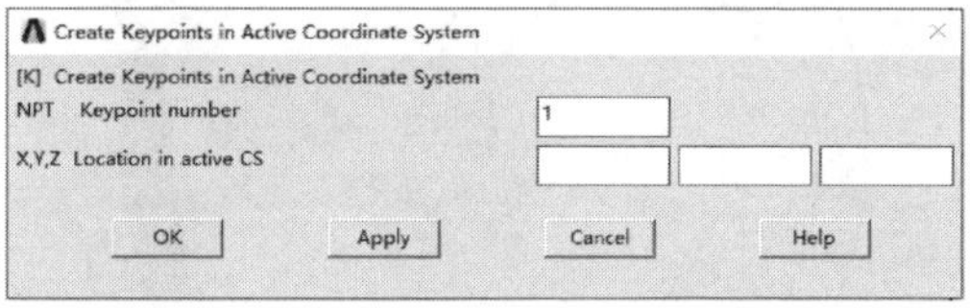

图 8-10 Create Keypoints in Active Coordinate System 对话框

(2) 选择菜单 Main Menu：Preprocessor→Modeling→Create→Lines→Arcs→By Cent & Radius 命令，弹出 Arc by Center & R... 拾取菜单，首先在文本框中输入圆心坐标(0，0)，单击 Apply 按钮，再在文本框中输入圆半径 D/2，单击 OK 按钮，弹出如图 8-11 所示 Arc by Center & Radius 对话框，取默认值，单击 Apply 按钮；重复上述的操作过程，定义第二个半径为 D/2+t，圆心为(0，0)的圆，单击 OK 按钮关闭该对话框。

(3) 选择菜单 Utility Menu：Plot Ctrls→Numbering 命令，弹出 Plot Numbering Controls 对话框，在 KP 与 LINE 两栏中，分别勾选 On，单击 OK 按钮关闭该对话框。

(4) 选择菜单 Main Menu：Preprocessor→Modeling→Create→Lines→In Active

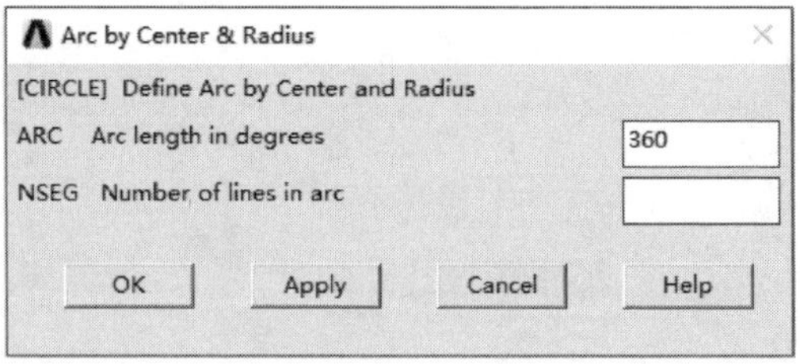

图 8-11 Arc by Center & Radius 对话框

Coord 命令，弹出 Lines In Active… 拾取菜单，分别选中关键点 2，6；3，7；5，9，单击 OK 按钮关闭该对话框。

（5）选择菜单 Main Menu：Preprocessor→Modeling→Create→Areas→Arbitrary→By Lines 命令，弹出 Create Area by Line… 拾取菜单，在绘图区选中编号为 1，9，5，10 的四条线段，单击 Apply 按钮生成面 1；再选中编号为 4，9，8，11 的四条线段，单击 OK 按钮关闭该对话框。生成的面积如图 8-12 所示。

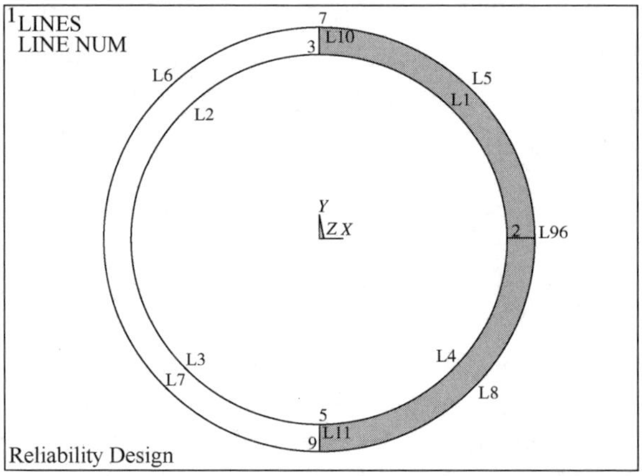

图 8-12 生成的面积图形

（6）选择菜单 Main Menu：Preprocessor→Modeling→Delete→Line and Below 命令，弹出 Delete Line and… 拾取菜单，选中编号为 2，3，6，7 的四条线段，单击 OK 按钮关闭该对话框。

（7）选择菜单 Main Menu：Preprocessor→Modeling→Delete→Keypoints 命令，弹出 Delete Keypoints 对话框，选中编号为 1 的关键点，单击 OK 按钮关闭该对话框。

（8）选择菜单 Main Menu：Preprocessor→Meshing→Size Cntrls→Manual Size→

Lines→Picked Lines 命令，弹出 Element Size on… 拾取菜单，选中 9，10，11 三条线段，单击 Apply 按钮，弹出如图 8-13 所示 Element Sizes on Picked Lines 对话框，在 NDIV 文本框中输入 7，将其 7 等分，单击 Apply 按钮。类似地，将 1，4，5，8 四条线段划分为 90 等份。

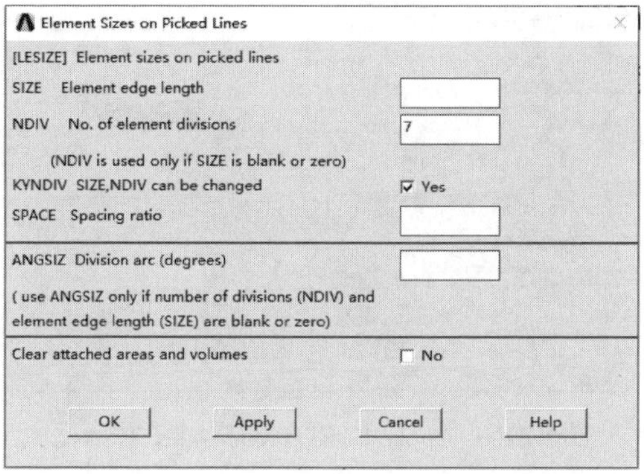

图 8-13 Element Sizes on Picked Lines 对话框

（9）选择菜单 Main Menu：Preprocessor→Meshing→Mesh→Areas→Mapped→3 or 4 sided 命令，弹出 Mesh Areas… 拾取菜单，单击 Pick All 按钮关闭该菜单。划分的网格如图 8-14 所示。

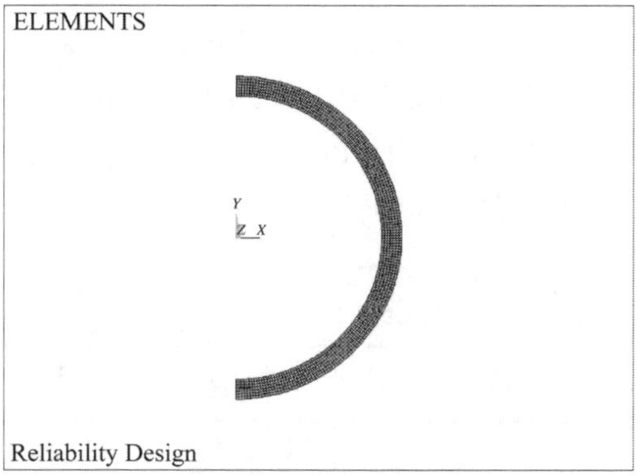

图 8-14 网格划分图形

5）加载求解

（1）选择菜单 Utility Menu：Select→Entities 命令，弹出 Select Entities 对话框。选择模式为 Nodes，By Location，From Full，X Coordinates，在 Min，Max 文本框中输入-0.01，0.01，单击 OK 按钮关闭该对话框。

（2）选择菜单 Main Menu：Solution→Define Loads→Apply→Structural→ Displacement→on Nodes 命令，弹出 Apply U,ROT on N… 拾取菜单，单击 Pick all 按钮，弹出如图 8-15 所示的 Apply U,ROT on Nodes 对话框，在 Lab2 DOFs to be constrained 列表框中选择 UX，单击 OK 按钮关闭该对话框。

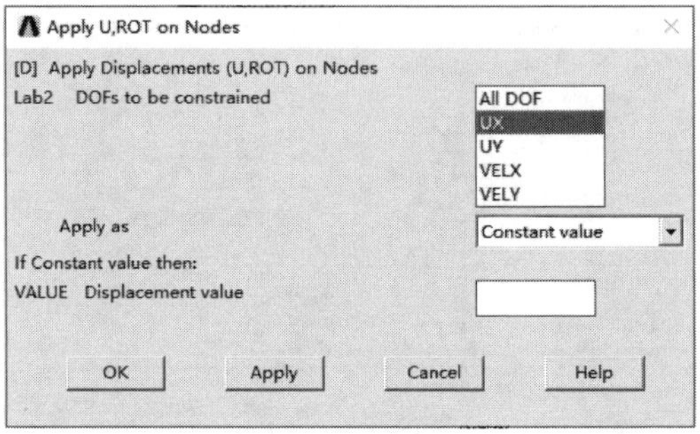

图 8-15 Apply U,ROT on Nodes 对话框

（3）选择菜单 Utility Menu：Select→Everything 命令，选中所有元素。

（4）选择菜单 Main Menu：Solution→Define Loads→Apply→Structural→ Displacement→ on Nodes 命令，弹出 Apply U，ROT on N… 拾取菜单，在文本框中输入 1，单击 OK 按钮，弹出如图 8-15 所示的 Apply U,ROT on Nodes 对话框，在 Lab2 DOFs to be constrained 列表框中选择 UY，单击 OK 按钮关闭该对话框。

（5）选择菜单 Main Menu：Solution→Define Loads→Apply→Structural→Pressure →on Lines 命令，弹出 Apply PRES on Lines 拾取菜单，选中容器内壁的 1，4 号线，单击 OK 按钮，弹出如图 8-16 所示的 Apply PRES on lines 对话框，在 VALUE Load PRES value 文本框中输入 load，单击 OK 按钮关闭该对话框。

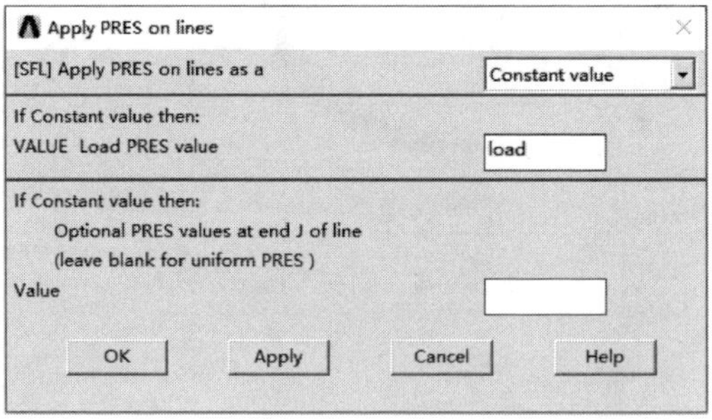

图 8-16 Apply PRES on Lines 对话框

（6）选择菜单 Main Menu：Solution→Solve→Current LS 命令，弹出 Solve Current Load Step 对话框，单击 OK 按钮，ANSYS 开始求解计算。求解结束后，ANSYS 显示窗口出现 Note 提示框，单击 Close 按钮关闭该对话框。

6）查看求解结果

（1）选择菜单 Main Menu：General Postproc→List Results→Sorted Listing→Sort Nodes 命令，弹出 Sort Nodes 对话框，在对话框的 Sort Nodes based on 列表框中选 Stress 和 Von Mises SEQV 选项作为排序的依据，单击 OK 按钮完成。

（2）在命令流窗口输入 * get，maxstr，sort，max，得到最大的节点等效应力。

（3）定义极限状态方程 Z(X)= yies-maxstr，在命令窗口输入 Z=yies-maxstr。

（4）选择菜单 Utility Menu：File→Write DB log file 命令，弹出 Write Database Log 对话框，在 White Database Log to 文本框中输入分析文件名 ylrq11. txt，单击 OK 按钮。

7）可靠性分析

（1）选择菜单 Main Menu：Prob Design→Analysis File→Assign 命令，弹出 Assign Deteministic Model File 对话框，在 Analysis file 文本框中输入 ylrq11. txt，单击 OK 按钮。

（2）选择菜单 Main Menu：Prob Definitns→Random Input 命令，弹出 Random Input Variables 对话框，单击 Add 按钮，弹出如图 8-17 所示 Define a Random Variable 对话框，在 Name 列表框中选择 LOAD 作为随机变量名，在 TYPE Distribution Type 列表框中选择 Gauss GAUS 作为随机变量的分布类型。单击 OK 按钮，弹出 Quantify Gaussian Distribution 对话框，如图 8-18 所示。在 MEAN Mean value 文本框中输入 28，SIGMA>0 Standard deviation 文本框中输入 4，单击 OK 按钮。

重复上述步骤，按照表 8-1 定义其他随机输入变量。

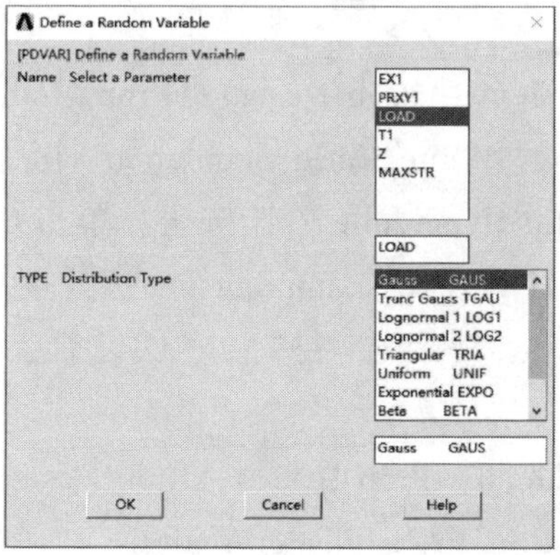

图 8-17　Define a Random Variable 对话框

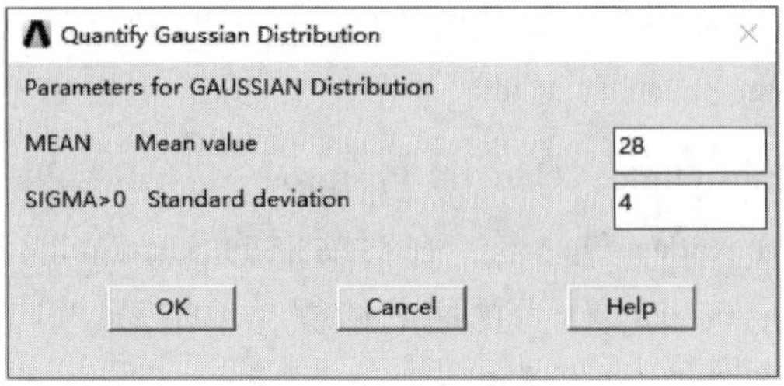

图 8-18 Quantify Gaussian Distribution 对话框

(3) 选择菜单 Main Menu：Prob Design→Prob Definitns→Random Output 命令，弹出 Random Output Parameters 对话框，单击 Add 按钮，弹出 Define a Random Output Parameter 对话框，如图 8-19 所示。在 Name Select Parameter 列表框中选中 Z，单击 OK 按钮关闭该对话框。

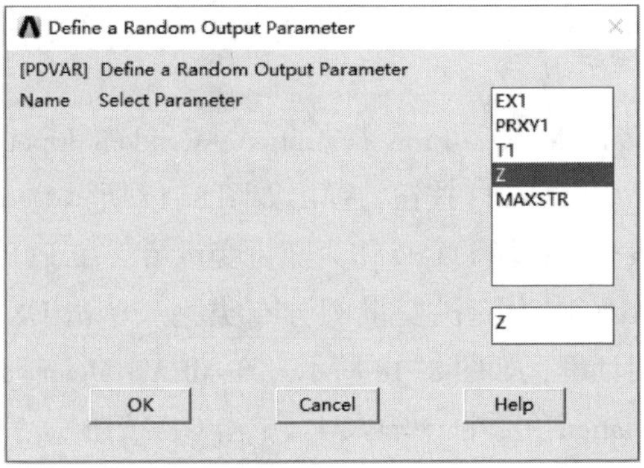

图 8-19 Define a Random Output Parameter 对话框

(4) 选择菜单 Main Menu：Prob Design→Prob Method→Monte Carlo Sims 命令，弹出如图 8-20 所示 Monte Carlo Simulation 对话框，在 SampM Sampling Method 选项组中选择 Latin Hypercube 单选按钮，单击 OK 按钮，弹出如图 8-21 所示的 Options for Latin-Hypercube Sampling 对话框，在 NSIM>0 Number of Simulations 文本框中输入 500，其余选项按照默认设置，单击 OK 按钮关闭该对话框。

(5) 选择菜单 Main Menu：Prob Design→Run→Exec Serial→Run Serial 命令，弹出如图 8-22 所示的 Run Probabilistic Analysis 对话框，在 Slab Solutions Set Lable 文本框中输入 ylrq11，单击 OK 按钮，系统开始进行概率分析。

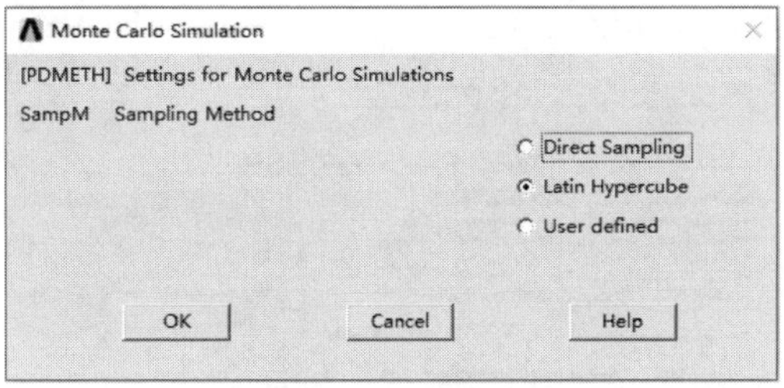

图 8-20　Monte Carlo Simulation 对话框

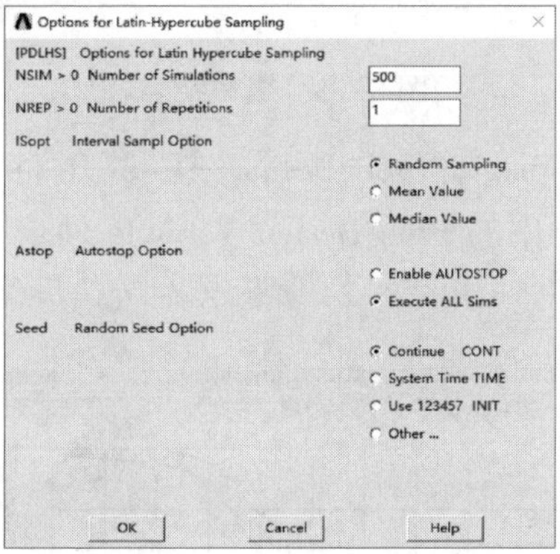

图 8-21　Options for Latin-Hypercube Sampling 对话框

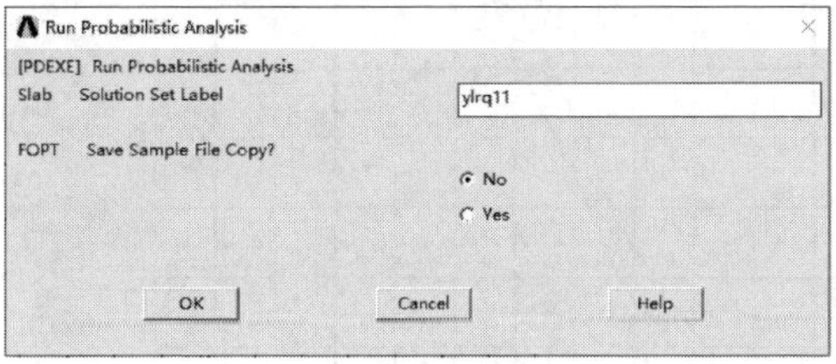

图 8-22　Run Probabilistic Analysis 对话框

8）结果分析

（1）选择菜单 Main Menu：Prob Design→Prob Results→Statistics→Probabiities 命令，在弹出的对话框中的 Prob Design Variable 列表框中选择 Z，在 Relation Lable 列表框中选择 Less than LT，在 Limit Value 文本框中输入 0，其余按照默认设置，单击 OK 按钮，得到如下结果(图 8-23)：

该结果表明，在置信度为 95%的情形下，$Z<0$ 的概率平均为 2.55462%，即说明容器的可靠度为 97.4%。

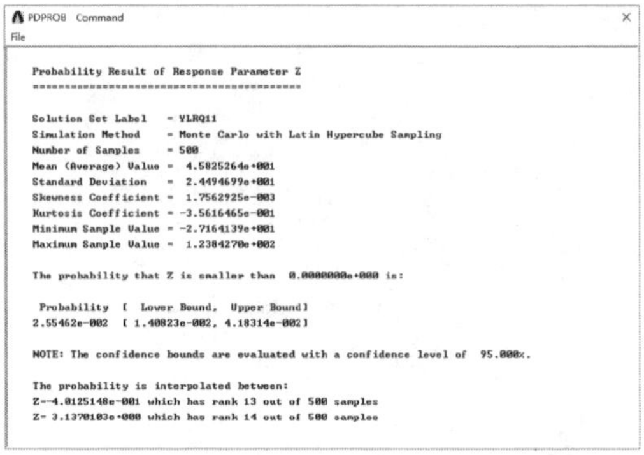

```
PDPROB Command
File

Probability Result of Response Parameter Z
==========================================

Solution Set Label    = YLRQ11
Simulation Method     = Monte Carlo with Latin Hypercube Sampling
Number of Samples     = 500
Mean (Average) Value =  4.5825264e+001
Standard Deviation    =  2.4494699e+001
Skewness Coefficient =  1.7562925e-003
Kurtosis Coefficient = -3.5616465e-001
Minimum Sample Value = -2.7164139e+001
Maximum Sample Value =  1.2384270e+002

The probability that Z is smaller than  0.0000000e+000 is:

 Probability  [  Lower Bound,  Upper Bound]
2.55462e-002  [ 1.40823e-002, 4.18314e-002]

NOTE: The confidence bounds are evaluated with a confidence level of  95.000%.

The probability is interpolated between:
Z=-4.0125148e-001 which has rank 13 out of 500 samples
Z= 3.1370103e+000 which has rank 14 out of 500 samples
```

图 8-23　概率结果

（2）选择菜单 Main Menu：Prob Design→Prob Results→Statistics→Cumulative DF 命令，在弹出的对话框中的 Prob Design Variable 列表框中选择 Z，其余按照默认设置，单击 OK 按钮，得到如图 8-24 所示 Z 在置信度为 95%情形下的分布图。

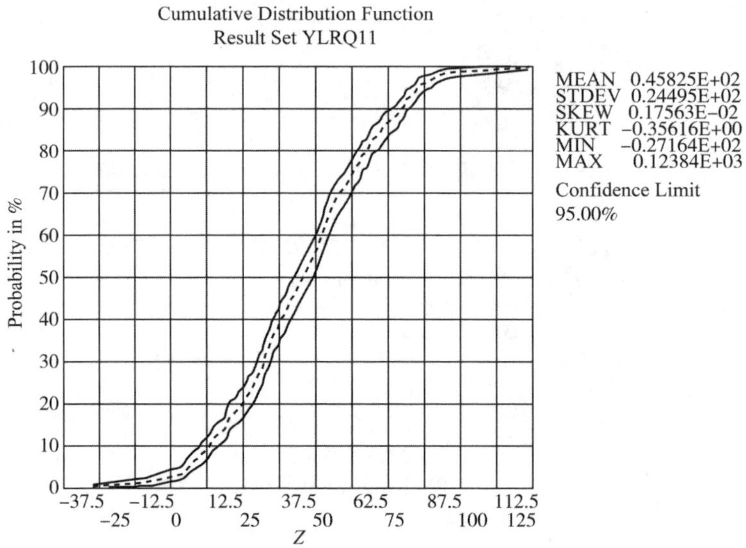

图 8-24　Z 在置信度 95%情形下的分布图

（3）选择菜单 Main Menu：Prob Design→Prob Results→Trends→Sensitivities 命令，可以对输出变量进行灵敏度分析。表 8-3 显示了变换有关随机参数进行结构强度可靠度对各参数的灵敏度分析结果。

注意：灵敏度分析只对输出变量有效，对其他变量无效。

表 8-3　可靠度的参数灵敏度分析结果 ΔP

编号	输入参数								可靠度 P_1	灵敏度
	$\overline{D}$	σ_D	$\overline{P}$	σ_P	$\overline{S}$	σ_S	$\overline{t}$	σ_t		
1	1000	5	28	4	175	15	70	0.35	0.9744538	—
2	1005	5	28	4	175	15	70	0.35	0.9685876	$\Delta P_1/\Delta\overline{D}=-0.00117324$
3	1000	5.05	28	4	175	15	70	0.35	0.9678614	$\Delta P_1/\Delta\sigma_{\overline{D}}=-0.131848$
4	1000	5	28.3	4	175	15	70	0.35	0.9633351	$\Delta P_1/\Delta\overline{T}=-0.037062333$
5	1000	5	28	4.05	175	15	70	0.35	0.9744202	$\Delta P_1/\Delta\sigma_{\overline{P}}=-0.000672$
6	1000	5	28	4	178	15	70	0.35	0.9794939	$\Delta P_1/\Delta\overline{S}=0.001680033$
7	1000	5	28	4	175	15.1	70	0.35	0.9721905	$\Delta P_1/\Delta\sigma_{\overline{S}}=-0.022633$
8	1000	5	28	4	175	15	70.5	0.35	0.9772478	$\Delta P_1/\Delta\overline{t}=0.005588$
9	1000	5	28	4	175	15	70	0.354	0.974202	$\Delta P_1/\Delta\sigma_{\overline{t}}=-0.06295$

根据表 8-3 给出的灵敏度分析结果，可以清楚地了解各参数对容器可靠度的影响。同时，观察表中数据还可以看出：

(1) 容器的可靠度对四个参数的标准差(σ_D、σ_P、σ_S、σ_t)的灵敏度均为负值，容器的可靠度随着上述四个标准差的增大而降低。这是因为在上述四个参数的均值不变的情况下，其标准差增大，导致参数的分散性增加，并以其均值为中心向两边发散，因此导致容器的可靠度降低。

(2) 容器的可靠度对其内径和工作压力的均值($\overline{D}$、$\overline{P}$)的灵敏度为负值，容器的可靠度随着上述两个均值的增大而降低。这是因为，容器的内径或内压增大，会导致结构的等效应力增加，从而降低其强度可靠性。

(3) 容器的可靠度对材料的屈服极限和壁厚的均值($\overline{S}$ 和 $\overline{t}$)的灵敏度为正值，即容器的可靠度随着上述两个均值的增大而升高。这是因为材料屈服极限的增加，会提高屈服极限大于容器最大等效应力的概率，从而使容器的可靠度增高；而壁厚的增加会导致容器的整个应力水平降低，从而使可靠度增高。

4. 命令流文件

```
/filn,Reliability                  ! 定义工作文件名
/title,Reliability Design          ! 定义工作标题
/PREP7                             ! 进入前处理器
*set,ex1,200000                    ! 材料的弹性模量
*set,prxyl,0.3                     ! 材料的泊松比
*set,D,1000                        ! 容器的内径均值
```

```
*set,t,70
*set,t1,18                  ! 容器的壁厚均值
*set,load,28                ! 罐体壁厚
*set,yies,175               ! 容器的内压均值
*set,Z,0                    ! 材料的屈服极限均值
/prep7                      ! 极限状态方程,初值设为0
et,1,plane,82               ! 进入前处理器
Keyopt,1,3,1                ! 定义plane82单元
mp,ex,1,ex1                 ! 设定轴对称选项
mp,nuxy,1, poxy1            ! 定义材料的弹性模量
k,1,                        1 定义材料的泊松比
Circle,1,D/2                ! 定义坐标原点
Circle,1,D/2+t              ! 生成容器的内径均值
L,2,6                       ! 生成容器的外径均值
L,3,7
L,5,9
al,1,5,9,10
al,4,8,9,11
ldel,2,3,1
ldel,6,7,1
kdel,1
kdel,4
kdel,8
aplot                       ! 显示面积
lesize,9,,,7                ! 定义将9号线划分成7等份
lesize,10,,,7
lesize,11,,,7
lesize,1,,,90
lesize,4,,,90
lesize,5,,,90
lesize,8,,,90
amesh,all,all
```

```
/solu                                    ! 划分网格
nsel,s,loc,x,-0.01,0.01                  ! 选择 x 坐标在-0.01~0.01 所有节点
d,all,ux                                 ! 约束所有节点的 X 向位移
allsel,all                               ! 约束 1 号节点的 Y 向位移
D,1,uy                                   ! 在 1 号线上施加压力载荷
Sfl,1,pres,load
Sfl,4,pres,load
Solve                                    ! 求解
finish
/postl
nsort,s,eqv                              ! 等效应力按降序排列
*get,maxstr,sort,max                     ! 取出最大等效应力
Z=yies-maxstr                            ! 定义极限状态方程
lgwrite,ylrq11,txt                       ! 定义概率分析文件
finish
/PDS                                     ! 进入概率分析模块
PDANL,'ylrq11','tex',''                  ! 选定分析文件
PDVAR,load,GAUS,28,4,0,0                 ! 载荷为高斯分布,均值为 28MPa,标准差为 4MPa
PDVAR,D,GAUS,1000,5,0,0                  ! 容器的内径为高斯分布,均值为 1000 mm,标准差为 5mm
PDVAR,t,GAUS,70,0.35,0,0                 ! 容器的壁厚为高斯分布,均值为 70mm,标准差为 0.35mm
PDVAR,YIES,GAUS,175,15,0,0               ! 材料屈服极限为高斯分布,均值为 175MPa,标准差为 15MPa
PDVAR,Z,RESP                             ! 定义 Z 为输出随机变量
PDMETH,MCS,LHS                           ! 选择分析方法为 M.C. 方法
PDLHS,500,1,RAND,,'ALL',,,,CONT          1 定义抽样 500 次
PDEXE,ylrq11,SER,0,DEL,ylrq11            ! 执行概率分析
PDPROB,ylrq11,Z,LT,0,'',0.95,            ! 查看 Z 小于 0、置信度为 95%时的概率
```

```
pdsens,ylrq11,Z                    ! Z 灵敏度显示
pdshis,ylrq11,D                    ! 绘制 D 取样分布柱状图
pdcdf,ylrq11,z,emp,0.95,100        ! 绘图显示 Z 的分布函数
pdwrite,report                     ! 生成可靠性分析报告
```

习　题

8-1　ANSYS 机械结构可靠性分析的问题有哪些类型？分析过程有哪些步骤？

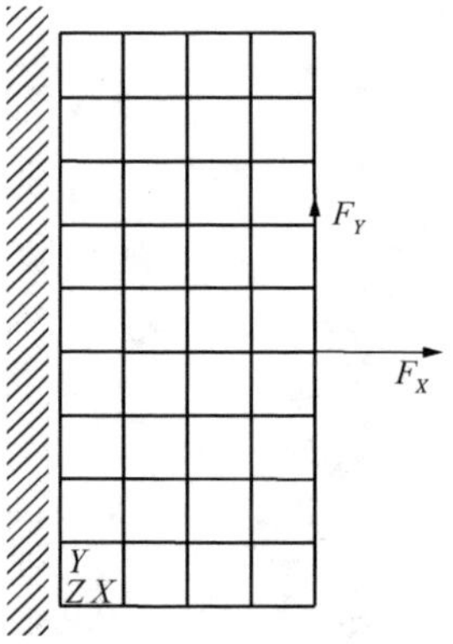

题 8-2 图　平面薄板有限元模型

8-2　某平面薄板的尺寸为 $a\times b=5\text{mm}\times 10\text{mm}$，厚度为 $t=0.0025\text{mm}$，材料强度 $\delta_L=250\text{MPa}$，其有限元模型如题 8-2 图所示，其中有 36 个 plane42 单元，50 个节点。边界条件：外载荷 $F_X=5\text{N}$，$F_Y=3\text{N}$；对左端 $x=0$ 处的所有节点施加位移约束。随机变量的统计特性列于题 8-2 表中，其中假设各随机变量是统计独立且服从正态分布的，变差系数为 0.05。试应用 ANSYS 软件分析该平板的可靠度（材料强度大于结构应力的概率）。

题 8-2 表　随机变量的统计特性

随机变量	均值	标准差
a/mm	5	0.05 ×5
b/mm	10	0.05 ×10
ν（泊松比）	0.3	0.05 ×0.3
F_X/N	5	0.05 ×5
F_Y/N	3	0.05 ×3
δ_L/MPa	250	0.05 ×250

8-3　如题 8-3 图所示的扳手零件，长度为 lenth、小端宽度为 width，大端圆角半径为 fillet r。已知零件厚度为 5mm，材料弹性模量为 $2\times10^5\text{MPa}$，泊松比为 0.3，屈服强度为 200MPa。设使用时大端内六边形固定，载荷通过小端圆弧与

上边的切点，大小为500N。变量的参数分布特性见题8-3表，试应用ANSYS软件分析零件的可靠性。

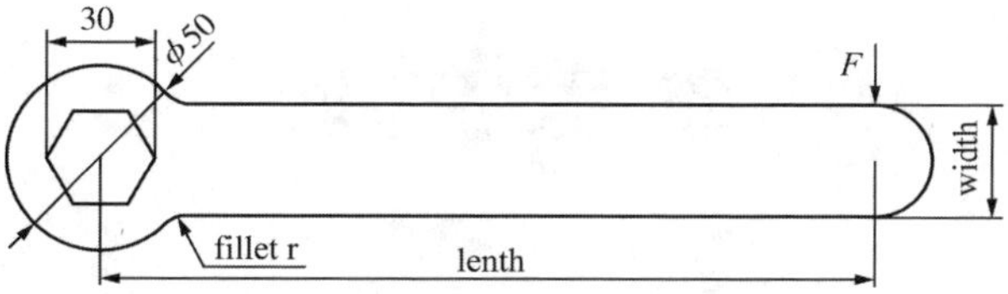

题8-3图 扳手零件示意图

题8-3表 输入变量的参数分布特性

变量名称	变量符号	所属分布	参数1	参数2	参数3	参数4
长度	lenth	Weibull	2	250	100	
宽度	width	Uniform	29	31		
倒角	fillet r	Gauss	10	1		
载荷	load	Beta	1	3	0	600
屈服强度	ss	Weibull	2	280	150	

参考文献

[1] 王学文．机械系统可靠性基础[M]．北京：机械工业出版社，2019.

[2] 叶南海，戴宏亮．机械可靠性设计与 MATLAB 算法[M]．北京：机械工业出版社，2018.

[3] 许卫宝，钟涛．机械产品可靠性设计与试验[M]．北京：国防工业出版社，2019.

[4] 刘混举，赵河明，王春燕．机械可靠性设计[M]．北京：科学出版社，2012.

[5] 胡启国，刘元朋．机械可靠性设计及应用[M]．北京：电子工业出版社，2014.

[6] 王爱民．机械可靠性设计[M]．北京：北京理工大学出版社，2015.

[7] 谢里阳，王正，周金宇，武滢．机械可靠性基本理论与方法[M]．北京：科学出版社，2012.

[8] 孟宪颐．现代设计方法基础(第 2 版)[M]．北京：机械工业出版社，2015.

[9] 覃文洁，程颖．现代设计方法概论[M]．北京：北京理工大学出版社，2012.

[10] 张维刚，钟志华．现代设计方法(英文版)[M]．北京：机械工业出版社，2008.

[11] 王金龙，王清明，王伟章．ANSYS12.0 有限元分析与范例解析[M]．北京：机械工业出版社，2011.

[12] 辛华．石油机械设备可靠性研究及应用[M]．北京：石油工业出版社，2021.

[13] 谢里阳．机械可靠性理论、方法及模型中若干问题评述[J]．机械工程学报，2014，50(14)：27-35.

[14] 贾利民，林帅．系统可靠性方法研究现状与展望[J]．系统工程与电子技术，2015，37(12)：2887-2893.

[15] Cho，T. M.，Lee，B. C. Reliability-based design optimization using convex approximations and sequential optimization and reliability assessment method [J]. J Mech Sci Technol 24，279-283 (2010). https：//doi. org/10. 1007/s12206-009-1143-4.

[16] Zhao，Jy.，Chen，Hj.，Liu，Gj. et al. Reliability testing and reliability analysis of the over-load protective relay [J]. J. Zhejiang Univ. Sci. A 8，475-480 (2007). https：//doi. org/10. 1631/jzus. 2007. A0475.

[17] Zhou，L.，Li，Z.，Han，J. et al. A new hybrid reliability index definition and its application to the structure buckling reliability analysis of supercavitating projectiles [J]. J. Shanghai Jiaotong Univ. (Sci.) 21，467-471 (2016). https：//doi. org/10. 1007/s12204-016-1748-6.

[18] Huang，HZ.，Zhang，X.，Liu，Y. et al. Enhanced sequential optimization and reliability assessment for reliability-based design optimization [J]. J Mech Sci Technol 26，2039-2043 (2012). https：//doi. org/10. 1007/s12206-012-0511-7.

附 录

附表 1　标准正态分布数值表

$$\Phi(Z)=\frac{1}{\sqrt{2\pi}}\int_{-\infty}^{Z}e^{-\frac{z^2}{2}}dz$$

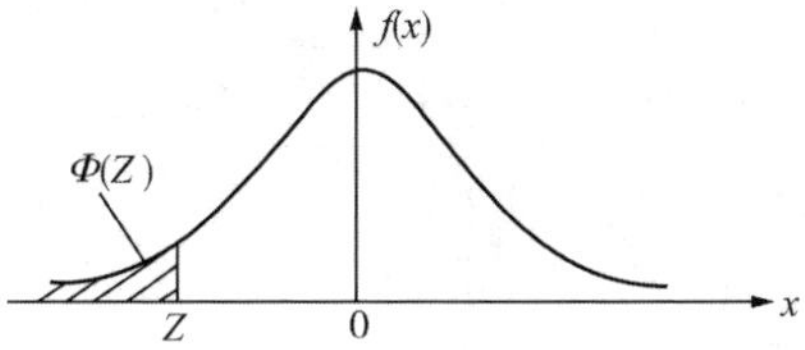

Z	0	0.01	0.02	0.03	0.04	0.05	0.06	0.07	0.08	0.09
0	0.5000	0.5040	0.5080	0.5120	0.5160	0.5199	0.5239	0.5279	0.5319	0.5359
0.1	0.5398	0.5438	0.5478	0.5517	0.5557	0.5596	0.5636	0.5675	0.5714	0.5753
0.2	0.5793	0.5832	0.5871	0.5910	0.5948	0.5987	0.6026	0.6064	0.6103	0.6141
0.3	0.6179	0.6217	0.6255	0.6293	0.6331	0.6368	0.6404	0.6443	0.6480	0.6517
0.4	0.6554	0.6591	0.6628	0.6664	0.6700	0.6736	0.6772	0.6808	0.6844	0.6879
0.5	0.6915	0.6950	0.6985	0.7019	0.7054	0.7088	0.7123	0.7157	0.7190	0.7224
0.6	0.7257	0.7291	0.7324	0.7357	0.7389	0.7422	0.7454	0.7486	0.7517	0.7549
0.7	0.7580	0.7611	0.7642	0.7673	0.7703	0.7734	0.7764	0.7794	0.7823	0.7852
0.8	0.7881	0.7910	0.7939	0.7967	0.7995	0.8023	0.8051	0.8078	0.8106	0.8133
0.9	0.8159	0.8186	0.8212	0.8238	0.8264	0.8289	0.8355	0.8340	0.8365	0.8389
1.0	0.8413	0.8438	0.8461	0.8485	0.8508	0.8531	0.8554	0.8577	0.8599	0.8621
1.1	0.8643	0.8665	0.8686	0.8708	0.8729	0.8749	0.8770	0.8790	0.8810	0.8830
1.2	0.8849	0.8869	0.8888	0.8907	0.8925	0.8944	0.8962	0.8980	0.8997	0.9015

续表

Z	0	0.01	0.02	0.03	0.04	0.05	0.06	0.07	0.08	0.09
1.3	0.9032	0.9049	0.9066	0.9082	0.9099	0.9115	0.9131	0.9147	0.9162	0.9177
1.4	0.9192	0.9207	0.9222	0.9236	0.9251	0.9265	0.9279	0.9292	0.9306	0.9319
1.5	0.93319	0.93448	0.93574	0.93699	0.93822	0.93943	0.94062	0.94179	0.94295	0.94408
1.6	0.94520	0.94630	0.94738	0.94845	0.94950	0.95053	0.95154	0.95254	0.95352	0.95449
1.7	0.95543	0.95637	0.95728	0.95818	0.95907	0.95994	0.96080	0.96164	0.96246	0.96327
1.8	0.96407	0.96485	0.96562	0.96638	0.96712	0.96784	0.96856	0.96926	0.96995	0.97062
1.9	0.97128	0.97193	0.97257	0.97320	0.97381	0.97441	0.97500	0.97558	0.97615	0.97670
2.0	0.97725	0.97778	0.97831	0.97882	0.97932	0.97982	0.98030	0.98077	0.98124	0.98169
2.1	0.98214	0.98257	0.98300	0.98341	0.98382	0.98422	0.98461	0.98500	0.98537	0.98574
2.2	0.98610	0.98645	0.98679	0.98713	0.98745	0.98778	0.98809	0.98840	0.98870	0.98899
2.3	0.98928	0.98956	0.98983	$0.9^{2}0097$	$0.9^{2}0358$	$0.9^{2}0613$	$0.9^{2}0863$	$0.9^{2}1106$	$0.9^{2}1344$	$0.9^{2}1576$
2.4	$0.9^{2}1802$	$0.9^{2}2024$	$0.9^{2}2240$	$0.9^{2}2451$	$0.9^{2}2656$	$0.9^{2}2857$	$0.9^{2}3053$	$0.9^{2}3244$	$0.9^{2}3413$	$0.9^{2}3613$
2.5	$0.9^{2}3790$	$0.9^{2}3963$	$0.9^{2}4132$	$0.9^{2}4297$	$0.9^{2}4457$	$0.9^{2}4614$	$0.9^{2}4766$	0.94915	$0.9^{2}5060$	$0.9^{2}5201$
2.6	$0.9^{2}5339$	$0.9^{2}5473$	$0.9^{2}5604$	$0.9^{2}5731$	$0.9^{2}5855$	$0.9^{2}5975$	$0.9^{2}6093$	$0.9^{2}6207$	$0.9^{2}6319$	$0.9^{2}6427$
2.7	$0.9^{2}6533$	$0.9^{2}6636$	$0.9^{2}6736$	$0.9^{2}6833$	$0.9^{2}6928$	$0.9^{2}7020$	$0.9^{2}7110$	$0.9^{2}7197$	$0.9^{2}7282$	$0.9^{2}7365$
2.8	$0.9^{2}7445$	$0.9^{2}7523$	$0.9^{2}7599$	$0.9^{2}7673$	$0.9^{2}7744$	$0.9^{2}7814$	$0.9^{2}7882$	$0.9^{2}7948$	$0.9^{2}8012$	$0.9^{2}8074$
2.9	$0.9^{2}8134$	$0.9^{2}8193$	$0.9^{2}8250$	$0.9^{2}8305$	$0.9^{2}8359$	$0.9^{2}8411$	$0.9^{2}8462$	$0.9^{2}8511$	$0.9^{2}8559$	$0.9^{2}8605$
3.0	$0.9^{2}8650$	$0.9^{2}8694$	$0.9^{2}8736$	$0.9^{2}8777$	$0.9^{2}8817$	$0.9^{2}8856$	$0.9^{2}8893$	$0.9^{2}8930$	$0.9^{2}8965$	$0.9^{2}8999$
3.1	$0.9^{3}0324$	$0.9^{3}0646$	$0.9^{3}0957$	$0.9^{3}1260$	$0.9^{3}1553$	$0.9^{3}1836$	$0.9^{3}2112$	$0.9^{3}2378$	$0.9^{3}2636$	$0.9^{3}2886$
3.2	$0.9^{3}3129$	$0.9^{3}3361$	$0.9^{3}3590$	$0.9^{3}3810$	$0.9^{3}4024$	$0.9^{3}4230$	$0.9^{3}4429$	$0.9^{3}4623$	$0.9^{3}4810$	$0.9^{3}4991$
3.3	$0.9^{3}5166$	$0.9^{3}5335$	$0.9^{3}5499$	$0.9^{3}5658$	$0.9^{3}5811$	$0.9^{3}5959$	$0.9^{3}6103$	$0.9^{3}6242$	$0.9^{3}6376$	$0.9^{3}6505$
3.4	$0.9^{3}6631$	$0.9^{3}6752$	$0.9^{3}6869$	$0.9^{3}6982$	$0.9^{3}7091$	$0.9^{3}7197$	$0.9^{3}7299$	$0.9^{3}7398$	$0.9^{3}7493$	$0.9^{3}7585$
3.5	$0.9^{3}7674$	$0.9^{3}7759$	$0.9^{3}7842$	$0.9^{3}7922$	$0.9^{3}7999$	$0.9^{3}8074$	$0.9^{3}8146$	$0.9^{3}8215$	$0.9^{3}8282$	$0.9^{3}347$
3.6	$0.9^{3}8409$	$0.9^{3}8469$	$0.9^{3}8527$	$0.9^{3}8583$	$0.9^{3}8637$	$0.9^{3}8689$	$0.9^{3}8739$	$0.9^{3}8787$	$0.9^{3}8834$	$0.9^{3}8879$
3.7	$0.9^{3}8922$	$0.9^{3}8964$	$0.9^{4}0039$	$0.9^{4}0426$	$0.9^{4}0799$	$0.9^{4}1158$	$0.9^{4}1504$	$0.9^{4}1838$	$0.9^{4}2159$	$0.9^{4}2468$
3.8	$0.9^{4}2765$	$0.9^{4}3052$	$0.9^{4}3327$	$0.9^{4}3593$	$0.9^{4}3848$	$0.9^{4}4094$	$0.9^{4}4331$	$0.9^{4}4558$	$0.9^{4}4777$	$0.9^{4}4988$
3.9	$0.9^{4}5190$	$0.9^{4}5385$	$0.9^{4}5573$	$0.9^{4}5753$	$0.9^{4}5926$	$0.9^{4}6092$	$0.9^{4}6253$	$0.9^{4}6406$	$0.9^{4}6554$	$0.9^{4}6696$

续表

Z	0	0. 01	0. 02	0. 03	0. 04	0. 05	0. 06	0. 07	0. 08	0. 09
4. 0	$0.9^{4}6833$	$0.9^{4}6964$	$0.9^{4}7090$	$0.9^{4}7211$	$0.9^{4}7327$	$0.9^{4}7439$	$0.9^{4}7546$	$0.9^{4}7649$	$0.9^{4}7748$	$0.9^{4}7843$
4. 1	$0.9^{4}7934$	$0.9^{4}8022$	$0.9^{4}8106$	$0.9^{4}8186$	$0.9^{4}8263$	$0.9^{4}8338$	$0.9^{4}8409$	$0.9^{4}8477$	$0.9^{4}8542$	$0.9^{4}8605$
4. 2	$0.9^{4}8665$	$0.9^{4}8723$	$0.9^{4}8778$	$0.9^{4}8832$	$0.9^{4}8882$	$0.9^{4}8931$	$0.9^{4}8978$	$0.9^{5}0226$	$0.9^{5}0655$	$0.9^{5}1066$
4. 3	$0.9^{5}1460$	$0.9^{5}1837$	$0.9^{5}2199$	$0.9^{5}2545$	$0.9^{5}2876$	$0.9^{5}3193$	$0.9^{5}3497$	$0.9^{5}3788$	$0.9^{5}4066$	$0.9^{5}4332$
4. 4	$0.9^{5}4587$	$0.9^{5}4831$	$0.9^{5}5065$	$0.9^{5}5288$	$0.9^{5}5502$	$0.9^{5}5706$	$0.9^{5}5902$	$0.9^{5}6089$	$0.9^{5}6268$	$0.9^{5}6439$
4. 5	$0.9^{5}6602$	$0.9^{5}679$	$0.9^{5}6908$	$0.9^{5}7051$	$0.9^{5}7187$	$0.9^{5}7318$	$0.9^{5}7442$	$0.9^{5}7561$	$0.9^{5}7675$	$0.9^{5}7784$
4. 6	$0.9^{5}7888$	$0.9^{5}7987$	$0.9^{5}8081$	$0.9^{5}8172$	$0.9^{5}8258$	$0.9^{5}8340$	$0.9^{5}8419$	$0.9^{5}8494$	$0.9^{5}8566$	$0.9^{5}8634$
4. 7	$0.9^{5}8699$	$0.9^{5}8761$	$0.9^{5}8821$	$0.9^{5}8877$	$0.9^{5}8931$	$0.9^{5}8983$	$0.9^{6}0320$	$0.9^{6}0789$	$0.9^{6}1235$	$0.9^{6}1661$
4. 8	$0.9^{6}2067$	$0.9^{6}2453$	$0.9^{6}2822$	$0.9^{6}3173$	$0.9^{6}3508$	$0.9^{6}3827$	$0.9^{6}4131$	$0.9^{6}4420$	$0.9^{6}4696$	$0.9^{6}4958$
4. 9	$0.9^{6}5208$	$0.9^{6}5446$	$0.9^{6}5673$	$0.9^{6}5889$	$0.9^{6}6094$	$0.9^{6}289$	$0.9^{6}6475$	$0.9^{6}6652$	$0.9^{6}6821$	$0.9^{6}6981$

注：9^2表示 99，9^3表示 999，依次类推。下同。

附表 2　*Γ* 函数表

$$\Gamma\left(1+\frac{1}{m}\right)$$

m	0	1	2	3	4	5	6	7	8	9
0. 2	120. 000	80. 3577	56. 3313	41. 0577	30. 9419	24. 0000	19. 0867	15. 5133	12. 8529	10. 8291
0. 3	9. 2605	8. 0244	7. 0355	6. 2336	5. 5754	5. 0291	4. 5712	4. 1838	3. 8534	3. 5693
0. 4	3. 3234	3. 1091	2. 9213	2. 7557	2. 6091	2. 4786	2. 3619	2. 2572	2. 1628	2. 0774
0. 5	2. 0000	1. 9295	1. 8652	1. 8062	1. 7522	1. 7024	1. 6566	1. 6141	1. 5749	1. 5384
0. 6	1. 5046	1. 4730	1. 4436	1. 4161	1. 3904	1. 3663	1. 3437	1. 3224	1. 3024	1. 2836
0. 7	1. 2658	1. 2491	1. 2332	1. 2183	1. 2041	1. 1906	1. 1779	1. 1658	1. 1543	1. 1434
0. 8	1. 1330	1. 1231	1. 1137	1. 1047	1. 0961	1. 0880	1. 0801	1. 0727	1. 0655	1. 0587
0. 9	1. 0522	1. 0459	1. 0399	1. 0342	1. 0287	1. 0234	1. 0183	1. 0135	1. 0088	1. 0043
1. 0	1. 0000	0. 9959	0. 9919	0. 9980	0. 9843	0. 9808	0. 9774	0. 9741	0. 9709	0. 9679
1. 1	0. 9649	0. 9621	0. 9593	0. 9567	0. 9542	0. 9517	0. 9493	0. 9470	0. 9448	0. 9427
1. 2	0. 9407	0. 9387	0. 9368	0. 9349	0. 9331	0. 9314	0. 9297	0. 9281	0. 9265	0. 9250
1. 3	0. 9236	0. 9222	0. 9208	0. 9195	0. 9182	0. 9170	0. 9158	0. 9147	0. 9135	0. 9125
1. 4	0. 9114	0. 9104	0. 9094	0. 9085	0. 9076	0. 9067	0. 9059	0. 9050	0. 9043	0. 9035
1. 5	0. 9027	0. 9020	0. 9013	0. 9007	0. 9000	0. 8994	0. 8988	0. 8982	0. 8976	0. 8971
1. 6	0. 8966	0. 8961	0. 8950	0. 8951	0. 8947	0. 8942	0. 8938	0. 8934	0. 8930	0. 8926

续表

m	0	1	2	3	4	5	6	7	8	9
1. 7	0. 8922	0. 8919	0. 8916	0. 8912	0. 8909	0. 8906	0. 8903	0. 8901	0. 8898	0. 8895
1. 8	0. 8893	0. 8891	0. 8888	0. 8886	0. 8884	0. 8882	0. 8880	0. 8878	0. 8877	0. 8875
1. 9	0. 8874	0. 8872	0. 8871	0. 8869	0. 8868	0. 8867	0. 8866	0. 8865	0. 8864	0. 8863
2. 0	0. 8862	0. 8861	0. 8861	0. 8860	0. 8860	0. 8859	0. 8858	0. 8858	0. 8858	0. 8857
2. 1	0. 8857	0. 8857	0. 8856	0. 8856	0. 8856	0. 8856	0. 8856	0. 8856	0. 8856	0. 8856
2. 2	0. 8856	0. 8856	0. 8857	0. 8857	0. 8857	0. 8857	0. 8858	0. 8858	0. 8858	0. 8859
2. 3	0. 8859	0. 8860	0. 8860	0. 8861	0. 8861	0. 8862	0. 8862	0. 8863	0. 8864	0. 8864
2. 4	0. 8865	0. 8866	0. 8866	0. 8867	0. 8868	0. 8869	0. 8869	0. 8870	0. 8871	0. 8872
2. 5	0. 8873	0. 8874	0. 8874	0. 8875	0. 8876	0. 8877	0. 8878	0. 8879	0. 8880	0. 8881
2. 6	0. 8882	0. 8883	0. 8884	0. 8885	0. 8886	0. 8887	0. 8888	0. 8890	0. 8891	0. 8892
2. 7	0. 8893	0. 8894	0. 8895	0. 8896	0. 8897	0. 8899	0. 8900	0. 8901	0. 8902	0. 8903
2. 8	0. 8905	0. 8906	0. 8907	0. 8908	0. 8909	0. 8911	0. 8912	0. 8913	0. 8914	0. 8916
2. 9	0. 8917	0. 8918	0. 8919	0. 8921	0. 8922	0. 8923	0. 8925	0. 8926	0. 8927	0. 8928
3. 0	0. 8930	0. 8931	0. 8932	0. 8934	0. 8935	0. 8936	0. 8938	0. 8939	0. 8940	0. 8942
3. 1	0. 8943	0. 8944	0. 8946	0. 8947	0. 8948	0. 8950	0. 8951	0. 8952	0. 8954	0. 8955
3. 2	0. 8957	0. 8958	0. 8959	0. 8961	0. 8962	0. 8963	0. 8965	0. 8966	0. 8967	0. 8969
3. 3	0. 8970	0. 8972	0. 8973	0. 8974	0. 8976	0. 8977	0. 8978	0. 8980	0. 8981	0. 8982
3. 4	0. 8984	0. 8985	0. 8987	0. 8988	0. 8989	0. 8991	0. 8992	0. 8993	0. 8995	0. 8996
3. 5	0. 8997	0. 8999	0. 9000	0. 9002	0. 9003	0. 9004	0. 9006	0. 9007	0. 9008	0. 9010
3. 6	0. 9011	0. 9012	0. 9014	0. 9015	0. 9016	0. 9018	0. 9019	0. 9021	0. 9022	0. 9023
3. 7	0. 9025	0. 9026	0. 9027	0. 9029	0. 9030	0. 9031	0. 9033	0. 9034	0. 9035	0. 9037
3. 8	0. 9038	0. 9039	0. 9041	0. 9042	0. 9043	0. 9044	0. 9046	0. 9047	0. 9048	0. 9051
3. 9	0. 9051	0. 9052	0. 9054	0. 9055	0. 9056	0. 9058	0. 9059	0. 9060	0. 9061	0. 9063
4. 0	0. 9064	0. 9077	0. 9089	0. 9102	0. 9114	0. 9126	0. 9137	0. 9149	0. 9160	0. 9171
5. 0	0. 9182	0. 9192	0. 9202	0. 9213	0. 9222	0. 9232	0. 9241	0. 9251	0. 9260	0. 9269
6. 0	0. 9277	0. 9286	0. 9294	0. 9302	0. 9310	0. 9318	0. 9335	0. 9333	0. 9340	0. 9347
7. 0	0. 9354	0. 9361	0. 9368	0. 9375	0. 9381	0. 9387	0. 9394	0. 9400	0. 9406	0. 9412
8. 0	0. 9417	0. 9423	0. 9429	0. 9434	0. 9439	0. 9444	0. 9450	0. 9455	0. 9460	0. 9465
9. 0	0. 9470	0. 9479	0. 9484	0. 9488	0. 9493	0. 9497	0. 9501	0. 9505	0. 9509	0. 9514

附表 3 χ^2 分布的分位数表

$$P[\chi^2 \geqslant \chi^2_{\alpha}(\nu)] = \alpha$$

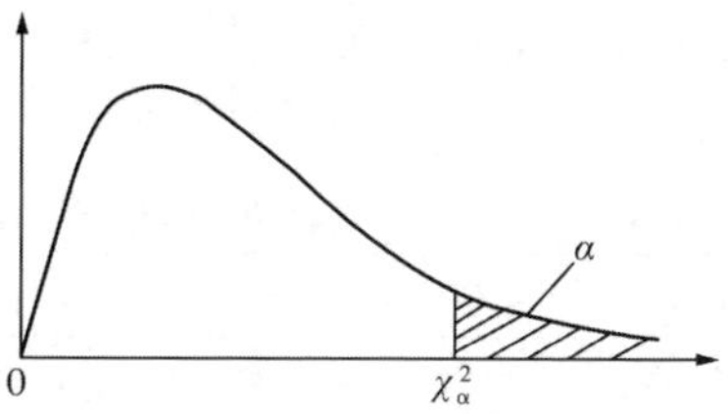

ν \ α	0.99	0.95	0.90	0.80	0.50	0.20	0.10	0.05	0.01
1	0.0^3157	0.0^2392	0.0158	0.0642	0.455	1.642	2.706	3.841	6.635
2	0.0201	0.103	0.211	0.446	1.386	3.219	4.605	5.991	9.210
3	0.115	0.352	0.854	1.005	2.366	4.642	6.251	7.815	11.345
4	0.297	0.711	1.064	1.649	3.357	5.989	7.779	9.488	12.277
5	0.554	1.145	1.610	2.343	4.351	7.289	9.236	11.070	15.068
6	0.872	1.635	2.204	3.070	5.348	8.558	10.645	12.592	16.812
7	1.239	2.167	2.833	3.822	6.346	9.803	12.017	14.067	18.475
8	1.646	2.733	3.490	4.594	7.344	11.030	13.362	15.507	20.090
9	2.088	3.325	4.168	5.380	8.343	12.242	14.346	16.919	21.666
10	2.558	3.940	4.865	6.179	9.342	13.442	15.987	18.307	23.209
11	3.053	4.575	5.578	6.989	10.341	14.631	17.275	19.675	24.725
12	3.571	5.226	6.304	7.807	11.340	15.812	18.549	21.026	26.217
13	4.107	5.892	7.042	8.634	12.340	16.985	19.812	22.362	27.688
14	4.660	6.571	7.790	9.467	13.339	18.151	21.064	23.635	29.141
15	5.229	7.261	8.547	10.307	14.339	19.311	22.307	24.996	30.578
16	5.812	7.962	9.312	11.152	15.338	20.465	23.542	26.296	32.000
17	6.408	8.672	10.085	12.002	16.338	21.615	24.769	27.587	33.409
18	7.015	9.390	10.865	12.857	17.338	22.760	25.989	28.869	34.805
19	7.633	10.117	11.651	13.716	18.338	23.900	27.204	30.144	36.191
20	8.260	10.851	12.443	14.578	19.337	25.038	28.412	31.410	37.566
21	8.897	11.591	13.240	15.445	20.337	26.171	29.615	32.671	38.932
22	9.542	12.338	14.041	16.314	21.337	27.301	30.813	33.924	40.289

续表

α / ν	0.99	0.95	0.90	0.80	0.50	0.20	0.10	0.05	0.01
23	10.196	13.091	14.848	17.187	22.337	28.429	32.007	35.172	41.638
24	10.856	13.848	15.659	18.062	23.337	29.553	33.196	36.415	42.980
25	11.524	14.611	16.473	18.940	24.337	30.675	37.842	37.652	44.314
26	12.198	15.379	17.292	19.820	25.336	31.795	35.563	38.885	45.462
27	12.879	16.151	18.114	20.703	26.336	32.912	36.741	40.113	46.963
28	13.565	16.928	18.939	21.588	27.336	34.027	37.916	41.337	48.278
29	14.256	17.708	19.768	22.475	28.336	35.139	39.087	42.557	49.588
30	14.953	18.493	20.599	23.364	29.336	36.250	40.256	43.773	50.892
40	22.164	26.509	29.051	32.352	39.335	37.263	51.805	55.758	63.691
60	37.485	43.188	56.459	50.647	59.335	38.969	74.397	79.082	88.379
80	53.540	60.391	64.287	69.213	79.334	90.403	96.578	101.879	112.329
100	70.065	77.929	82.358	87.950	99.334	111.667	118.498	123.342	135.807
200	156.432	168.279	174.835	183.00	199.333	216.618	226.021	233.994	249.445

附表4　*t* 分布的分位数表

$$(|t| > t_{\frac{\alpha}{2}}) = \alpha$$

（*）中值是单侧分位数 t_α

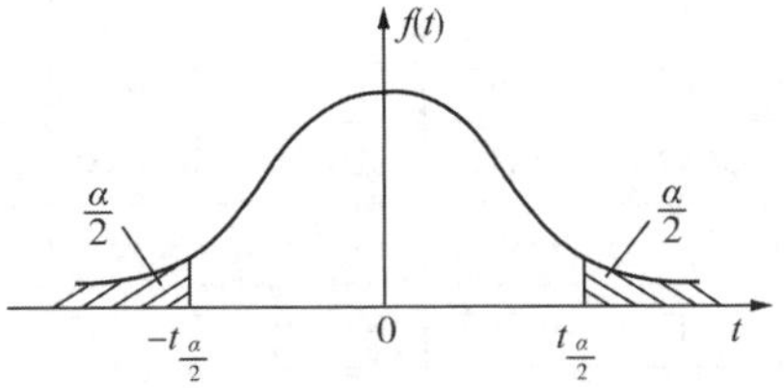

α / n	0.90 (0.45)	0.80 (0.40)	0.70 (0.35)	0.60 (0.30)	0.50 (0.25)	0.40 (0.20)	0.30 (0.15)	0.20 (0.10)	0.10 (0.05)	0.05 (0.025)	0.02 (0.01)	0.01 (0.005)
1	0.158	0.325	0.510	0.727	1.000	1.376	1.963	3.078	6.314	12.706	31.821	63.656
2	0.142	0.289	0.445	0.617	0.816	1.061	1.386	1.886	2.92	4.303	6.965	9.925
3	0.137	0.277	0.424	0.584	0.765	0.978	1.25	1.638	2.353	3.182	4.541	5.841
4	0.134	0.271	0.414	0.569	0.741	0.941	1.19	1.533	2.132	2.776	3.747	4.604

续表

n \ α	0. 90 (0. 45)	0. 80 (0. 40)	0. 70 (0. 35)	0. 60 (0. 30)	0. 50 (0. 25)	0. 40 (0. 20)	0. 30 (0. 15)	0. 20 (0. 10)	0. 10 (0. 05)	0. 05 (0. 025)	0. 02 (0. 01)	0. 01 (0. 005)
5	0. 132	0. 267	0. 408	0. 559	0. 727	0. 92	1. 156	1. 476	2. 015	2. 571	3. 365	4. 032
6	0. 131	0. 265	0. 404	0. 553	0. 718	0. 906	1. 134	1. 44	1. 943	2. 447	3. 143	3. 707
7	0. 130	0. 263	0. 402	0. 549	0. 711	0. 896	1. 119	1. 415	1. 895	2. 365	2. 998	3. 499
8	0. 130	0. 262	0. 399	0. 546	0. 706	0. 889	1. 108	1. 397	1. 86	2. 306	2. 896	3. 355
9	0. 129	0. 261	0. 398	0. 543	0. 703	0. 883	1. 1	1. 383	1. 833	2. 262	2. 821	3. 25
10	0. 129	0. 260	0. 397	0. 542	0. 700	0. 879	1. 093	1. 372	1. 812	2. 228	2. 764	3. 169
11	0. 129	0. 260	0. 396	0. 540	0. 697	0. 876	1. 088	1. 363	1. 796	2. 201	2. 718	3. 106
12	0. 128	0. 259	0. 395	0. 539	0. 695	0. 873	1. 083	1. 356	1. 782	2. 179	2. 681	3. 055
13	0. 128	0. 259	0. 394	0. 538	0. 694	0. 87	1. 079	1. 35	1. 771	2. 16	2. 65	3. 012
14	0. 128	0. 258	0. 393	0. 537	0. 692	0. 868	1. 076	1. 345	1. 761	2. 145	2. 624	2. 977
15	0. 128	0. 258	0. 393	0. 536	0. 691	0. 866	1. 074	1. 341	1. 753	2. 131	2. 602	2. 947
16	0. 128	0. 258	0. 392	0. 535	0. 690	0. 865	1. 071	1. 337	1. 746	2. 12	2. 583	2. 921
17	0. 128	0. 257	0. 392	0. 534	0. 689	0. 863	1. 333	1. 74	2. 11	2. 567	2. 898	6901
18	0. 127	0. 257	0. 392	0. 534	0. 688	0. 862	1. 067	1. 33	1. 734	2. 101	2. 552	2. 878
19	0. 127	0. 257	0. 391	0. 533	0. 688	0. 861	1. 066	1. 328	1. 729	2. 093	2. 539	2. 861
20	0. 127	0. 257	0. 391	0. 533	0. 687	0. 86	1. 064	1. 325	1. 725	2. 086	2. 528	2. 845
21	0. 127	0. 257	0. 391	0. 532	0. 686	0. 859	1. 063	1. 323	1. 721	2. 08	2. 518	2. 831
22	0. 127	0. 256	0. 390	0. 532	0. 686	0. 858	1. 061	1. 321	1. 717	2. 074	2. 508	2. 819
23	0. 127	0. 256	0. 390	0. 532	0. 685	0. 858	1. 06	1. 319	1. 714	2. 069	2. 5	2. 807
24	0. 127	0. 256	0. 390	0. 531	0. 685	0. 857	1. 059	1. 318	1. 711	2. 064	2. 492	2. 797
25	0. 127	0. 256	0. 390	0. 561	0. 684	0. 856	1. 058	1. 316	1. 708	2. 06	2. 485	2. 787
26	0. 127	0. 256	0. 390	0. 531	0. 684	0. 856	1. 058	1. 315	1. 706	2. 056	2. 479	2. 779
27	0. 127	0. 256	0. 389	0. 531	0. 684	0. 855	1. 057	1. 314	1. 703	2. 052	2. 473	2. 771
28	0. 127	0. 256	0. 389	0. 530	0. 683	0. 855	1. 056	1. 313	1. 701	2. 048	2. 467	2. 763
29	0. 127	0. 256	0. 389	0. 530	0. 683	0. 854	1. 055	1. 311	1. 699	2. 045	2. 462	2. 756
30	0. 127	0. 256	0. 389	0. 530	0. 683	0. 854	1. 055	1. 31	1. 697	2. 042	2. 457	2. 75
40	0. 126	0. 255	0. 388	0. 529	0. 681	0. 8507	1. 0501	1. 303	1. 684	2. 021	2. 423	2. 704
60	0. 126	0. 254	0. 387	0. 527	0. 679	0. 8477	1. 0455	1. 296	1. 671	2. 000	2. 390	2. 660
120	0. 126	0. 254	0. 386	0. 526	0. 677	0. 8446	1. 0409	1. 289	1. 658	1. 98	2. 358	2. 617
∞	0. 126	0. 253	0. 385	0. 524	0. 674	0. 8416	1. 0364	1. 282	1. 645	1. 96	2. 326	2. 576

附表 5　中位秩表

次序数 i	子样容量 n									
	1	2	3	4	5	6	7	8	9	10
1	0.5000	0.2929	0.2063	0.1591	0.1294	0.1091	0.0943	0.0830	0.0741	0.0670
2		0.7071	0.5000	0.3864	0.3148	0.2656	0.2295	0.2021	0.1806	0.1632
3			0.7937	0.6136	0.5000	0.4218	0.3648	0.3213	0.2871	0.2594
4				0.8409	0.6852	0.5782	0.5000	0.4404	0.3935	0.3557
5					0.8706	0.7345	0.6352	0.5596	0.5000	0.4519
6						0.8909	0.7705	0.6787	0.6065	0.5481
7							0.9057	0.7979	0.7129	0.6443
8								0.9170	0.8194	0.7406
9									0.9259	0.8368
10										0.9330

次序数 i	子样容量 n									
	11	12	13	14	15	16	17	18	19	20
1	0.0611	0.0561	0.0519	0.0483	0.0452	0.0424	0.0400	0.0378	0.0358	0.0341
2	0.1489	0.1368	0.1266	0.1178	0.1101	0.1034	0.0975	0.0922	0.0874	0.0831
3	0.2366	0.2175	0.2013	0.1873	0.1751	0.1644	0.1550	0.1465	0.1390	0.1322
4	0.3244	0.2982	0.2760	0.2568	0.2401	0.2254	0.2125	0.2009	0.1905	0.1812
5	0.4122	0.3789	0.3506	0.3263	0.3051	0.2865	0.2700	0.2553	0.2421	0.2302
6	0.5000	0.4596	0.4253	0.3958	0.3700	0.3475	0.3275	0.3097	0.2937	0.2793
7	0.5878	0.5404	0.5000	0.4653	0.4350	0.4085	0.3850	0.3641	0.3453	0.3283
8	0.6756	0.6211	0.5747	0.5347	0.5000	0.4695	0.4425	0.4184	0.3968	0.3774
9	0.7634	0.7018	0.6494	0.6042	0.5650	0.5305	0.5000	0.4728	0.4484	0.4264
10	0.8511	0.7825	0.7240	0.6737	0.6300	0.5915	0.5575	0.5272	0.5000	0.4755
11	0.9389	0.8632	0.7987	0.7432	0.6949	0.6525	0.6150	0.5816	0.5516	0.5245
12		0.9439	0.8734	0.8127	0.7599	0.7135	0.6725	0.6359	0.6032	0.5736
13			0.9481	0.8822	0.8249	0.7746	0.7300	0.6903	0.6547	0.6226
14				0.9517	0.8899	0.8356	0.7875	0.7447	0.7063	0.6717
15					0.9548	0.8966	0.8450	0.7991	0.7579	0.7207
16						0.9576	0.9025	0.8535	0.8095	0.7698
17							0.9600	0.9078	0.8610	0.8188
18								0.9622	0.9126	0.8678
19									0.9642	0.9169
20										0.9659

附表 6　*F* 分布的分位数表

$$P(F>F_{\alpha})=\alpha$$

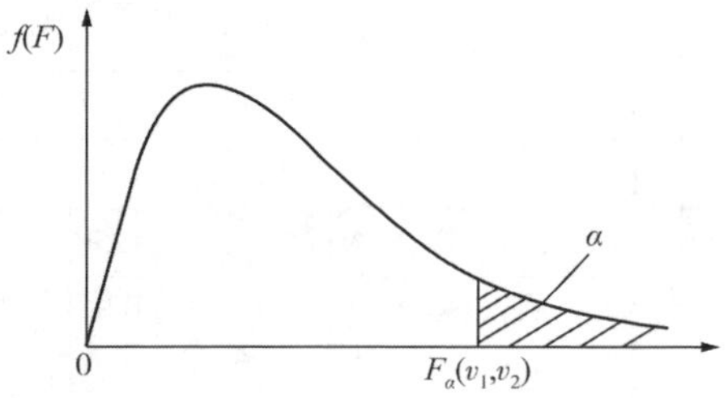

v_1 \ v_2	1	2	3	4	5	6	7	8	9	10	15	30	40	50	100	200	500	∞
1	39.9	49.5	53.6	55.8	57.2	53.2	58.9	59.4	59.9	60.2	61.2	61.7	62.3	62.7	63.0	63.2	63.3	63.3
2	8.53	9.00	9.16	9.24	9.39	9.33	9.35	9.37	9.38	9.39	9.42	9.44	9.46	9.47	9.48	9.49	9.49	9.49
3	5.54	5.46	5.39	5.34	5.31	5.28	5.27	5.25	5.24	5.23	5.20	5.18	5.17	5.15	5.14	5.14	5.14	5.13
4	4.54	4.32	4.19	4.11	4.05	4.01	3.93	3.95	3.94	3.92	3.87	3.84	3.82	3.80	3.78	3.77	3.76	3.76
5	4.06	3.78	3.62	3.52	3.45	3.40	3.37	3.34	3.32	3.30	3.24	3.21	3.17	3.15	3.13	3.12	3.11	3.10
6	3.78	3.46	3.29	3.18	3.11	3.05	3.01	2.98	2.96	2.94	2.87	2.84	2.80	2.77	2.75	2.73	2.73	2.72
7	3.59	3.26	3.07	2.96	2.88	2.83	2.78	2.75	2.72	2.70	2.63	2.59	2.56	2.52	2.50	2.48	2.48	2.47
8	3.46	3.11	2.92	2.81	2.73	2.67	2.62	2.59	2.56	2.54	2.46	2.42	2.3.8	2.35	2.32	2.31	2.30	2.29
9	3.36	3.04	2.81	2.69	2.61	2.55	2.51	2.47	2.44	2.42	2.34	2.30	2.25	2.22	2.19	2.17	2.17	2.16
10	3.28	2.92	2.73	2.61	2.52	2.46	2.41	2.38	2.35	2.32	2.24	2.20	2.16	2.12	2.09	2.07	2.06	2.06
11	3.23	2.86	2.66	2.54	2.45	2.39	2.34	2.30	2.27	2.25	2.17	2.12	2.08	2.04	2.00	1.99	1.98	1.97
12	3.18	2.81	2.61	2.48	2.39	2.33	2.28	2.24	2.21	2.19	2.10	2.06	2.01	1.97	1.94	1.92	1.91	1.90
13	3.14	2.76	2.56	2.43	2.35	2.28	2.23	2.20	2.16	2.14	2.05	2.01	1.96	1.92	1.88	1.86	1.85	1.85
14	3.10	2.73.	2.52	2.39	2.31	2.24	2.19	2.15	2.12	2.10	2.01	1.96	1.91	1.87	1.83	1.82	1.80	1.80
15	3.07	2.70	2.49	2.36	2.27	2.21	2.16	2.12	2.09	2.06	1.97	1.92	1.87	1.83	1.79	1.77	1.76	1.76
16	3.05	2.67	2.46	2.33	2.24	2.18	2.13	2.09	2.06	2.03	1.94	1.89	1.84	1.79	1.76	1.74	1.73	1.72
17	3.03	2.64	2.44	2.31	2.22	2.15	2.10	2.06	2.03	2.00	1.91	1.86	1.81	1.76	1.73	1.71	1.69	1.69
18	3.01	2.62	2.42	2.29	2.20	2.13	2.08	2.04	2.00	1.93	1.89	1.84	1.78	1.74	1.70	1.68	1.67	1.66
19	2.99	2.61	2.40	2.27	2.18	2.11	2.06	2.02	1.98	1.96	1.86	1.81	1.76	1.71	1.67	1.65	1.64	1.63
20	2.97	2.59	5.38	2.25	2.16	2.09	2.04	2.00	1.96	1.94	1.84	1.79	1.74	1.69	1.65	1.63	1.62	1.61
22	2.95	2.56	2.35	2.22	2.13	2.06	2.01	1.97	1.93	1.90	1.81	1.76	1.70	1.65	1.61	1.59	1.58	1.57

续表

v_1 \ v_2	1	2	3	4	5	6	7	8	9	10	15	30	40	50	100	200	500	∞
24	2. 93	2. 54	2. 33	2. 19	2. 10	2. 04	1. 93	1. 94	1. 91	1. 88	1. 78	1. 73	1. 67	1. 62	1. 58	1. 56	1. 54	1. 53
26	2. 91	2. 52	2. 31	2. 17	2. 08	2. 01	1. 96	1. 92	1. 88	1. 86	1. 76	1. 71	1. 65	1. 59	1. 55	1. 53	1. 51	1. 50
28	2. 89	2. 50	2. 29	2. 16	2. 06	2. 00	1. 94	1. 90	1. 87	1. 84	1. 74	1. 69	1. 63	1. 57	1. 53	1. 50	1. 49	1. 48
30	2. 88	2. 49	2. 28	2. 14	2. 05	1. 98	1. 93	1. 88	1. 85	1. 82	1. 72	1. 67	1. 61	1. 55	1. 51	1. 48	1. 47	1. 46
40	2. 84	2. 44	2. 23	2. 09	2. 00	1. 93	1. 87	1. 83	1. 79	1. 76	1. 66	1. 61	1. 54	1. 48	1. 43	1. 41	1. 39	1. 38
50	2. 81	2. 41	2. 20	2. 06	1. 97	1. 90	1. 84	1. 80	1. 76	1. 73	1. 63	1. 57	1. 50	1. 44	1. 39	1. 36	1. 34	1. 33
60	2. 79	2. 39	2. 18	2. 04	1. 95	1. 87	1. 82	1. 77	1. 74	1. 71	1. 60	1. 54	1. 48	1. 41	1. 36	1. 33	1. 31	1. 29
80	2. 77	2. 57	2. 15	2. 02	1. 92	1. 85	1. 79	1. 75	1. 71	1. 68	1. 57	1. 51	1. 44	1. 38	1. 32	1. 28	1. 26	1. 24
100	2. 76	2. 36	2. 14	2. 00	1. 91	1. 83	1. 78	1. 73	1. 70	1. 66	1. 56	1. 49	1. 42	1. 35	1. 29	1. 26	1. 23	1. 21
200	2. 73	2. 39	2. 11	2. 197	1. 88	1. 80	1. 75	1. 70	1. 66	1. 55	1. 52	1. 46	1. 38	1. 31	1. 24	1. 20	1. 17	1. 14
500	2. 72	2. 31	2. 10	1. 96	1. 86	1. 79	1. 73	1. 68	1. 64	1. 61	1. 50	1. 44	1. 36	1. 28	1. 21	1. 16	1. 12	1. 09
∞	2. 71	2. 30	2. 03	1. 94	1. 85	1. 77	1. 72	1. 67	1. 63	1. 60	1. 49	1. 42	1. 34	1. 26	1. 18	1. 13	1. 08	1. 00